程序设计语言基础

（C&C++）

○ 主 编 李业刚
○ 副主编 李增祥 陈 波 孙守卿 张厚升

中国教育出版传媒集团

高等教育出版社·北京

内容提要

本书全面介绍 C 语言和 C++语言程序设计的基础知识、程序设计的基本方法和解决实际问题的基本技巧。部分难度较大的章节还配有本章导学，并将知识点融入各章典型的例题中。本书在培养读者编程能力和编程设计习惯的同时，贯穿计算思维训练，培养读者用计算思维解决问题的能力。

全书共分为 8 章，主要内容包括 C/C++概述、数据类型及运算、结构化程序设计、数组与结构体、指针、函数、文件和 C++面向对象编程基础。

本书内容丰富，通俗易通，兼顾计算思维培养和编程应用需求，可作为高等院校非计算机专业的教材，也可作为教师、学生或者计算机爱好者学习 C 语言和 C++语言基础的参考书。

图书在版编目（CIP）数据

程序设计语言基础：C&C++／李业刚主编；李增祥等副主编．－－北京：高等教育出版社，2025.3.
ISBN 978-7-04-064434-0

Ⅰ．TP312.8

中国国家版本馆 CIP 数据核字第 2025JL7005 号

Chengxu Sheji Yuyan Jichu(C&C++)

| 策划编辑 | 刘 娟 | 责任编辑 | 刘 娟 | 封面设计 | 张 志 | 版式设计 | 徐艳妮 |
| 责任绘图 | 邓 超 | 责任校对 | 吕红颖 | 责任印制 | 刘弘远 | | |

出版发行	高等教育出版社	网　址	http://www.hep.edu.cn
社　址	北京市西城区德外大街 4 号		http://www.hep.com.cn
邮政编码	100120	网上订购	http://www.hepmall.com.cn
印　刷	北京七色印务有限公司		http://www.hepmall.com
开　本	787 mm×1092 mm　1/16		http://www.hepmall.cn
印　张	22		
字　数	540 千字	版　次	2025 年 3 月第 1 版
购书热线	010-58581118	印　次	2025 年 3 月第 1 次印刷
咨询电话	400-810-0598	定　价	42.70 元

前　言

　　程序设计是人工智能、大数据技术、物联网等各种高新技术的基础和核心。在人工智能时代，程序设计是必不可少的技能。掌握程序设计，才可能是未来世界的创造者，否则只能是使用者。

　　程序设计是高等学校本专科专业学生必须具备的基本能力。本书的写作目的是提升学生的信息技术素养，培养学生应用计算机技术解决本领域中遇到的实际问题的能力，成为基础厚、能力强、素质高、具有创新精神的应用型高级专门人才。

　　本教材主要内容包括：C/C++概述、数据类型及运算、结构化程序设计、数组与结构体、指针、函数、文件、C++面向对象编程基础。本书遵循"夯实基础、面向应用、培养创新"的指导思想，兼顾教材的基础性、应用性和创新性，将传统的面向过程程序设计和现代的面向对象程序设计两部分内容有机地融合在一起，体现了内容的先进性。

　　本教材具有以下特点。

　　① 由核心价值观引领的课程思政体系与程序设计知识培养体系有机融合。

　　② 知识体系设计合理、结构严谨。详细介绍 C 语言和 C++语言程序设计的基础知识、程序设计方法和解决实际问题的技巧，兼顾基本 C 语言知识和 C++语言的特性。

　　③ 自底向上、由浅及深、循序渐进。本书对所介绍的内容都给出典型的示例，对于复杂的示例配有解决问题的思路和算法、完整的程序代码，还有必要的注释、运行结果和代码解析，使读者容易入门和提高。

　　④ 统一的编程风格，可读性强。同时，每章后都设有精心挑选的多种类型的习题，以帮助读者通过练习进一步理解和巩固所学的内容。

　　⑤ 附录内容是 C 和 C++语言编程常见错误分析，指出了初学者在学习过程中容易出错的一些常见问题，并给出了正确的解决方法，增强了学习的方向性。

　　本教材第 1 章由李业刚和陈波编写，第 2 章由陈波编写，第 3 章由李增祥编写，第 4 章、第 5 章和第 6 章由李业刚编写，第 7 章和第 8 章由孙守卿编写。全书由李业刚统筹定稿，课程思政体系以及思政案例的设计由李红玲统筹定稿。

　　由于编者水平有限，加之时间仓促，书中难免存在不足之处，敬请同行专家和读者批评指正。编者邮箱为 lyg8256@qq.com。

编者

2024 年 10 月于山东理工大学

目　录

第1章 C/C++概述

计算机对信息的自动化处理，主要是由计算机程序实现的。小到智能手机 App 的开发，大到航空航天领域中的智能应用软件都离不开程序设计。程序设计语言是用于书写计算机程序的语言。语言的基础为一组记号和一组规则，根据规则由记号构成的记号串的总体就是语言。在程序设计语言中，这些记号串就是程序。本书介绍的 C 语言和 C++语言都属于程序设计语言。

C 语言和 C++语言是最经典的编程语言，之所以被称为经典，是因为 Windows、Linux、UNIX、DOS 四大操作系统的核心代码大部分是使用 C 和 C++编写；当前软件领域采用的编程语言中，这两种语言基本上长期稳居 TOP 3 的排名。

C 语言和 C++ 语言虽然是两门不同的程序设计语言，但是它们却有"血缘"关系。说是继承也好，扩展也好，总之是有千丝万缕的联系。

1.1 C/C++的起源和发展

C 语言在 20 世纪 70 年代诞生于美国的贝尔实验室。最初，里奇（Dennis MacAlistair Ritchie）和同事肯·汤普生（Kenneth Lane Thompson）开始研究 DEC PDP-7 计算机，并和同事布朗一起着手在 DEC PDP-7 上开发一个多任务、多用户的操作系统，1969 年，他们用汇编语言完成了这个操作系统的第一个版本，并将这个系统命名为 UNIX。

在 UNIX 开发过程中，他们发现在 DEC PDP-7 上编写程序很困难，只能用底层的汇编语言。于是汤普生设计了一种高级程序语言，并把它命名为 B 语言（basic combined programming language，BCPL）。并用 B 语言重写了 UNIX 操作系统，这就是 UNIX 的第二版。

但是由于 B 语言本身设计的缺陷，导致在内存的限制面前一筹莫展。1973 年，里奇决定对 B 语言进行改良，赋予了新语言在系统控制方面的能力，并且新语言非常简洁、高效，里奇把它命名为 C 语言，意为 B 语言的下一代。

为了在全世界面前展现 C 语言强大的功能，里奇用 C 语言把 UNIX 操作系统又重写了一遍，这就是 UNIX 的第三版。1977 年，为了推广自己的 UNIX 操作系统，里奇发表了"可移植的 C 语言编译程序"，即不依赖于具体机器系统的 C 语言。C 语言再次向前跨出一大步，各种计算机都开始支持 C 语言。

1978 年里奇和布朗一起出版了 "*The C Programming Language*"，使 C 语言一举成为世界上应用最广泛的高级程序设计语言，而该书也成为计算机科学界最畅销的书籍之一。之后，里奇把全部精力都放到 UNIX、C 语言和 C++语言的应用和推广上，曾在很多国家进行过教学和讲座活动。2000 年，里奇来到了中国，在北京大学和复旦大学进行了题为"贝尔实验室与操作系统"的演讲，也推动了 UNIX/Linux 在我国的应用和发展。

1983 年，里奇获得了计算机科学方面的最高荣誉——图灵奖，以表彰他对计算机科学所做出的杰出贡献。

思政素材：
C 语言之父丹
尼斯·里奇

语言的发展是一个逐步递进的过程，C 语言是从 B 语言发展过来的；而 C++则是从 C 语言发展而来的。C++诞生的原因可以追溯到 1979 年 4 月，本贾尼（Bjarne）博士等人试图分析 UNIX 内核的时候，发现没有合适的工具能够有效地分析内核分布造成的网络流量，以及将内核模块化。同年 10 月，Bjarne 博士为 C 语言加上了类似 Simula 的类机制，完成了一个可以运行的预处理程序，称之为 Cpre。

之后，Bjarne 博士开始思考是不是有必要开发一种新的语言，当时贝尔实验室支持了这个想法，让 Bjarne 博士等人组成一个开发小组，专门进行研究。这时还不是叫作 C++，而是 C with class，只是把它当作一种 C 语言的有效扩充。由于当时 C 语言在编程界居于老大的地位，要想发展一种新的语言，最强大的竞争对手就是 C 语言，所以当时有两个问题最受关注。

首先，C++要在运行时间、代码紧凑性和数据紧凑性方面能够与 C 语言相媲美，但是还要尽量避免在语言应用领域的限制。在这种情况下，一个很自然的想法就是让 C++从 C 语言继承过来。其次，为了避免 C 语言的局限性，C++还参考了很多其他的语言，例如：继承了 Simula 类的概念；继承了 Algol68 的运算符重载、引用以及在任何地方声明变量的能力；继承了 BCPL 的//注释，继承了 Ada 的模板、名字空间；继承了 Ada、Clu 和 ML 的异常。

总而言之，C++语言进一步扩充和完善了 C 语言，成为一种面向对象的程序设计语言。C++语言支持的面向对象的概念将问题空间直接地映射到程序空间，为程序员提供了一种与结构程序设计不同的思维方式和编程方法。

C++历史上的主要事件：

1983 年 8 月，第一个 C++实现投入使用。

1983 年 12 月，Rick Mascitti 建议命名为 CPlusPlus，即 C++。

1985 年 2 月，第一个 C++ Release E 发布。

1985 年 10 月，CFront 的第一个商业发布，CFront Release 1.0。

思政素材：
C++之父 Bjarne
Stroustrup

1985 年 10 月，Bjarne 博士完成了经典巨著"*The C + + Programming Language*"的第一版。

1990 年 5 月，C++的又一个传世经典 ARM 诞生，7 月，模板被加入，11 月，异常被加入。

1991 年 6 月，"*The C++ Programming Language*"第二版完成。

1993 年 3 月，运行时类型识别被加入；7 月，名字空间被加入。

1998 年 11 月，ISO 标准被批准。

1.2 初识 C/C++程序

先看一个经典的"Hello world!"程序，分别用 C 语言和 C++语言编写，如表 1.1 所示。

表 1.1 "Hello world!"程序

1	/∗ Hello. c ∗/	//Hello. cpp
2	#include <stdio. h>	#include <iostream> #include <cstdio>
3	int main( )	int main( )
4	{	{
5	printf("Hello world!\n");	printf("Hello world!\n"); std::cout<<"Hello world!"<<std::endl;
6	return 0;	return 0;
7	}	}
输出结果：	Hello world!	
输出结果：		Hello world! Hello world!

通过上面的两个程序可以看到，C 程序和 C++程序有很多相似的地方。C++ 是在 C 语言的基础上进行的扩展，C++几乎继承了 C 语言的所有特性，同时也具有自己的新特性。

1.2.1 注释

表 1.1 中的两个程序的第 1 部分都是注释信息，分别采用了不同的注释方式。注释是对代码的解释和说明，虽然注释对程序的执行并没有实质性的影响，但是合理地使用注释可以增加程序的可读性和可维护性。C 语言和 C++语言支持以下两种注释方式。

① 单行注释：以"//"开始，其后直到行尾的部分都是注释。注意："//"的注释，是 C++发展后才引进的。有些早期的 C 编译器对这种注释是不支持的。

② 块注释：以"/∗"开始、以"∗/"结束，其间的内容为注释。这种注释方式可以单独占一行，也可以包含多行。

> **注意：**
> 注释不能嵌套。

1.2.2 编译预处理

表 1.1 所示的程序的第 2 部分是文件包含预处理命令，预处理命令都是以"#"开头的。所谓预处理是指在对源程序进行编译之前，先对源程序中的预处理命令（主要包括宏定义命令、文件包含命令和条件编译命令）进行处理；然后再将处理的结果和源程序一起进行编译，从而得到目标代码。简而言之，这些在编译之前对源文件进行简单加工的过程，就称为预处理（即编译前预先处理）。

预处理主要是处理以"#"开头的命令，例如 C 语言程序的#include <stdio.h>和 C++语言中的#include <iostream>、#include <cstdio>等。预处理命令要放在所有函数之外，而且一般都放在源文件的前面。

编译预处理命令中比较常见的文件包含(#include)和宏定义(#define)，在形式上都以"#"开头，不属于 C 和 C++语言中真正的语句，但合理地使用它们会使编写的程序便于阅读、修改、移植和调试，也有利于模块化程序设计。

#include 叫作文件包含命令，用来引入对应的头文件（.h 文件）。#include 的处理过程很简单，就是将头文件的内容插入到该命令所在的位置，从而把头文件和当前源文件连接成一个源文件。

#include 的用法有如下两种形式。

● #include <头文件名>

● #include "头文件名"

尖括号< >和双引号" "的区别在于头文件的搜索路径不同。

① 使用尖括号<>，编译器会到系统路径下查找头文件。

② 而使用双引号" "，编译器首先在当前目录下查找头文件，如果没有找到，再到系统路径下查找。

也就是说，使用双引号比使用尖括号多了一个查找路径，虽然功能更为强大，但也会耗费更多的时间。比如 stdio.h 是标准头文件，存放于系统路径下，所以使用尖括号和双引号都能够成功引入，从效率的角度来考虑，应该选择尖括号来引入；而自己编写的头文件，一般不会放到系统路径下，而是存放于当前项目的路径下，所以不能使用尖括号，只能使用双引号。

#include 用法的注意事项：

① 一个 #include 命令只能包含一个头文件，多个头文件需要多个#include 命令。

② 同一个头文件可以被多次引入，多次引入的效果和一次引入的效果相同，因为头文件在代码层面有防止重复引入的机制。

③ 文件包含允许嵌套，也就是说在一个被包含的文件中又可以包含另一个文件。

stdio.h 是 C 语言中关于输入/输出的头文件（standard input output），其中包含了输入/输出函数的相关信息。由于程序中用到了 printf 格式输出函数，因此需要把它所在的头文件用 include 命令包含进来。

C++语言的标准头文件没有 .h 后缀，C++语言允许直接包含 C 语言的头文件，但更符合 C++语言风格的是包含 C 语言头文件对应的 C++版本。比如，输入与输出操作在 C++语言中也可以通过使用 C 语言标准输入输出库 stdio.h 实现。但使用形式变为：

```
#include <cstdio>
```

与 C 语言的#include 相比，前面加了个"c"，后面省略了".h".

C++语言的输入输出还可以采用流的方式，如代码中的 cout，所在的头文件为 iostream，同理用到时要用 include 命令包含进来。

1.2.3 main( )函数

C/C++语言自带的函数称为库函数。库是一系列函数的集合。C/C++语言自带的库称为标准库，其他公司或个人开发的库称为第三方库。

除了库函数，还可以编写自己的函数，拓展程序的功能。自己编写的函数称为自定义函数，例如表 1.1 中的 main( )函数。main 是函数的名字，( )表明这是函数定义，{ }之间的代码是函数要实现的功能。

函数可以接收待处理的数据，使用 return 可以返回处理结果。

需要注意的是，示例中的自定义函数必须命名为 main。main( )函数是一个特殊的自定义函数。C/C++语言规定，一个程序必须有且只有一个 main( )函数，一般称为主函数，是程序的入口函数，程序运行时从 main( )函数开始，直到 main( )函数结束（遇到 return 或者执行到函数末尾时，函数才结束）。也就是说，没有 main( )函数程序将不知道从哪里开始执行，运行时会报错。

main( )函数的返回值在程序运行结束时由系统接收。

1.2.4 输出

C 语言和 C++语言没有输入/输出语句。C 语言用的是库函数实现输入/输出，如程序中 printf( )函数，C++语言兼容 C 语言的特点，除此之外，C++还可以用数据流，如表 1.1 所示程序中的 cout。关于数据的输入/输出将在第 2 章详细介绍。

1.3 程序的编译和运行

在软件开发过程中，需要将编写好的代码保存到一个文件中，这样代码才能反复多次地执行，而不会丢失。这种用来保存代码的文件就叫作源文件。每种编程语言的源文件都有特定的后缀，以方便被编译器识别，被程序员理解。源文件后缀大都根据编程语言本身的名字来命名，例如：.c 是 C 语言源文件的后缀；.cpp 是 C++语言源文件的后缀。

需要注意的是，C 语言源文件的后缀非常统一，在不同的编译器下都是 .c。C++ 源文件的后缀则有些混乱，不同的编译器支持不同的后缀。

1.3.1 编译器

高级语言（例如 C 语言）的代码由固定的词汇按照固定的格式组织起来，简单直观，程序员容易识别和理解，但是对于只认识二进制形式的指令的 CPU 来说，高级语言编写的代码就是天书，根本不认识。这就需要一个工具，将 C 语言代码转换成 CPU 能够识别的二进制指令，也就是将代码加工成扩展名为" .exe"的文件格式。这个工具就是编译器（compiler）。

编译器能够识别程序代码中的词汇、句子以及各种特定的格式，并将它们转换成计算机能够识别的二进制形式，这个过程称为编译（compile）。在 C 程序的运行过程中，编译器是必需的工具。

随着 C++的流行，它的语法也越来越强大，几乎成了一门独立的语言，拥有了自己的编译方式。但是，目前流行的编译器，例如 Windows 下的微软编译器（cl. exe）、Linux 下的 GCC 编译器、MacOS 下的 Clang 编译器，都称为 C/C++ 编译器，也就是同时支持 C 语言和 C++，对于 C 语言代码，它们按照 C 语言的方式来编译；对于 C++ 代码，就按照 C++的方式来编译。从表面上看，C 和 C++ 代码使用同一个编译器来编译，所以只能说"后期的 C++ 拥有了自己的编译方式"，而不是"C++ 拥有独立的编译器"。

1.3.2　集成开发环境

除了编译器之外，编程过程中往往还需要很多辅助软件。

① 编辑器。编辑器是指用来进行程序编辑的程序，能把存在计算机中的源程序显示在屏幕上，然后根据需要进行增加、删除、替换和连接等操作，可以给代码分配不同的颜色，以方便阅读。

② 代码提示器。输入部分代码，可提示全部代码，可以加速代码的编写过程。

③ 调试器。调试器的最基本功能就是将运行的程序中断下来，并且使其按照用户的意愿执行。还可以查看软件的当前信息，这些信息包含但不限于当前线程的寄存器信息、堆栈信息、内存信息、当前 EIP 附近的反汇编信息等。另外，还可以修改软件执行流程，修改内存信息、反汇编信息、堆栈信息和寄存器信息等。

④ 项目管理工具。项目管理工具对程序涉及的所有资源进行管理，包括源文件、图片、视频和第三方库等。

⑤ 用户界面。在用户界面中，各种按钮、面板、菜单、窗口等控件整齐排布，操作更方便。

上述工具通常被打包在一起，统一发布和安装，例如 Dev C++、Code∶∶Blocks 等，它们统称为集成开发环境（integrated development environment，IDE）。下面主要介绍使用 Dev C++ 与 Code∶∶Blocks 进行程序开发的基本操作。

1. Dev C++

Dev C++是一款免费开源的 IDE，它集合了 MinGW 中的 GCC 编译器、GDB 调试器和 AStyle 格式整理器等众多自由软件。GCC 编译器是 Linux GCC 编译器的 Windows 移植版。Dev C++是 NOI、NOIP 等比赛指定的 C/C++集成开发环境。Dev C++ 的优点是容量小（只有几十兆字节）、安装卸载方便、学习成本低，缺点是调试功能弱。

Dev C++ 的主窗口如图 1.1 所示。

（1）编辑源程序

选择【文件】→【新建】→【源代码】命令，或者按 Ctrl+N 组合键，都会新建一个空白的源文件，在代码编辑窗口编辑源代码，如图 1.2 所示，然后在上方菜单栏中选择【文件】→【保存】命令，或者按 Ctrl+S 组合键，都可以保存源文件，在"保存类型"下拉列表可选择保存为 C 源文件或 C++源文件，如图 1.3 所示。

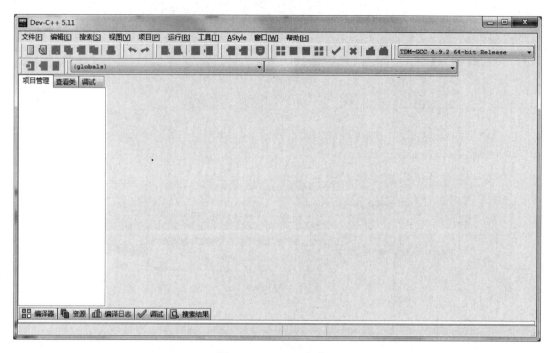

图 1.1　Dev C++主窗口

图 1.2　代码编辑窗口

程序设计语言基础(C&C++)

图 1.3 保存源文件

（2）编译源程序

选择【运行】→【编译】命令，或者直接按 F9 键，完成编译及连接工作，生成可执行文件，如图 1.4 所示。如果代码没有错误，会在下方的"编译日志"窗口中看到编译成功的提示。如果代码有错误，可根据"编译器"窗口的提示信息进行修改，代码修改后需重新编译。

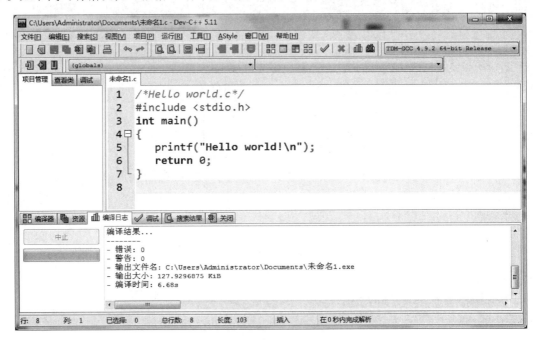

图 1.4 Dev C++的编译界面

8

（3）运行程序

选择【运行】→【运行】命令，或者直接按 F10 键，将会执行可执行文件，产生输出结果，如图 1.5 所示。

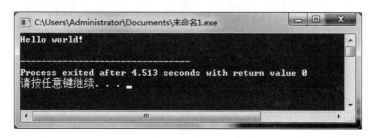

图 1.5　Dev C++ 的运行窗口

2. Code：：Blocks

Code：：Blocks 是一款开源、跨平台、免费的 C/C++ IDE，它和 Dev C++非常类似，小巧灵活，易于安装和卸载，不过它的界面要比 Dev C++复杂一些。

（1）编辑源程序

① 打开 Code：：Blocks 的主窗口，如图 1.6 所示；主窗口的左侧是项目工作区，右侧是编辑窗口。

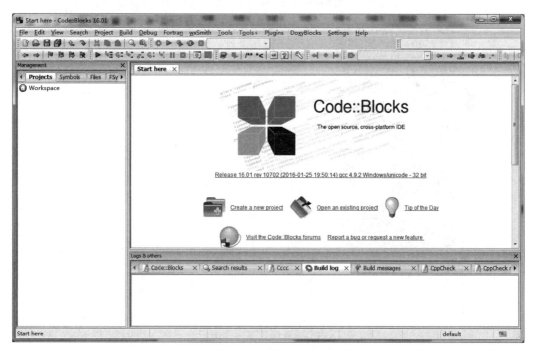

图 1.6　Code：：Blocks 主窗口

② 单击主窗口中的 **Create a new project** 按钮，打开如图 1.7 所示的对话框，单击 **Console application** 图标，然后单击 **Go** 按钮，进入选择程序语言类型对话框，如图 1.8 所示。

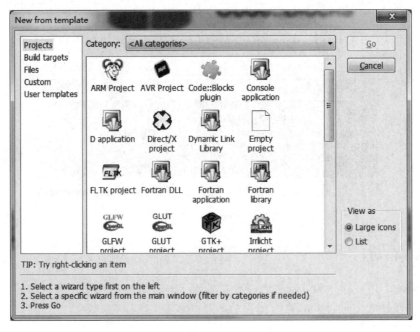

图 1.7　选择工程种类

图 1.8　选择程序设计语言

③ 选择程序设计语言类型，以选择 C 为例，单击 Next 按钮，打开如图 1.9 所示的对话框，输入工程的名称，选择其所在的路径，单击 Next 按钮，弹出如图 1.10 所示的对话框，选择编译工具后单击 Finish 按钮，在 Management 栏就生成了一个名为 first 的工程，双击 Sources

后，工程中包含了一个名为 main.c 的源文件，双击该文件名，在右侧的编辑区会显示这个文件的代码，就是著名的"Hello world!"程序源代码，如图 1.11 所示。

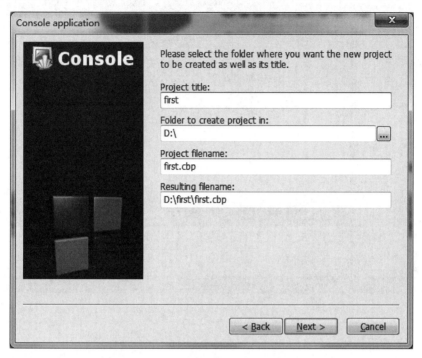

图 1.9　设置工程名称及路径

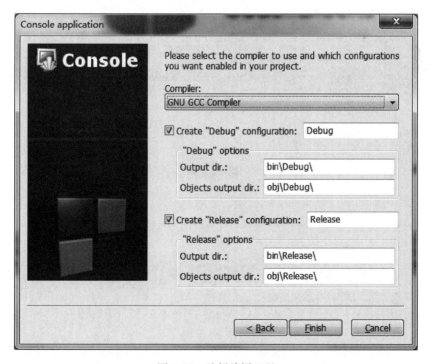

图 1.10　选择编译工具

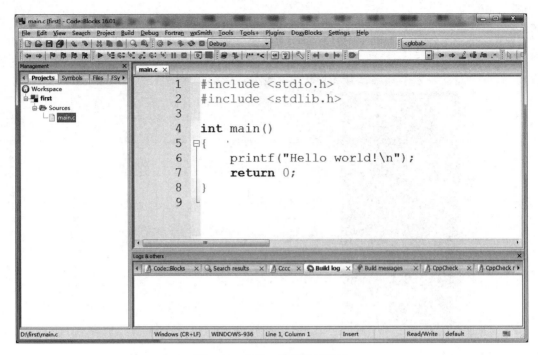

图 1.11　主窗口的代码编辑区

（2）编译和运行

选择 Bulid 菜单中的命令或单击工具栏中的按钮对代码进行编译和运行，编译结果如图 1.12 所示。

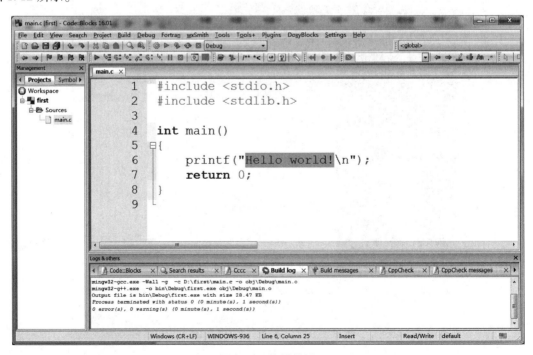

图 1.12　编译结果

运行结果如图 1.13 所示。

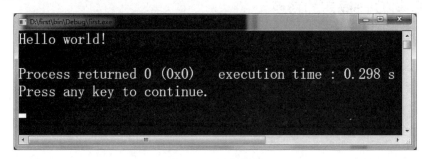

图 1.13　运行结果

1.3.3　程序错误

一段 C 语言代码，在编译、链接和运行的各个阶段都可能会出现问题。在一个程序中存在错误是在所难免的，往往需要经过若干次编辑、编译、运行的反复过程，才能获得正确的运行结果。程序中最主要的三种错误是语法错误、逻辑错误和运行错误。

① 编译和链接阶段出现的问题，也就是语法错误，能够在编译过程中被编译器检查出来，并给出错误提示信息供程序员参考。

② 逻辑错误和运行错误通常是由于算法设计不合理、数据使用不合理等非语法问题造成的，主要表现为实际的运行结果与期望不相符，可执行程序已经脱离了编译器，运行阶段出现问题，编译器是无能为力的。当然逻辑错误也不是编辑器能处理的问题。通常都需要依靠程序员的经验来查找和改正。

如果编写的代码正确，运行时会提示没有错误（error）和警告（warning），如图 1.14 所示。

图 1.14　无错误和警告

否则，会给出错误提示信息，如图 1.15 所示。信息包括发生错误的位置和错误的类型。其中，错误（error）表示程序不正确，不能正常编译、链接或运行，必须要纠正。警告（warning）表示可能会发生错误（实际上未发生）或者代码不规范，但是程序能够正常运行，但可能会导致执行结果不正确。所以有的警告可以忽略，有的要引起注意，要根据实际情况而定。

图 1.15　错误提示信息

1.4 C 与 C++语言的特点

1.4.1 C 语言的特点

C 语言属于高级程序语言，也就是说程序员不必知道 CPU 具体型号也可以为计算机进行程序编制。

1. C 语言的主要特性

C 语言程序具有高效、灵活、功能丰富、表达力强和移植性好等特点，在程序设计语言中备受青睐。C 语言的主要特性如下：

① C 语言保留了低级语言的特性。虽然 C 是高级语言，但是它同时拥有一些汇编语言的特性，对其他的高级语言来说这是接近低级语言的特点。例如，在 C 语言里，程序员可以对计算机内存进行管理。在默认的情况下，C 语言不会对数组的范围进行检查，也就是说即使数组越界，C 语言也不会做出错误提示。对计算机内存的管理使得程序员可以写出更快捷、更有效的程序，这对于设备驱动程序来说尤为重要。但是这也使得程序容易产生漏洞（bug），例如，缓冲器溢出错误。当然，这些错误可以由一些工具来避免。

② C 语言通过参数在函数里传递数值。

③ 使用了预处理机制，使得程序里可以通过包含的方式来处理源程序。

④ C 语言提供了一套标准库，这些库里提供了十分有用的功能。

2. C 语言的标准

（1）K&R C

1978 年，Kernighan 和 Dennis Ritchie 合著的 "*The C Programming Language*" 第一版出版，介绍有关 C 语言版本的特性。在这本书中，C 语言通常被表述成"K&R C"，K&R 是 Kernighan 和 Dennis Ritchie 两人名字的缩写。在以后的几年里，K&R C 一直被广泛作为 C 语言事实上的规范。

（2）C90

"*The C Programming Language*" 第二版包括了 ANSI C 标准。K&R C 通常被作为 C 编译器所支持的最基本的 C 语言部分。现在使用广泛的 C 语言版本都基本使用 ANSI C 标准。

1989 年，C 语言被 ANSI 标准化（ANSI X3. 159-1989），扩展了 K&R C，标准包括了一些新的特性。在 ANSI 标准化过程中，也标准化了函数库。ANSI C 标准被 ISO（国际标准化组织）采纳成为 ISO 9899。ISO 的第一个版本文件在 1990 年发布。此时，C 语言在 ISO 中有了一个官方名称，即 ISO/IEC 9899：1990。

其中，9899 是 C 语言在 ISO 标准中的代号；而冒号后面的 1990 表示当前修订好的版本是在 1990 年发布的。对于 ISO/IEC 9899：1990 的俗称或简称，有些地方称为 C89，有些地方称为 C90，或者 C89/90，它们指代的都是这个 C 语言国际标准。

（3）C99

在 ANSI 标准化后，C 语言的标准在一段相当长的时间内都保持不变，直到 1999 年，发布了新版本 ISO 9899：1999。这个版本就是通常提及的 C99。2000 年 3 月被 ANSI 采用。C99标准新增的特性有：内联函数、可变长度的数组、灵活的数组成员（用于结构体）、复合字面量、指定成员的初始化器、对 IEEE754 浮点数的改进、支持不定参数个数的宏定义，在数据类型上还增加了 long long int 以及复数类型，支持用//表示注释等（这个特性实际上在 C89 的很多编译器上已经被支持了）。

但是，即便到目前为止，很少有 C 语言编译器是 100%完全支持 C99 的。像主流的 GCC以及 Clang 编译器都能支持 C99 的大部分特性，而微软的 Visual Studio 2015 中的 C 编译器只支持 70% 左右。

（4）C11

2007 年，C 语言标准委员会又开始重新修订 C 语言，到了 2011 年正式发布了 ISO/IEC 9899：2011，简称为 C11 标准。

C11 标准新引入的特征包括：字节对齐说明符、泛型机制、对多线程的支持、静态断言、原子操作以及对 Unicode 的支持等。

1.4.2 C++语言的特点

1. C++的特点

C++语言在 C 语言的基础上发展而来，同时它又支持面向对象的程序设计。它主要具有以下特点：

① 保留了 C 语言原有的优点，与 C 语言兼容。

C++继承了 C 语言的优点：语言简洁、紧凑，使用方便、灵活；拥有丰富的运算符；生成的目标代码质量高，程序执行效率高；可移植性好等。在 C++新标准中，使用不带后缀 ".h"的头文件，但兼容 C 语言的头文件。

② 支持面向过程和面向对象的方法。

在 C++环境下既可以进行面向过程的程序设计，也可以进行面向对象的程序设计。因此它也具有数据封装和隐藏、继承和多态等面向对象的特征，支持面向对象编程机制，如信息隐藏、封装函数、抽象数据类型、继承、多态、函数重载、运算符重载、泛型编程。

③ 扩充了 C 语言。

如引入了内联函数、函数重载、更灵活方便的内存管理（new、delete）、引用、使用 C++命名空间 std 等。

④ 编译器更加严格。

如引入 const 常量和内联函数，取代宏定义等。

总而言之，C++语言既保留了 C 语言的有效性、灵活性、便于移植等精华和特点，又添加了对面向对象编程的支持，具有强大的编程功能，可方便地构造出模拟现实问题的实体和操作；编写出的程序具有结构清晰、易于扩充等优良特性，适合于各种应用软件、系统软件的程序设计。用 C++编写的程序可读性好，生成的代码质量高，运行效率仅比汇编语言慢 10%～20%。

2. C++主要标准

截止到 2021 年，C++的发展历经了以下几个标准。

1998 年，C++标准委员会发布了第一版 C++标准，并将其命名为 C++ 98 标准。

2011 年，C++ 11 标准诞生，用于取代 C++ 98 标准。此标准还有一个别名，为"C++ 0x"。

2014 年，C++ 14 标准发布，该标准库对 C++ 11 标准库做了更优的修改和更新。

2017 年底，C++ 17 标准正式发布。

2020 年，C++20 标准发布，C++ 之父 Bjarne Stroustrup 表示："C++ 20 是自 C++11 以来最大的发行版，它将是 C++发展史上的里程碑。"

1.4.3 C 与 C++

1. C++与 C 语言的区别

C++是在 C 语言的基础上发展而来的。C 语言是 C++的基础，C++和 C 语言在很多方面是兼容的。C 语言是面向过程的语言，而 C++既是面向过程的语言又是面向对象的语言。

C 语言程序的运行效率比 C++更高。

C 语言是一个结构化语言，它的重点在于算法与数据结构。C 程序的设计首要考虑的是如何通过一个过程，对输入（或环境条件）进行运算处理得到输出，或实现过程（事物）控制。

C++首要考虑的是如何构造一个对象模型，让这个模型能够契合与之对应的问题域，这样就可以通过获取对象的状态信息得到输出或实现过程（事物）控制。所以 C 语言和 C++的最大区别在于它们解决问题的思想方法不一样。

2. C++对 C 的"增强"

① 实用性有所增强。

例如 C 语言中的变量必须在作用域开始的位置定义，而 C++中更强调语言的实用性，所有的变量都可以在需要使用的时候再定义；再比如，register 关键字的增强，register 关键字修饰的变量，请求编译器直接放在寄存器里，速度快，在 C 语言中寄存器里是没办法取地址的，也就是说不能在寄存器变量上取地址，而在 C++中是可以在寄存器变量上取地址的。

② 函数类型检测增强。

例如：在 C 语言中，重复定义多个同名的全局变量是合法的，但在 C++中，不允许定义多个同名的全局变量。

C 语言中多个同名的全局变量最终会被链接到同一个地址空间上。

```
int g_var;
int g_var=1;
```

结果是对的。

C++直接拒绝这种二义性的做法：

```
int g_var;
int g_var = 1;
```

编译后会报错。

③ 增加了面向对象的机制。

④ 增加了泛型编程的机制（Template）。

⑤ 增加了异常处理。

⑥ 增加了运算符重载。

⑦ 增加了标准模板库（STL）。

3. C++与 C 不兼容之处

C++一般被认为是 C 的超集合，但这种表述并不是非常严谨。只能说，绝大多数的 C 语言代码可以在 C++中正确编译，但仍有少数差异，会导致某些有效的 C 代码在 C++中失效，或者在 C++中有不同的行为。

最常见的差异，例如：

① C 允许从 void * 隐式转换到其他的指针类型，但 C++不允许。

② C++定义了新关键字，例如 new、class，它们在 C 程序中是可以作为识别字（例如，变量名）的。

③ 在 C 标准（C99）中去除了一些不兼容之处，也支持了一些 C++的特性，如//注解，以及在代码中混合声明。不过 C99 也纳入几个和 C++冲突的新特性（例如，可变长度数组、原生复数类型和复合逐字常数）。

若要混用 C 和 C++的代码，则所有在 C++中调用的 C 代码，必须放在 extern "C" ｛ / * C 代码 * / ｝内。

4. 魔法师的"火球术"

下面引用一个广为流传的故事来从另一个角度来认识 C 和 C++的不同之处。

在遥远的地方，有两个大魔法师，吸引了许多学徒。这两位魔法师都会一种魔术叫"火球术"。

（1）C

第一位大魔法师叫 C，他是这样教学生的。

"火球术："

"首先，把提前写好的符咒放在桌子上。"

"然后，把左手抬起来。"

"把右手抬起来。"

"让左手的位置下移 3 厘米。"

………　　//此处省略大约 100 行。

虽然这位 C 魔法师的方法很麻烦。但是很快就能召唤出火球，同时以后重复这个步骤就可以召唤出火球。

（2）C++

第二位大魔法师叫 C++，是 C 的徒弟。

他的火球术则是这样的。

"首先，用 100 个小时制作一张封装的、美观的、有注释的符咒，然后专门写一篇文档描述它的外表。"

"然后在上面写上'火球术'三个字。"

"扔出去。"

这位大魔法师的火球术使用很方便，只不过制作过程过于烦琐，并且有的时候可能会过十分钟才出现火球。

1.5 如何学习 C 与 C++语言

对于初学者而言，无论是 C 还是 C++，都是抽象而神秘的，会有盲人摸象的迷茫。这源于不了解程序设计语言的本质和交流语境。那就从熟悉的自然语言开始，追寻语言的规律性和程序设计语言的特殊性。

1.5.1 自然语言

自然语言，是在一定条件下自然形成和使用的口头和书面语言，即人类日常使用的语言，如汉语、英语和俄语等，是人类交际的重要方式，也是人类区别于其他动物的本质特征。

自然语言的交际性是指语言能社会地交流关于客观世界的思想以及主观的感情、意志等。但是我们使用自然语言只能与人进行交流，而无法与计算机进行交流。程序设计语言是用于人与计算机之间交流的语言。本书所提及的程序设计语言以 C 和 C++语言为例。

1.5.2 自然语言和程序设计语言

程序设计语言具有自然语言的基本特点，类似自然语言从字词、语法、固定搭配到造句、写作文。程序设计语言也有类似的学习框架和方法，从常量、变量、运算符到表达式、程序。

程序设计语言也有自己的特殊性。可以从以下 3 个维度辨析程序设计语言和自然语言。

1. 词汇量

程序设计语言中的关键词比自然语言中的词汇要少得多，可以说不是一个数量级。大多数的程序设计语言的关键词不到 100 个，与成千上万的自然语言词汇相比，学习程序设计语言并不需要经历背单词这个痛苦的过程。

2. 歧义性

自然语言含有大量歧义,这些歧义根据语境的不同而表现为特定的义项。比如汉语中的多义词,只有在特定的上下文语境中才能确定其含义。语言歧义甚至具有特殊的艺术魅力,语言歧义所构成的模糊和空白,给读者的重新理解、重新创造提供了条件。古代诗词大家往往会"制造"不同形式的歧义,以达到不同的表现效果。例如"东边日出西边雨,道是无晴却有晴。"歧义字"晴",以天气的阴晴不定反衬少女心的多情难诉,含蓄而唯美。

但在程序设计语言中,则不允许存在歧义性。如果程序员无意中写了有歧义的代码,会触发编译错误。

3. 容错能力

容错,作为计算机术语,指的是当系统在运行时有错误被激活的情况下仍能保证不间断提供服务的方法和技术。

互联网上的文本非常随性,错别字、病句和不规范的标点符号,比比皆是。即便是经过编辑多次校对的书刊,仍然无法完全避免错误。但是很多时候,即便一句话错得离谱,我们还是可以猜出它想表达的意思。可见自然语言有着很强的容错能力。

在程序设计语言中,程序员必须保证拼写绝对正确、语法绝对规范,否则要么得到编译器无情的警告,要么造成潜在的 bug。

可以看出,程序设计语言不像自然语言那样有很强的容错能力,这就使得程序设计语言看起来呆板、烦琐、原始。

1.5.3　学习 C 和 C++语言的方法

学习 C 和 C++语言,要有耐心,不能急于求成,不能眼高手低。学习编程,要亲自动手去练习,去实践。不要企图看看书,看看教学视频就学会编程,一定要亲自动手!

学习 C 和 C++语言的过程可以分为以下几个步骤:

1. 掌握基本语法

学习 C 和 C++语言,首先需要掌握基本语法,例如变量、数据类型、运算符、分支结构、循环结构、数组和指针等。

2. 练习编程

掌握语法后,需要进行练习。可以从一些简单的编程题目开始,循序渐进。

3. 阅读代码

阅读别人写的代码可以帮助初学者更好地理解 C 和 C++语言的使用方法,提高编程能力。可以在一些 C 和 C++语言社区或者开源项目中寻找一些高质量的代码,阅读并学习其中的代码结构、算法思路等。本书中也提供了大量的源代码。

4. 项目实战

在掌握了基本语法和编程技巧后，可以开始实践一些小型的项目，比如计算器。在项目实践中，可以学习到更多的编程技巧和经验。

1.6　C、C++和人工智能

思政素材：
刑法：破坏
计算机信息
系统罪

C、C++编程语言长期稳居世界排名前四名，号称不朽的语言。

在人工智能领域，Python 具有简洁的语法，编程清爽、整洁、漂亮，还有强大的标准库，这使得它成为那些需要快速开发和原型设计的人工智能应用的理想选择。此外，Python 还有许多优秀的第三方库和框架，例如 TensorFlow 和 PyTorch，它们可以帮助开发人员更容易地构建和训练神经网络。因此，在人工智能领域，Python 有后来居上之势。

C 长期霸榜系统底层应用方面的开发，在规模化编程、自动生成、实现系统架构方面，非 C 和 C++莫属。其实，人工智能也带来了 C 和 C++的再次繁荣。C 和 C++在人工智能领域也有着广泛的应用。C++是一种编译型语言，以其高效性能和高度可移植性而闻名。在某些情况下，使用 C++可能比 Python 更合适。追本溯源，C 和 C++语言才是当今人工智能大发展最重要的工具。

首先，对于需要极致性能的应用，如机器学习和深度学习，C 和 C++可能是一个更好的选择。从某种程度上说，Python 编程只是在搭建软件的外包装，而 C 和 C++才是其核心。

其次，对于需要高度可移植性的应用，C 和 C++也是一个不错的选择。由于 C++是一种中立的语言，它在各种操作系统和硬件平台上的表现都非常稳定。这对于需要在不同环境下运行的人工智能应用来说非常重要。

然而，使用 C++进行人工智能开发也有一些挑战。首先，C 和 C++的语法相对复杂，学习曲线较陡峭。其次，C++的资源管理和内存管理需要更多的关注，这可能会增加开发难度。

总的来说，Python 和 C++都是适合人工智能开发的编程语言，选择哪种语言取决于具体的需求和场景。Python 易于学习和使用，适合快速开发和原型设计；而 C 和 C++具有高性能和可移植性，适合需要处理大量数据和复杂计算的场景。选择 C++还是 Python 取决于具体需求和技能水平。如果需要高性能和可移植性，并且有足够的编程经验和技能，那么 C++可能是一个更好的选择。如果需要快速开发和原型设计，并且更注重易用性和简洁性，那么 Python 可能是一个更好的选择。

习题 1

习题 1 答案

一、判断题

1. 执行 C/C++程序时，不是从 main( ) 函数开始。（　　　）

2. C/C++书写格式限制严格，一行内必须写一条语句。（　　　）

3. 一个 C/C++程序可由一个或多个函数组成。(　　)

4. C/C++的基本组成单位是函数。(　　)

5. 一个 C 程序只有在编译、连接成 .exe 程序之后才能执行。(　　)

6. C/C++，注释说明只能位于一条语句的后面。(　　)

7. 逻辑错误能够在编译过程中被编译器检查出来，并给出错误提示信息供参考。(　　)

8. 任何 C 语言代码都可以在 C++中正确编译。(　　)

二、单选题

1. C/C++语句的程序一行写不下时，可以_____。

　　A. 用逗号换行　　　　　　　　　　B. 用分号换行

　　C. 用任意空格换行　　　　　　　　D. 用回车换行

2. 以下叙述不正确的是_____。

　　A. C/C++程序中，语句之间必须用分号分隔

　　B. C/C++程序中，多行语句可以写在一行上

　　C. C/C++程序中，可以不必包含主函数

　　D. 一个 C/C++程序，可以由多个函数组成

3. C/C++语言规定，在一个源程序中，main( )函数的位置_____。

　　A. 必须在最开始

　　B. 必须在系统调用库函数的后面

　　C. 可以任意

　　D. 必须在最后

4. 一个 C/C++程序的执行是从_____。

　　A. 本程序的 main( )函数开始到 main( )函数结束

　　B. 本程序文件的第一个函数开始到本程序文件的最后一个函数结束

　　C. 本程序的 main 函数开始到本程序文件的最后一个函数结束

　　D. 本程序文件的第一个函数开始到本程序 main( )函数结束

5. 以下叙述正确的是_____。

　　A. 在 C/C++程序中，main( )函数必须位于程序的最前面

　　B. C/C++程序的每行中只能写一个语句

　　C. C/C++语言本身没有输入输出语句

　　D. 在对 C/C++语言进行编译的过程中，不能发现注释中的错误

三、填空题

1. 一个 C/C++程序总是从_____开始执行。

2. C 程序编译后生成_____程序，连接后生成_____程序。

3. C/C++语言规定，一个语句必须以_____结尾。

第 2 章　数据类型及运算

数据类型是计算机编程中的一个重要概念，它是数据的一个属性，告诉编译器或解释器程序员打算如何使用数据。数据类型定义了对数据的操作、数据的含义以及存储该类型值的方式。数据类型可以理解为一种约束，使得表达式（如变量、函数）只能从预定的范围内获取或处理数据。数据类型规定了数据存储的格式、范围和操作方式。在编程中，正确地使用数据类型可以提高程序的效率和可靠性。

在进行数值计算时，使用整型可以避免浮点数计算时的舍入误差；在进行大量数值计算时，使用整型比使用浮点型更快；在进行函数调用时，正确地使用数据类型可以避免参数传递错误。

C 和 C++语言程序在对数据进行处理时，都要求数据具有明确的类型，所以 C 和 C++语言都是强类型语言。

2.1　基本数据类型

C 和 C++语言中的数据类型基本相同，主要分为以下几类：基本类型、指针类型、构造类型、空类型等。其中，基本类型是 C 和 C++语言中最简单的数据类型，C 语言的基本类型包括整型、字符型和实型，如图 2.1 所示。

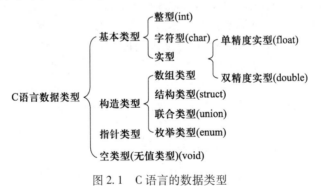

图 2.1　C 语言的数据类型

C++的数据类型和 C 语言基本相同，如图 2.2 所示。

布尔型在 C++中可以直接使用，但是在 C 语言中必须添加 stdbool.h 头文件才可以使用，布尔型变量又称为 bool 型变量，它的取值只能是 true（真）或者 false（假），分别代表非零与零。

在赋值时，可以直接使用 true 或 false 进行赋值，或是使用整型常量对其进行赋值，只是整型常量在赋值给布尔型变量时会自动转换为 true 或者 false。

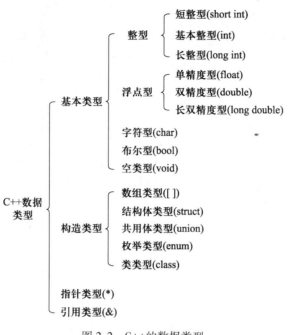

图 2.2　C++的数据类型

注意，非零包括正整数和负整数，即 1 和-1 都会转换为 true。

但是对计算机来说，true 和 false 在存储时分别为 1 和 0，因此如果使用%d 输出 bool 型变量，则 true 和 false 会输出 1 和 0。

本章主要讨论整型、实型、字符型等。构造类型、指针类型和空类型在后续章节中介绍。

2.2　常量与变量

常量和变量是数据在程序中的两种表征形式。程序中值不能发生改变的量称为常量。程序中其值可以被改变的量称为变量。变量通常需要一个名字来表示，这个名字称为标识符。

标识符是用作程序的某一元素的名字的字符串或用来标识源程序中某个对象的名字的。这个元素可以是一个变量、一个常量、一个语句标号、一个过程或函数等。C/C++语言规定，标识符只能由英文字母、数字和下划线三种字符组成，并且首字符必须为英文字母或下划线。

注意，在 C/C++语言中严格区分字母的大小写。因此，sum 和 Sum 是两个不同的标识符。ANSI C 标准没有对标识符的长度做出具体规定，但各种 C/C++语言编译系统都有各自的规定。

C/C++语言中的标识符可分为三类：关键字、预定义标识符和用户标识符。

1. 关键字

关键字又称为保留字，是 C/C++语言中用来表示特殊含义的标识符，由系统提供。关键字有特定的语法意义，不允许用户重新定义。关键字不能拼错，也不能用作变量名或函数名。

下面列出了 C 语言中的保留字。

auto   break   case   char   const   continue   default   do   double   else   enum   extern   float   for   goto   if   int   long   register   return   short   signed   sizeof   static   struct   switch   typedef   union   unsigned   void   volatile   while

下面列出了 C++语言中的保留字。

asm   else   new   this   auto   enum   operator   throw   bool   explicit   private   true   break   export   protected   try   case   extern   public   typedef   catch   false   register   typeid   char   float   reinterpret_cast   typename   classfor   return   union   const   friend   shortunsigned   const_cast   goto   signed   using   continue   if   sizeof   virtual   default   inline   static   void   delete   int   static_cast   volatile   do   long   struct   wchar_t   doublemutable   switch   while   dynamic_cast   namespace   template

2. 预定义标识符

C/C++语言中预先定义了一些标识符，它们有特定的含义，通常用做固定的库函数名或预编译处理中的专门命令。

如 scanf、printf、sin、define、include 等。

C/C++语言允许用户标识符与预定义标识符同名，但这将使这些标识符失去系统规定的原意。为了避免误解，建议用户为标识符取名时尽量不要与系统预先定义的标准标识符（如标准函数）同名。

3. 用户标识符

用户标识符是由用户自己定义的标识符，命名时应遵守标识符命名的原则，最好做到见名知义，这样可以提高程序的可读性。一般选用相应的英文单词或拼音字母的形式，尽量不要使用简单的代数符号。

其中关键字和预定义标识符是由 C/C++语言标准或 C/C++语言编译系统预先定义好的标识符，有特定的含义和用途，不能另作他用。如 if、int 是关键字，而 main、printf 是预定义标识符，它们在程序中均不能用作变量名。自定义标识符最好取具有一定意义的字符串，便于记忆和理解。

2.2.1 常量

根据数据的类型，C/C++语言中常用常量可以分为整型常量、实型常量、字符型常量、字符串常量和符号常量。

1. 整型常量

整型常量即整数。可以使用以下三种形式表示。

（1）十进制整型常量

由数字 0~9 组成，如 123，−123。

（2）八进制整型常量

必须以 0 开头，后跟 0~7 的数字序列，如 0123，-0123。

（3）十六进制整型常量

必须以 0x 或者 0X 开头，后跟 0~9，a~f 或 A~F 的数字序列，如 0x12a，-0x12a。

2. 实型常量

实型常量即实数（浮点数）。在 C 程序中可以使用以下两种形式表示。

（1）十进制小数形式

由数字 0~9、小数点和正负号构成，如 123.456，-123.456 等。注意小数点是必须有的。

（2）十进制指数形式（即科学计数法）

指数形式的一般格式为

尾数部分 e 指数部分

或者

尾数部分 E 指数部分

例如，1.23456e3 和 1.23456e-3 分别代表 1.23456×10^3 和 1.23456×10^{-3}。

注意，尾数部分不能省略，指数部分必须为整数。例如，10^{-6} 应表示为 1e-6。

3. 字符型常量

字符型常量是用单引号括起来的一个字符，在计算机中存储其 ASCII 码值。字符常量可以是能够显示或打印的可见字符，也可以是不可见的特殊字符。

可见字符可以从键盘上直接输入，如'a'、'$'、'='、'+'、'?' 等。

为了能够在程序中表示一些特殊字符，C/C++语言中引入了转义字符的概念。转义字符是以反斜线"\"开头的。

常用的转义字符及其含义如表 2.1 所示。

表 2.1　常用的转义字符及其含义

转 义 字 符	含　　义	ASCII 码值
\n	换行符	10
\r	回车符	13
\t	制表符	9
\b	退格符	8
\0	空字符	0
\\	反斜线符"\"	92
\'	单引号符	39
\"	双引号符	34
\ddd	1~3 位八进制所代表的字符	
\xhh	1~2 位十六进制所代表的字符	

从表 2.1 中可以看出，C/C++语言中的任意一个字符均可用转义字符来表示。如字符'A'也可以用转义字符'\101'和'\x41'表示，这样一个字符可以有多种表示形式。

4. 字符串常量

字符串常量是用双引号（""）引起来的 0 个或者多个字符组成的序列。存储时，每个字符串尾自动加一个'\0'作为字符串结束标志。

如"Hello world!"，"中国"，"a"等都是合法的字符串常量。

不含任何字符的字符串称为空字符串，即""。

5. 符号常量

上面介绍的各种类型的常量称为字面常量或直接常量。C/C++语言中，可以使用一个便于记忆的标识符来表示一个常量，称为符号常量。习惯上使用大写字母表示符号常量。

C/C++语言中可以使用预编译指令 define 来定义符号常量。其一般形式如下。

（1）#define 标识符　常量

例如：

```
#define PI 3.14159
```

（2）const type variable = value;

使用 const 前缀声明指定类型的常量。

【例 2.1】已知一个圆的半径为 1.5，用符号常量编写程序求其面积并输出。

源程序 1：

```
#include <stdio.h>
#define  PI  3.14159           /*注意此处无"="*/
int main()
{
    float r,s;
    r=1.5;
    s=PI*r*r;
    printf("s=%f\n",s);
    return 0;
}
```

源程序 2：

```
#include <iostream>
using namespace std;
int main()
{
    const float  PI = 3.14159;
```

```
const char NEWLINE = '\n';
float area;
area = PI * 1.5 * 1.5;
cout << area;
cout << NEWLINE;
return 0;
}
```

const 修饰符有以下的优点：

① 预编译指令 define 只是对值进行简单的替换，不能进行类型检查。

② 可以保护被修饰的对象，防止意外修改，增强程序的健壮性。

③ 编译器通常不为普通 const 常量分配存储空间，而是将它们保存在符号表中，这使得它成为一个编译期间的常量，没有了存储与读内存的操作，使得它的效率也很高。

2.2.2 变量

变量的作用是存储程序中用到的各种数据。从本质上说，一个变量就是一组连续的内存单元，用来存储特定类型的数据，具有类型、名称和值。C/C++语言中规定变量必须先定义再使用，在变量进行定义时用到了数据类型关键字，在 Dev C++和 Code::Blocks 环境中基本数据类型及其取值范围如表 2.2 所示。

表 2.2　基本数据类型及其取值范围

数据类型及分类		关　键　字	字节数	取　值　范　围
整型	有符号基本整型	[signed] int	4	−2 147 483 648～2 147 483 647
	有符号短整型	[signed] short [int]	2	−32 768～32 767
	有符号长整型	[signed] long [int]	4	−2 147 483 648～2 147 483 647
	无符号基本整型	unsigned [int]	4	0～4 294 967 295
	无符号短整型	unsigned short [int]	2	0～65 535
	无符号长整型	unsigned long [int]	4	0～4 294 967 295
实型	单精度实型	float	4	$−3.4×10^{38}～3.4×10^{38}$
	双精度实型	double	8	$−1.7×10^{308}～1.7×10^{308}$
	长双精度实型	long double	8	$−1.7×10^{308}～1.7×10^{308}$
字符型	字符型	char	1	−128～127

需要注意的是：C/C++语言并未规定各种类型数据在内存中所占的字节数，同类型的数据在不同的 IDE 和计算机系统中所占的字节数也不尽相同，可以使用 sizeof( )运算符计算得到。sizeof( )运算符有两种形式：

$$\text{sizeof(类型名)}$$
$$\text{sizeof(表达式)}$$

1. 变量的定义

C/C++程序中的变量必须先定义再使用，定义变量就是给变量指定类型并分配相应的内存空间，确定变量的名称。变量定义的一般格式：

　　　　类型关键字　变量名1[,变量名2,变量名3,...,变量名n];

例如：

```
int a,b;      //定义2个整型变量a、b
```

在定义变量的同时进行赋初值称为变量初始化，格式如下：

类型关键字　变量名1=初始值1[,变量名2=初始值2,变量名3=初始值3,...,变量名n=初始值n];

例如：

```
int a=2,b=6;      //定义整型变量a、b,并分别赋初始值为2、6
```

C++除了与C语言一样支持赋值初始化，还有自己独有的直接初始化，格式如下：

类型关键字　变量名1(初始值1)[,变量名2(初始值2),变量名3(初始值3),...,变量名n(初始值n)];

例如：

```
int a(2)      //定义整型变量a,初始值为2
```

另外，C语言变量的定义一般统一放置在函数体最前面；而C++变量可以随用随定义。

2. 变量的赋值

变量的赋值是C/C++程序中最常用的一种运算。所谓赋值就是将一个数据的值存入到一个变量所对应的内存单元中。赋值运算的一般格式为

变量=表达式

其中的"="称为赋值运算符。赋值运算的功能是：先求出右侧表达式的值，并将该值存入到左侧的变量中。

例如：

```
int a;
a=10;
```

赋值之后，变量a所对应的内存单元中的内容为10。

【例2.2】已知一个圆的半径为1.5，编程序求其面积并输出。

问题分析：

① 该问题中有三个物理量：半径、面积、圆周率。

② 因为圆周率是一个常数，故不宜定义为变量。程序中也不能直接用希腊字母 π 来代表圆周率。

③ 因为半径和面积是实数，故应定义为实型变量。

源程序：

```
#include <stdio.h>
int main()
{
    float r,s;      //定义 float 型变量 r、s
    r=1.5;
    s=3.14159*r*r;
    printf("% f",s);
    return 0;
}
```

该程序的运行结果只给出了变量 s 的值，而缺乏必要的说明信息，不够明确。故可以将输出语句改为

```
printf("s=% f\n",s);
```

或者

```
printf("面积=% f\n",s);.
```

其中的 "\n" 是换行符，起到使光标换行的作用。

2.3 标准输入输出

数据处理是程序的主要功能之一，数据的获取和显示用到输入输出设备，键盘是常见的输入设备，显示器是常见的输出设备。本节主要介绍 C 语言和 C++ 语言标准输入输出的实现。

2.3.1 C 语言的输入输出

C 语言中数据的输入与输出均由库函数实现。常用的标准输入与输出函数包括 printf() 函数、scanf() 函数、putchar() 函数和 getchar() 函数等。

在程序中调用输入输出函数时，应在程序的开头添加以下文件包含命令：

```
#include <stdio.h>
```

或者

```
#include "stdio.h"
```

1. 格式输出 printf() 函数

printf() 函数用于按照指定的格式向标准输出设备（通常是显示器）输出数据。

printf 函数调用的一般形式如下：

printf("格式控制字符串",输出项表)

printf()函数中的格式控制字符串用于规定输出项的输出格式。其中的字符可以分为以下两部分。

① 格式说明，用于规定与之对应的数据项的输出格式。由"%"和格式说明字符组成，如%d、%c 等。printf()函数中使用的格式说明符如表 2.3 所示。

表 2.3　printf()函数中使用的格式说明符

输出类型	格式说明符	说　　明
整型数据	%d（或%i)	以有符号十进制形式输出整型数。例如： printf("%d",20);//输出 20
	%o	以无符号八进制形式输出整型数（不输出前导 0) printf("%o",20);//输出 24
	%x（或%X)	以无符号十六进制形式输出整型数（不输出前导 0x) printf("%x",20);//输出 14
	%u	以无符号十进制形式输出整型数 printf("%u",20);//输出 20
实型数据	%f	以小数形式输出单精度、双精度的实型数 printf("%f",3.14);//输出 3.140000
	%e（或%E)	以指数形式输出单精度、双精度的实型数 printf("%f",3.14);//输出 3.140000
字符型数据	%c	输出一个字符 printf("%c",'a');//输出 a
	%s	输出一个字符串 printf("%s","Hello World!");//输出 Hello World!

② 普通字符，格式说明以外的字符。普通字符将原样输出。

输出项表是若干个要输出的数据项，可以是常量、变量或表达式。

可以在"%"和格式说明字符之间插入格式修饰符，用于对输出数据的格式进行修饰，如域宽、小数位数、对齐方式等，如表 2.4 所示。

表 2.4　printf()函数中常用的格式修饰符

符　　号	说　　明
m	指定数据输出的宽度（即域宽），当数据长度<m 时，补空格；否则按实际位数输出 printf("＊%5d＊",20);//输出 ＊　　20＊
n	对按%f 或%e 输出的实型数据，指定输出 n 位小数（四舍五入） printf("%.3f",3.14159);//输出 3.142
	对于字符串：输出字符串中的前 n 个字符 printf("%5s","Hello World!");//输出 Hello

续表

符　号	说　　明
+	使输出的数值数据无论正负都带符号输出 printf("%+d",20);//输出+20
−	使数据在输出域内按左对齐方式输出 printf("＊%-5d＊",20);//输出＊20　　＊
l	输出长整型数或双精度实型数
h	输出短整型数

2. 格式输入 scanf( ) 函数

scanf( )函数用于从标准输入设备（通常是键盘）输入数据，并存入到指定的变量中。scanf( )函数的一般形式如下：

scanf("格式控制字符串"，变量地址表)

例如：

```
scanf ("%d%d",&a,&b);
```

其中的变量地址表，是若干个用于存储数据的变量的地址。格式控制字符串用于规定变量的输入格式，其用法与 printf( )函数中的格式控制字符串类似。scanf( )函数中使用的格式说明符如表 2.5 所示。

表 2.5　scanf( )函数中使用的格式说明符

输入类型	格式说明符	说　　明
整型数据	%d（%ld）	输入十进制整型数（长整型数）
	%u（%lu）	输入无符号的十进制整型数（无符号长整型数）
	%o（%lo）	输入八进制整型数（八进制长整型数）
	%x（%lx）	输入十六进制整型数（十六进制长整型数）
实型数据	%f（%lf）	输入小数形式的单精度实型数（单精度实型数）
	%e（%le）	输入指数形式的双精度实型数（双精度实型数）
字符型数据	%c	输入单个字符
	%s	输入一个字符串

使用 scanf( )函数时，要注意以下几个问题。

① 可以指定输入数据所占的宽度，但是不能指定实数的小数位数。

【例 2.3】scanf( )函数错例。

```
#include <stdio.h>
main()
```

```
{
float x,y;
scanf("%8f",&x);               /*正确,但不推荐这样用*/
scanf("%8.2f",&y);             /*错误*/
printf("x=%f,y=%f\n",x,y);
}
```

② 格式控制字符串中的普通字符,必须原样输入。

【例2.4】 使用普通字符的 scanf( )函数。

```
#include <stdio.h>
main()
{
    int x,y;
    scanf("%d,%d",&x, &y);
    printf("x=%d,y=%d\n",x,y);
}
```

程序运行时,应输入

```
3,6
```

尤其要注意,在 scanf( )函数的格式控制字符串中,不应出现“\n”。

③ 用%c 格式符输入字符型数据时,每个字符之前不需要分隔符。

【例2.5】 用 scanf( )函数输入字符型数据。

```
#include <stdio.h>
main()
{
    int a;
    char c1,c2;
    scanf("%d%c%c",&a, &c1,&c2);
    printf("a=%d,c1=%c,c2=%c\n",a,c1,c2);
}
```

程序运行时,应输入

```
100xy
```

而不能输入

```
100⊔x⊔y
```

【例2.6】 已知一元二次方程 $ax^2+bx+c=0$ 的系数 a、b、c 的值,设 $b^2-4ac>0$ 且 $a\neq0$,编程序求该方程的根。

问题分析：

可以利用一元二次方程的求根公式，分别求得该方程的两个根，而不能直接将方程式写在程序中。

源程序：

```
#include <stdio.h>
#include <math.h>
main()
{
 float a,b,c,x1,x2;
 scanf("% f% f% f",&a,&b,&c);
 x1=(-b+sqrt(b*b-4*a*c))/(2*a);        /*不要丢失乘号和括号*/
 x2=(-b-sqrt(b*b-4*a*c))/(2*a);
 printf("x1=% f,x2=% f\n",x1,x2);
}
```

字符型数据除了可以用 scanf( ) 函数和 printf( ) 函数进行输入和输出之外，C 语言还提供了两个专门用于输入输出字符型数据的函数 getchar( ) 函数和 putchar( ) 函数。

3. 字符输出 putchar( ) 函数

putchar 函数的功能是向标准输出设备输出一个字符。

putchar 函数的一般形式为

```
putchar(字符型数据)
```

【例 2.7】用 putchar( ) 函数输出字符型数据。

```
#include <stdio.h>
main()
{
char ch='x';
putchar(ch);
putchar('a');
putchar('\n');
}
```

4. 字符输入 getchar( ) 函数

getchar( ) 函数的功能是从标准输入设备输入一个字符，并将该字符作为函数的返回值。

getchar( ) 函数的一般形式为

```
getchar()
```

33

【例2.8】字符型数据的输入与输出。

```c
#include <stdio.h>
main()
{
char ch;
ch=getchar();
putchar(ch);
putchar('\n');
}
```

【例2.9】编写程序：通过键盘输入一个小写字母，将其转换为相应的大写字母并输出。

源程序：

```c
#include <stdio.h>
main()
{
 char ch;
 ch=getchar();
 ch=ch-32;
 putchar(ch);
 putchar('\n');
}
```

2.3.2　C++语言的输入输出

C++ 中将数据的输入与输出可以看作是一连串的数据流，输入输出流是指由若干字节组成的序列，这些字节序列中的数据按顺序从一个对象传送到另一个对象。在输入操作时，字节流从输入设备流向内存；在输出操作时，字节流从内存流向输出设备。在 C++中，输入输出流被定义为类，C++的 I/O 库中的类为流类，用流类定义的对象称为流对象。在编写 C++程序时，如果需要使用输入输出时，则需要包含头文件 iostream，iostream 是 input output stream 的缩写，意思是"输入输出流"。它包含了用于输入输出的对象，例如常见的 cout 表示标准输出流；cin 表示标准输入流；cerr 表示非缓冲标准错误流。

1. 命名空间

命名空间（namespace）是 C++为了解决合作开发时的命名冲突问题而引入的概念，同一个空间中标识符必须唯一，不同命名空间中的标识符可以相同。当一个程序中使用多个命名空间而出现成员同名时，可以用命名空间名加作用域运算符限定各自的成员。

C++标准程序库中的所有标识符都被定义在一个名为 std 的命名空间中，下面以标准库 std 为例介绍使用命名空间中成员的三种方式。

（1）使用作用域符::

例如 std::cout<<"Hello world!"<<std::endl；在表 1.1 中用 C++语言编写的"Hello world"
程序就采用了此方式。

（2）using 声明

using 声明的形式：

```
using namespace_name::member_name;
```

"Hello world!"程序可以编写为如下形式：

```
//Hello world.cpp
#include <iostream>
using std::cin;      //using 声明，当使用名字 cin 时，从命名空间 std 中获取
using std::cout;     //using 声明，当使用名字 cout 时，从命名空间 std 中获取
using std::endl;     //using 声明，当使用名字 cout 时，从命名空间 std 中获取
int main()
{
    cout<< "Hello world!" << endl;
    return 0;
}
```

注意每个 using 声明引入命名空间中的一个成员，因此每个名字都需要独立的 using
声明。

（3）using 指示

using 指示的形式：

```
using namespace NAME;
```

其中，using 和 namespace 都是关键字，NAME 是命名空间的名字，如 std。如果这里所用
的名字不是一个已经定义好的命名空间的名字，则程序将发生错误。

这种方式是最常用的。例如，"Hello world!"程序可以编写为如下形式：

```
//Hello world.cpp
#include <iostream>
using namespace std;
int main()
{
    cout<< "Hello world!" << endl;
    return 0;
}
```

后面内容默认用到标准命名空间时都采取第三种方式。

2. 流

（1）标准输入流 cin

cin 对象附属到标准输入设备，通常是键盘。cin 是与流提取运算符 >> 结合使用的。cin 的一般格式为：

> cin >> 变量 1>>变量 2>>……>>变量 n;

流提取运算符>>根据后面变量的类型读取数据，输入数据以空格作为分隔符。

（2）标准输出流 cout

cout 对象"连接"到标准输出设备，通常是显示屏。cout 是与流插入运算符<<结合使用的。cout 有以下两种常用方式：

无格式输出：

> cout << 输出项 1<<输出项 2<<……<<输出项 n;

有格式输出：按指定的格式输出，比如对输出的小数只保留两位小数等。有两种方法可以实现：一种是使用控制符，另一种是使用流对象的有关成员函数。

① 使用控制符控制输出格式。

常见的各种控制符（流算子）是在头文件 iomanip 中定义的，所以使用时需包含头文件 #include <iomanip>。常用的控制符及其作用如表 2.6 所示。

表 2.6　常用的控制符及其作用

控　制　符	作　　用
dec	设置整数的基数为 10，整数默认以此格式输出
oct	设置整数的基数为 8
hex	设置整数的基数为 16
setbase(n)	设置整数的基数为 n（n 的值为 8、10、16 三者之一）
fixed	以小数形式输出浮点型数据
scientific	以科学计数法形式输出浮点型数据
left	左对齐，右边补空格
right	右对齐，左边补空格，默认右对齐
setw(n)	设置输出宽度为 n 位，若 setw(n)后接浮点数，则小数点也算一个宽度。若 setw(n)后接的数值宽度大于 n，则会全部输出
setfill(c)	在指定输出宽度情况下，以字符 c 来补充，默认是空格
setprecision(n)	设置输出浮点数的精度为 n。在使用非 fixed 且非 scientific 方式输出的情况下，n 即为有效数字最多的位数，如果有效数字位数超过 n，则小数部分四舍五入，或自动变为科学计数法输出并保留一共 n 位有效数字。在使用 fixed 方式和 scientific 方式输出的情况下，n 是小数点后面应保留的位数
setiosflags(flag)	配合 ios::使用，效果和以上控制符等同，如 setiosflags(ios::fixed)等同于 fixed
resetiosflags(flag)	终止已设置的输出格式状态，在括号中指定内容

setiosflags()控制符实际上是一个库函数，它以一些标志作为参数，这些标志是在 iostream 头文件中定义的，它们的含义和同名控制符一样，如表 2.7 所示。

表 2.7　setiosflags()常用标志

标　　志	作　　用
ios::left	输出数据在本域宽范围内向左对齐
ios::right	输出数据在本域宽范围内向右对齐
ios::internal	数值的符号位在域宽内左对齐，数值右对齐，中间由填充字符填充
ios::dec	设置整数的基数为 10
ios::oct	设置整数的基数为 8
ios::hex	设置整数的基数为 16
ios::showbase	强制输出整数的基数（八进制数以 0 开头，十六进制数以 0x 开头）
ios::showpoint	强制输出浮点数的小数点和尾数 0
ios::scientific	浮点数以科学计数法格式输出
ios::fixed	浮点数以定点格式（小数形式）输出

【例 2.10】用控制符控制输出格式。

源程序：

```
#include "iostream"
#include <iomanip>
using namespace std;
int main()
{
    int i=10;
    cout<<"dec:"<<dec<<i<<endl;                  //以十进制形式输出整数
    cout<<"oct:"<<oct<<i<<endl;                  //以八进制形式输出整数
    cout<<"hex:"<<hex<<i<<endl;                  //以十六进制形式输出整数
    cout<<setw(10)<<"Hello"<<endl;               //指定域宽为 10 输出字符串
    cout<<setfill('*')<<setw(10)<<"Hello"<<endl;
            //指定域宽为 10 输出字符串，左对齐，空白处用'*'填充
    cout<<setfill('*')<<setw(10)<<left<<"Hello"<<endl;
    double x=314.15926;
    cout<<x<<endl;
    cout<<setprecision(4)<<x<<endl;              //以 4 位有效数字形式输出实数
    cout<<scientific<<setprecision(4)<<x<<endl;
            //以指数形式输出，保留 4 位小数
    cout<<setiosflags(ios::fixed);               //设置为小数形式输出
```

```
    cout<<x<<endl;
    return 0;
}
```

运行结果：

```
dec:10
oct:12
hex:a
      Hello
*****Hello
Hello*****
314.159
314.2
3.1416e+002
314.2
```

② 用流对象的有关成员函数控制输出格式。

通过调用流对象 cout 的成员函数控制输出格式，其作用和控制符相同，如表 2.8 所示，其中的标志如表 2.7 所示。

表 2.8　控制输出格式的流成员函数

成 员 函 数	作用相同的操作符	说　　　　明
precision(n)	setprecision(n)	设置输出浮点数的精度为 n
width(w)	setw(w)	指定输出宽度为 w 个字符
fill(c)	setfill(c)	在指定输出宽度的情况下，输出的宽度不足时用字符 c 填充（默认情况是用空格填充）
setf(flag)	setiosflags(flag)	将某个输出格式标志置为 1
unsetf(flag)	resetiosflags(flag)	将某个输出格式标志置为 0

【例 2.11】 用流对象的成员函数控制输出格式。

源程序：

```
#include "iostream"
using namespace std;
int main()
{
    int i=10;
    cout<<"dec:"<<dec<<i<<endl;          //以十进制形式输出整数
    cout.unsetf(ios::dec);
    cout.setf(ios::oct);
    cout<<"oct:"<<i<<endl;               //以八进制形式输出整数
```

```
    cout.width(10);                  //指定域宽为 10
    cout.fill('*');                  //空白处用'*'填充
    cout<<"Hello"<<endl;

    double x=314.15926;
    cout<<x<<endl;
    cout.setf(ios::scientific);      //以指数形式输出
    cout.precision(4);               //保留 4 位小数
    cout<<x<<endl;
    return 0;
}
```

运行结果：

```
dec:10
oct:12
*****Hello
314.159
3.1416e+002
```

2.4 运算符与表达式

程序要对数据进行加工处理，通常会用到运算符及表达式。由运算符和操作数组成的式子称为表达式，操作数可以是常量、变量和函数等。C/C++语言中运算符比较丰富，根据参与运算的操作数个数划分为：单目运算符、双目运算符和三目运算符。下面分别介绍赋值运算符、算术运算符、自增/自减运算符、关系运算符、逻辑运算符、位运算符和其他运算符。学习时要把握运算符的功能、优先级、结合性和运算结果的类型。

2.4.1 赋值运算符

赋值运算符用于对变量进行赋值，左侧必须是变量，不能是常量或表达式。赋值运算符分为简单赋值运算符" = "和复合赋值运算符"op = "，其中 op 可以是算术运算符+、-、*、/、%和位运算符 &、|、^、>>、<<中的任意一个运算符。赋值表达式格式如下：

变量	赋值运算符	表达式

例如：

```
a=10
b+=8 等价于 b=b+8
```

2.4.2 算术运算符

算术运算符如表 2.9 所示。

表 2.9 算术运算符

算术运算符	含 义	类 型	使用示例	结 合 性
-	取相反数	单目运算符	-3	自右向左
*	乘法	双目运算符	3*7，结果为21	自左向右
/	除法		3/7 结果为 0	
%	求余		3%7 结果为 3	
+	加法		3+7 结果为 10	
-	减法		3-7 结果为-4	

在 C/C++语言中，下列算术运算符的用法与数学中有所不同，使用时要注意区分。

① 两个整数相除的结果也是一个整数。

下面来看一个具体的例子。

【例 2.12】已知球体的半径为 10，编程序求其体积。

源程序：

```
#include <stdio.h>
#define  PI  3.14159
main()
{
    float r,v;
    r=10;
    v=4/3*PI*r*r*r;
    printf("v=% f\n",v);
}
```

运行结果为

```
v=3141.590000
```

结果显然不正确，原因何在呢？

这是因为 C/C++语言中规定：二元运算中结果的类型与参与运算的运算对象的类型相同。故两个整数相除的结果还是一个整数，因此 4/3 的结果为 1。这种取整方法称为截断取整（或向零取整），即直接截取数学运算结果的整数部分。

故相应语句应改为：

```
v=4.0/3.0*PI*r*r*r;
```

或者

```
v=4.0/3*PI*r*r*r;
```

也可以改为 v=PI*r*r*r*r*4/3;，因为此处 PI*r*r*r*4 的结果是实数，故除以整数 3 之后的结果仍是一个实数。

② 求余数运算只能用于两个整型数据之间，且余数总是与被除数同号。

例如：

```
5%3=2
-5%3=-2
5%-3=2
-5%-3=-2
```

【例 2.13】从键盘输入一个四位正整数，分离出它的各位上的数字并输出。

问题分析：

根据 C/C++语言中整除运算和求余数运算的特点，即可分离出正整数各位上的数字。

源程序：

```
#include <stdio.h>
main()
{
    int n,d4,d3,d2,d1;
    scanf("%d",&n);
    d4=n/1000;          /*千位*/
    d3=n/100%10;        /*百位*/
    d2=n/10%10;         /*十位*/
    d1=n%10;            /*个位*/
    printf("千位=%d,百位=%d,十位=%d,个位=%d\n",d4,d3,d2,d1);
}
```

2.4.3 自增/自减运算符

自增（++）、自减（--）运算符是单目运算符。它们的作用是使被操作变量值增加 1 或减少 1。

自增（自减）运算符写在变量的前面称为前置自增（减），如++i，--i，写在变量的后面称为后置自增（减），如 i++，i--。

前置自增（自减）：变量 i 先自增（自减）1，然后再使用变化后 i 的值。

后置自增（自减）：先使用变化前变量 i 的值，然后 i 再自增（自减）1。

例如，若有 i=3;j=i++;，则 j 的值为 3，i 的值为 4；若有 i=3;j=++i;，则 j 的值为 4，i 的值为 4。

41

2.4.4 关系运算符

关系运算符常用来表示两个运算数的大小关系，它们的含义、类型、使用形式和结合性如表 2.10 所示。

表 2.10 关系运算符

运 算 符	描 述	实 例
==	两个操作数的值相等为真	(A == B) 为假
!=	两个操作数的值不相等为真	(A != B) 为真
>	左操作数的值大于右操作数的值为真	(A > B) 为假
<	左操作数的值小于右操作数的值为真	(A < B) 为真
>=	左操作数的值大于或等于右操作数的值为真	(A >= B) 为假
<=	左操作数的值小于或等于右操作数的值为真	(A <= B) 为真

关系运算符是比较大小的运算符，关系表达式的结果是一个逻辑值，只有真或者假，C/C++语言中的逻辑值用 1 来表示真，用 0 来表示假。如表达式 8>10 的值为 0，表达式 8<=10 的值为 1。

2.4.5 逻辑运算符

关系表达式通常只能表示单一的条件，若要表示复合的条件，则需要使用逻辑表达式，例如，条件 "x>10 并且 x<20" 不能表示为 10<x<20。逻辑运算符如表 2.11 所示。

表 2.11 逻辑运算符

逻辑运算符	含 义	类 型	使 用 形 式	结 合 性
!	逻辑非	单目运算符	! 表达式	自右向左
&&	逻辑与	双目运算符	表达式 1&& 表达式 2	自左向右
‖	逻辑或		表达式 1 ‖ 表达式 2	

逻辑运算符可以用真值表来表示，如表 2.12 所示。

表 2.12 逻辑运算符的真值表

a	b	!a	a&&b	a ‖ b
真	真	假	真	真
真	假	假	假	真
假	真	真	假	真
假	假	真	假	假

条件"x>10 并且 x<20"应表示为 10<x&&<20。参与逻辑运算的运算数，零值称为"假"，非零值称为"真"。逻辑表达式的结果也只有"真"和"假"，"真"对应的值为 1，"假"对应的值为 0。关系表达式和逻辑表达式常作为选择结构或循环结构的条件表达式。

2.4.6 位运算符

位运算符如表 2.13 所示。

表 2.13 位 运 算 符

位 运 算 符	含 义	类 型	使 用 形 式	结 合 性
~	按位求反	单目运算符	~表达式	自右向左
>>	按位右移	双目运算符	表达式 1>>表达式 2	自左向右
<<	按位左移		表达式 1<<表达式 2	
&	按位与		表达式 1& 表达式 2	
|	按位或		表达式 1| 表达式 2	
^	按位异或		表达式 1^表达式 2	

位运算符对数据的二进制位进行运算，只能用于整型或字符型数据。

有如下定义：short a=5,b=8,c;通过计算 c 的值来讲解位运算符的功能和运算规则。

① 按位求反运算符的功能是将运算量的每个二进制位按位求反，即 0 变 1，1 变 0。例如：c=~a；则 c 的值为-6，因为

~00000000 00000101

11111111 11111010

② 按位左移运算符的功能是将左侧运算数的对应二进制位向左移右侧运算数指定的位数。例如：c=a<<2；则 c 的值为 20，因为

00000000 00000101

<<_____2

00000000 000000001

③ 按位右移运算符的功能是将左侧运算数的对应二进制位向右移右侧运算数指定位数。例如：c=a>>2；则 c 的值为 1，因为

00000000 00000101

>>_____2

00000000 000010100

④ 按位与运算符的功能是将参加运算的两个数据对应的二进制位进行"与"运算。运算规则：同 1 为 1，其余为 0。例如：c=a&b;则 c 的值为 0，因为

00000000 00000101

&00000000 00001000

00000000 00000000

⑤ 按位或运算符的功能是将参加运算的两个数据对应的二进制位进行"或"运算。运算规则：同 0 为 0，其余为 1。例如：c=a│b;则 c 的值为 13，因为

```
  00000000 00000101
│ 00000000 00001000
  00000000 00001101
```

⑥ 按位异或运算符的功能是将参加运算的两个数据对应的二进制位进行"异或"运算。运算规则：相同为 0，不同为 1。例如：c=a^b;则 c 的值为 13，因为

```
  00000000 00000101
│ 00000000 00001000
  00000000 00001101
```

2.5 混合运算与类型转换

当不同类型数据之间进行运算时，需要进行类型转换。类型转换有自动类型转换和强制类型转换两种。

1. 自动类型转换

在 C/C++语言中，自动类型转换遵循以下规则：

① 若参与运算量的类型不同，则先转换成同一类型，然后进行运算。

② 转换按数据长度增加的方向进行，以保证精度不降低。如 int 型和 long 型运算时，先把 int 量转成 long 型后再进行运算。

③ 所有的浮点运算都是以双精度进行的，即使仅含 float 单精度量运算的表达式，也要先转换成 double 型，再进行运算。

④ char 型和 short 型参与运算时，必须先转换成 int 型。

⑤ 在赋值运算中，赋值号两边量的数据类型不同时，赋值号右边量的类型将转换为左边量的类型。如果右边量的数据类型长度比左边长时，将丢失一部分数据，这样会降低精度，丢失的部分按四舍五入向前舍入。

2. 强制类型转换

强制类型转换用强制类型转换运算符实现，一般格式如下：

(类型名)(表达式)

其功能是把表达式的值强制转换为类型说明符所表示的类型。
例如：

```
(int)(x+y)
(int)x+y
```

【例 2.14】已知球体的半径，编写程序计算球体体积。
源程序：

```
#include <stdio.h>
#define PI 3.14159
int main()
{
    double r,v;
    scanf("%1f",&r);
    v=(double)4/3*PI*r*r*r;
    printf("v=%1f\n",v);
    return 0;
}
```

2.6　typedef 声明

可以使用 typedef 为一个已有的类型取一个新的名字。常常使用 typedef 来编写更美观和可读的代码。所谓美观，意指 typedef 能隐藏语法构造以及平台相关的数据类型，从而增强代码可移植性以及未来的可维护性。

使用 typedef 目的一般有两个，一个是给变量一个易记且意义明确的新名字，另一个是简化一些比较复杂的类型声明。使用 typedef 定义一个新类型的语法：

typedef 类型名 新类型名;

> **注意:**
> typedef 并不创建新的类型。它仅仅为现有类型添加一个别名。

例如，下面的语句会告诉编译器，age 是 unsigned int 的别名：

```
typedef unsigned int age;
```

现在，下面的声明是完全合法的，它创建了一个无符号整型变量 a：

```
age  a;
```

等价于：

```
unsigned int a;
```

另外，可以不用下面这样重复定义有 5000 个字符元素的数组：

```
char first_line[5001];
char second_line[5001];
char third_line[5001];
```

只需一个 typedef 定义：

```
typedef char Line[5001];
```

每当要用到相同类型和大小的数组时，可以这样定义：

```
Line first_line, second_line,third_line;
```

2.7　枚举类型

所谓"枚举"是指将变量的值一一列举出来，变量的值只能在列举出来的值的范围内。枚举类型（enumeration）是C++中的一种派生数据类型，它是用户自定义的若干枚举常量的集合。如果一个变量只有几种可能的值，可以定义为枚举类型。

创建枚举类型时，需要使用关键字 enum。枚举类型的一般形式为：

```
enum 枚举名{
    标识符[=整型常数],
    标识符[=整型常数],
    … …
    标识符[=整型常数]
} 枚举变量;
```

如果枚举没有初始化，即省掉"=整型常数"时，则从第一个标识符开始。默认情况下，第一个名称的值为 0，第二个名称的值为 1，第三个名称的值为 2，以此类推。

例如，下面的代码定义了一个颜色枚举，变量 c 的类型为 color。最后，c 被赋值为"blue"。

```
enum color{red,green,blue} c;
c = blue;
```

但是，也可以给名称赋予一个特殊的值，只需要添加一个初始值即可。例如，在下面的枚举中，green 的值为 10。

```
enum color { red, green=10, blue };
```

在这里，blue 的值为 11，因为默认情况下，每个名称都会比它前面一个名称大 1，但 red 的值依然为 0。

C++中会使用 const 或者#define 定义整型常量，当整型常量有多个递增关系的值时，定义起来稍显烦琐。

例如：

```
//使用 const:
const int MON =1;
const int TUE=2;
const int WED=3;
const int THU=4;
const int FRI=5;
const int SAT=6;
```

```
const int SUN=7;
//使用#define//定义一个整型变量,为整型变量赋以下值
#define MON 1
#define TUE 2
#define WED 3
#define THU 4
#define FRI 5
#define SAT 6
#define SUN 7
```

此时用枚举显得很简洁。

```
typedef  enum  weekDay{MON=1,TUE,WED,THU,FRI,SAT,SUN}week_day;
week_day week=SUN;
```

枚举类型中数据默认为整型且从 0 开始,因此将第一个值设为 1。

2.8 数据类型的选择

在编程中,选择合适的数据类型可以提高程序的效率和可靠性,而错误的选择则会导致程序性能下降甚至发生出错。选择数据类型的基本依据有以下几个。

1. 数据的特性

根据数据的特性来选择合适的数据类型。如果数据是整数,就应该选择整型;如果数据是实数,就应该选择浮点型。

2. 程序的要求

选择数据类型时,还应该考虑程序的要求。如果程序需要高精度计算,就应该选择高精度浮点数;如果程序需要节省空间,就应该选择占用字节数较少的数据类型。

3. 编程语言的特点

不同的编程语言对数据类型的支持程度不同,因此在选择数据类型时,需要考虑编程语言的特点。在 C 语言和 C++语言中,整型和浮点型的计算速度比较快;而在 Java 语言中,字符串操作比较方便。

> **学而思:**
> 　数据类型要选择最合适的。小到个人,大到国家,亦是如此。世上道路千万条,每一条路上都有不同的风景,但是走最适合自己的路,距离成功最近。我们要坚定不移地走适合我国国情的道路。

习题2

习题2答案

一、判断题

1. C/C++语言不允许混合类型数据间进行运算。（　　　）
2. 字符型数据在内存中是以 ASCII 码形式存储的。（　　　）
3. 若有定义：char c = '\102'；则变量 c 中包含的字符个数为 4。（　　　）
4. 在 C/C++语言中，'b'和"b"的含义是不同的。（　　　）
5. 在 C/C++语言中，任何类型的数据都可进行%运算。（　　　）
6. 在 C/C++语言中，整型常量有二进制、八进制、十六进制和十进制4种表示形式。（　　　）
7. 不同类型的变量所占内存单元是相同的。（　　　）
8. 赋值表达式的左边只能是变量名。（　　　）
9. 在 C/C++语言中，变量可以不经定义而直接使用。（　　　）
10. 字符串常量"China!"在存储时，系统为其分配 7 个字节的空间。（　　　）
11. 赋值号左边必须为变量。（　　　）
12. 判断整型变量 a 是否是偶数的表达式为 a%2 = 0。（　　　）
13. 假设有 float x = 3；则 x%2 的值为 1。（　　　）
14. 复合语句是用一对圆括号括起来的若干条语句，语法上讲，复合语句视为一条语句。（　　　）
15. getchar( )和 putchar( )函数能够在标准输入输出设备上输入或输出字符，使用时必须在程序的开头添加#include "string. h"。（　　　）

二、单选题

1. 下面 4 个选项中，均是不合法的用户标识符的选项的是_____。
   A. Date　　　sum　　　do
   B. char　　　lao　　　_123
   C. b+a　　　if　　　float
   D. _abc　　　Temp　　　Int
2. 下面 4 个选项中均是合法常量的选项是_____。
   A. 058　　12e-3　　3.6　　　'd'
   B. −12.8　　0x98　　43.56e2　　'\n'
   C. "w"　　034　　0xa1　　'\m'
   D. 4.45　　076　　5.33E1.5　　"how"
3. 以下不正确的叙述是_____。
   A. 在 C/C++语言中，%运算符的优先级高于/ 运算符
   B. 在 C/C++语言中，area 和 AREA 是两个不同的变量名
   C. 在 C/C++语言中，可以使用二进制整数
   D. 若 a 和 b 类型相同，在计算了赋值表达式 a=b 后，a 得到 b 的值，而 b 的值不变
4. 在 C/C++语言中，要求运算对象必须是整型的运算符是_____。
   A. /　　　　　B. *　　　　　C. +　　　　　D. %
5. 若有说明语句：char ch = '\0x41'；则变量 ch 包含_____个字符。

A. 1　　　　　　　　　　　　　　　　B. 2

　　C. 3　　　　　　　　　　　　　　　　D. 说明不合法，ch 的值不确定

6. 若有定义：int a=7；float x=2.5，y=4.5；则表达式 x+a%3 * (x+y)/2 的值是_____。

　　A. 2.500000　　　B. 6.000000　　　C. 5.500000　　　D. 0.000000

7. 设变量 a 是整型，f 是实型，i 是双精度型，则表达式 10+'a'+i * f 值的数据类型为_____。

　　A. int　　　　　　B. float　　　　　　C. double　　　　　D. 不确定

8. 以下正确的叙述是_____。

　　A. 在 C/C++语言中，一行只能写一条语句

　　B. 若 a 是实型变量，则在 C/C++语言中不允许用其他类型的数据对其赋值

　　C. 在 C/C++语言中，无论是整数还是实数，都能被准确无误地表示

　　D. 在 C/C++语言中，%是只能用于整数运算的运算符

9. 在 C/C++语言中，int 型数据在内存中的存储形式是_____。

　　A. 原码　　　　　　B. 反码　　　　　　C. 补码　　　　　D. ASCII 码

10. 下列选项中可作为 C/C++语言的合法整数的是_____。

　　A. a2　　　　　　B. 101011B　　　　　C. 03845　　　　　D. 0x4b5

11. 若 a、b、c、d 都是 int 类型变量且初值为 0，以下选项中不正确的赋值语句是_____。

　　A. a=b=c=d=200；　　　　　　　　　B. d=d+3；

　　C. c-b；　　　　　　　　　　　　　D. d=(c=22)-b；

12. 以下选项中不是 C 语言语句的是_____。

　　A. {int i；printf("%d\n"，i)；}　　　B. ；

　　C. a=5，c=10　　　　　　　　　　　D. { ；}

13. 以下程序的输出结果是_____。

```
#include  "stdio.h"
main()
{ int x=100,y=30;
printf("% d\n",y=x/y); }
```

　　A. 0　　　　　B. 1　　　　　　C. 3　　　　　　D. 不确定的值

14. 若变量已正确说明为 int 类型，要给 a、b、c 输入数据，以下正确的输入语句是_____。

　　A. read(a,b,c)；

　　B. get("%d%d%d"，a,b,c)；

　　C. scanf("%d%d%d"，a,b,c)；

　　D. scanf("%d%d%d"，&a,&b,&c)；

15. 若变量已正确说明为 float 类型，要通过以下赋值语句 scanf("%f%f%f"，&a,&b,&c)；给 a 赋予 10、b 赋予 22、c 赋予 33，以下不正确的输入形式是_____。

A. 10   B. 10. 0,22. 0,33. 0   C. 10. 0   D. 10   22

22   22. 0 33. 0   33

33

16. 若变量已正确定义,要将 a 和 b 中的数进行交换,下面不正确的语句组是_____。

A. a=a+b, b=a-b, a=a-b;   B. t=a, a=b, b=t;

C. a=t; t=b; b=a;   D. t=b; b=a; a=t;

17. 以下程序的输出结果是_____。

```
#include "stdio.h"
main()
{int   a=2,b=5;
printf("a=%%d,b=%%d\n",a,b);}
```

A. a=%2,b=%5   B. a=2,b=5

C. a=%%d,b=%%d   D. a=%d,b=%d

18. 已知字母 A 的 ASCII 码值为十进制数 65,下面程序的输出是_____。

```
#include "stdio.h"
main()
{char ch1,ch2;
ch1='A'+'5'-'3';
ch2='A'+'6'-'3';
printf("%d,%c\n",ch1,ch2);}
```

A. 67,D   B. 67,C   C. B,C   D. C,D

三、程序改错题

1. 阅读下列程序,并改正其中的错误。

```
#include <stdio.h>
main()
{  float a,b;
   b=a%2;
   printf("b=%d\n",b);
}
```

2. 阅读下列程序,并改正其中的错误。

```
#include <stdio.h>
main()
{  char ch; int i;
   i=65;
   ch="a";
```

```
    printf("i =% c,ch =% c \n",i,ch);
    printf("i =% d,ch =% d \n",i,ch);
}
```

3. 阅读下列程序，并改正其中的错误。

```
#include <stdio.h>
main()
{  int a=b=5,c;
   c =a+b;
   printf("c =% d \n",c);
}
```

4. 阅读下列程序，并改正其中的错误。

```
#include "stdio.h"
main
{
    int j,j,x;
    i =j =100
    x =i+x+j;
    printf("d% ",x);
}
```

5. 阅读下列程序，并改正其中的错误。

```
#include "stdio.h"
main()
{
    int a,b;
    double x =1.414,y =3.1415926;
    scanf("% d% d",a,b);
    printf("a =% d,b =% f,x =% d,y =% 3.4f \n",a,b,x,y);
    printf("the program \'s name is c:\\tools \b.txt");
}
```

四、编程题

1. 编写程序，把 1 000 分钟换算成用小时和分钟表示，然后进行输出。

2. 编写程序，读入 3 个双精度数，求它们的平均值并保留此平均值小数点后一位，最后输出结果。

第 3 章　结构化程序设计

程序设计是一个问题求解的过程，解决问题的步骤可视为程序的控制结构。简单地说，程序的运行过程就是输入、处理和输出 3 个步骤，也称为程序设计的 IPO 模式。

① I（input）输入，程序的输入。

② P（process）处理，程序的主要逻辑。

③ O（output）输出，程序的输出。

处理过程是否快捷和准确，主要依赖于程序控制结构的设计是否高效与清晰。

3.1　程序的基本结构

结构化程序设计的基本思想是一个程序的任何逻辑问题均可用顺序结构、选择结构或者循环结构这 3 种基本结构来描述。这三种基本结构如同万花筒中的彩纸，构成无穷无尽极富变化的程序。

1. 顺序结构

顺序结构是最基本的结构，程序语句按照书写的顺序依次执行。所有的程序都包含有顺序结构，它类似为我们生活中做一件事从开始到结束，比如：喝一口水。你伸出手，拿起杯子，把水喝下，然后放下水杯，就完成了喝水这件事。喝水这件事就是一个顺序结构。顺序结构代码从前往后依次执行，没有任何"拐弯抹角"，不跳过任何一条语句，所有的语句都会被顺序执行。

C/C++中顺序执行的语句包括以下几种：

① 空语句，只有一个分号";"作为语句结束符，表示什么也不做。

② 表达式语句，表达式后面加一个分号。表达式语句主要有赋值语句、自增/自减运算符构成的语句和逗号表达式语句。

③ 函数调用语句，它是由一个函数调用加上一个分号组成的。

④ 复合语句，由 "{" 和 "}" 把一些变量说明和语句组合放在一起，又称为语句块。

2. 选择结构

选择结构是一种根据条件来判断如何执行的逻辑结构，程序根据输入的条件来判定是否执行或者执行后续的哪一部分语句。选择结构的实现在 C/C++语言中包括 if 语句和 switch 语句。

3. 循环结构

循环结构是反复执行一系列指令的逻辑结构，可以减少源程序重复书写的工作量，用来描述重复执行某段算法的问题，这是程序设计中最能发挥计算机特长的程序结构。通常与选择结构配合使用，用于控制循环的次数。

C/C++语言提供了三种循环语句：① for 语句；② while 语句；③ do...while 语句。

这三种语句与一些辅助流程转向语句，比如 break、continue 和 goto 相互组合，构成了丰富多彩的程序逻辑。

3.2 表达式和算法

3.2.1 关系表达式与逻辑表达式

所谓关系运算就是判断给定的关系是否成立。可见，关系运算的结果是一个逻辑值。若关系成立，则关系运算的结果为"真"，否则为"假"。例如，5<10 的结果为"真"，而 5>10 的结果为"假"。关系运算共有 6 种关系运算符，如表 2.10 所示。

其中，关系运算符<、<=、>、>=的优先级相同，关系运算符==、!=的优先级相同，且前四种关系运算符的优先级高于后两种。

3.2.2 关系表达式

关系表达式是用关系运算符将运算对象连接起来的表达式。例如：

```
a>=b
a%2!=0
a>b>c
```

关系表达式的运算结果是一个逻辑值，即"真"（true）或者"假"（false）。C 语言并没有彻底从语法上支持"真"和"假"，只是用 0 和非 0 来代表。这点在 C++中得到了改善，C++新增了 bool 类型（布尔类型），它一般占用 1 个字节长度。bool 类型只有两个取值，true 和 false；true 表示"真"，false 表示"假"。但是，在 C++中使用 cout 输出 bool 变量的值时还是用数字 1 和 0 表示，而不是 true 或 false。

例如，若有 int a=3,b=2,c=1;，则有 a>b 的结果为 1；(a=3)>(b=4)的结果为 0；a%2!=0的结果为 1；a>c==c 的结果为 1；a>b>c 的结果为 0（先求得 a>b 的值，再与 c 进行关系运算）。

在判断相等时，要使用等于运算符"=="，而不要误用赋值运算符"="。例如，不管变量 a 取何值，a=1 看作条件时，始终为真；而 a=0 看作条件时，始终为假。

关系表达式通常用于表示单一的条件，若要表示复合的条件，则需要使用逻辑表达式。在C/C++语言中，用于构成逻辑表达式的逻辑运算符有三种，如表 2.11 所示。

其中，"&&"和"‖"是双目运算符，而"!"是单目运算符。显然，逻辑运算的结果仍然是一个逻辑值。

在一个表达式中包含多个逻辑运算符时，需要遵循运算符的优先级顺序，即逻辑非优先级别最高，逻辑与次之，逻辑或最低。C/C++语言中常用运算符的优先级顺序如图3.1所示。

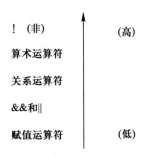

图3.1　常用运算符的优先级顺序

例如：

> a>b&&x>y 等价于(a>b)&&(x>y)
>
> a= =b‖x= =y 等价于(a= =b)‖(x= =y)
>
> !a‖a>b 等价于(!a)‖(a>b)

由逻辑运算符将运算对象连接起来构成的表达式称为逻辑表达式。按常理来说，逻辑运算的对象应该是逻辑量，包括逻辑常量"真"和"假"（也就是1和0）以及运算结果是逻辑值的表达式（如关系表达式）等。不过，C/C++语言为了提高编程的灵活性，极大地扩展了逻辑运算对象的范畴，允许任意整型、实型、字符型、指针型和枚举型的数据参与逻辑运算。同时规定，只要逻辑运算对象的值为非0，就看作"真"，只有逻辑运算对象的值为0，才看作"假"。

例如，若有 int a=4; float b=5.0;，则有!a 的结果为0；a&&b 的结果为1；'a'+'b'‖'c'的结果为1；'a'&&'\0'的结果为0；5>3&&8<4-!0 的结果为0。

几点说明：

① 逻辑表达式的运算结果只能是逻辑值（0或1），而参加逻辑运算的量则可以是多种类型的数据或表达式。

② 在 C/C++语言中，不能用关系表达式 1<x<5 表示 x 的值介于1到5之间。因为无论 x 取什么值，该表达式的结果都是1（先求得关系表达式 1<x 的值，不管结果是0是1，都将满足小于5的条件）。实际上，此处的"x 的值介于1到5之间"是两个条件，故应使用逻辑表达式 x>1 && x<5 来表示。

③ 在对某些逻辑表达式求解时，不必完成所有的运算即可确定表达式的值，则剩余的运算将不被执行。这种情况称为逻辑运算的"短路"。

例如，若有 int a=1,b=2,c=3,d=4,p=1,q=0；则执行表达式(p=a>b)&&(q=c<d)之后，变量 p、q 的值均为0。这是因为当执行了 p=a>b 之后，整个表达式的值即可确定为0，故无须再执行 q=c<d。

3.2.3 算法与流程图

算法是对解题方案的准确而完整的描述，是一系列解决问题的清晰指令，算法代表着用系统的方法描述解决问题的策略机制。也就是说，能够对一定规范的输入，在有限时间内获得所要求的输出。如果一个算法有缺陷，或不适合于某个问题，执行这个算法将不会解决这个问题。不同的算法可能用不同的时间、空间或效率来完成同样的任务。一个算法的优劣可以用空间复杂度与时间复杂度来衡量。

1. 简单算法举例

【例 3.1】有黑色和蓝色两瓶墨水，要求将两个瓶中的墨水互换。

问题分析：

因为两个瓶中的墨水不能直接交换，所以，解决这一问题的关键是引入第三个墨水瓶。

算法设计如下：

S1：将黑墨水瓶中的墨水倒入第三个墨水瓶中。

S2：将蓝墨水瓶中的墨水倒入原黑墨水瓶中。

S3：将第三个墨水瓶中的墨水倒入原蓝墨水瓶中。

【例 3.2】已知两个整型变量 a 和 b，求出其中的较大数并存于变量 max 中。

问题分析：

这是一个数值比较问题。可以通过比较变量 a 和 b 的大小，求得最大值。

算法设计如下。

S1：输入变量 a 和 b 的值。

S2：如果 a≥b，则 a→max。

S3：否则 b→max。

S4：输出 max 的值。

2. 算法的特征

（1）有穷性（finiteness）

算法的有穷性是指算法必须能在执行有限个步骤之后终止。

（2）确切性（definiteness）

算法的每一步骤必须有确切的定义，不能是含糊的，模棱两可的。

（3）输入项（input）

输入项用于从外界获得必要的信息，以刻画运算对象的初始情况。一个算法可以没有输入项，也可以有多个输入项。

（4）输出项（output）

输出项用来反映对输入数据加工后的结果，一个算法可以有一个或多个输出项。没有输出项的算法是毫无意义的。

（5）可行性（effectiveness）

算法中执行的任何计算步骤都可以分解为基本的可执行的操作步骤，每个计算步骤都可以在有限时间内完成。

3. 算法的表示

描述算法的工具有许多种，常用的有自然语言、流程图、N-S 图等。

（1）用自然语言表示算法

自然语言就是人们日常使用的语言，可以是汉语、英语或其他语言。知道把大象放进冰箱一共分几步吗？第 1 步，把冰箱门打开；第 2 步，把大象放进去；第 3 步，把冰箱门关上，这就是用自然语言描述的算法。

（2）用流程图表示算法

所谓流程图，是对算法的一种图形化表示，用一系列规定的图形、流程线及文字说明来表示算法中的基本操作和控制流程。其优点是直观形象、简洁易懂。表 3.1 中列出了由美国国家标准协会（American National Standard Institute，ANSI）规定的常用标准流程图符号。

表 3.1 常用标准流程图符号

符 号 名 称	符 号	功 能
起止框	⬭	表示算法的开始和结束
输入/输出框	▱	表示算法的输入/输出操作，框内填写需输入或输出的项
处理框	▭	表示算法中的各种处理操作，框内填写处理说明或算式
判断框	◇	表示算法中的条件判断操作，框内填写判断条件
流程线	↓↑ →	表示算法的执行方向
连接点	○	表示流程图的延续

【例 3.3】输入两个数据，输出最大值。

用流程图表示的算法如图 3.2 所示。

（3）用 N-S 图表示算法

在使用流程图的过程中，人们发现流程线并不是必需的，有时候甚至是有害的。为此，人们设计了一种新的流程图，它将整个算法写在一个大的矩形框内，而这个大的矩形框又由若干个小的基本矩形框构成。这种流程图称为 N-S 图，也称为盒图。

【例 3.4】将例 3.2 的算法改用 N-S 图表示。

用 N-S 图表示的算法如图 3.3 所示。

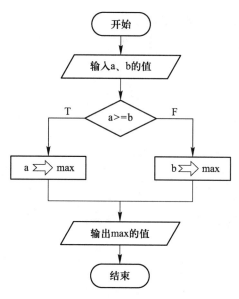

图 3.2 求两个数中较大数的流程图

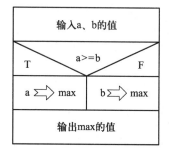

图 3.3 求两个数中较大数的 N-S 图

3.3 分支语句

if 语句是专门用于实现选择结构的语句，它能根据条件的真假选择执行两种操作中的一种。if 语句有三种基本形式。

3.3.1 if-else 语句

一般形式：

```
if(表达式)
    语句1;
else
    语句2;
```

其作用是：若表达式的值为真，则执行语句 1；否则，执行语句 2。这种带有 else 子句的 if 语句，适合解决双分支选择问题，其流程图如图 3.4 所示。

if 之后的表达式一般为关系表达式或逻辑表达式，也可以是运算结果类型为整型、实型、字符型、指针型或枚举型的其他表达式。

例如：if($b*b-4*a*c!=0$)

也可以写作 if($b*b-4*a*c$)，两者是完全等价的。

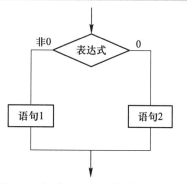

图 3.4 标准 if-else 语句执行流程图

57

【例3.5】 从键盘输入两个整数，求出其中的较大数并输出。

算法流程如图3.2所示。

源程序：

```
#include "stdio.h"
main()
{
    int a,b;
    printf("请输入两个整数:");
    scanf("%d%d",&a,&b);
    if(a>=b)
      max=a;
    else
      max=b;
    printf("较大数为%d\n",max);
}
```

3.3.2 if 语句

一般形式：

if(表达式)
  语句；

其作用是：若表达式的值为真，则执行其后的语句，然后执行 if 语句的后继语句；否则，不做任何操作，直接执行 if 后面的语句。这种不带 else 子句的 if 语句适合解决单分支选择问题，其流程如图 3.5 所示。

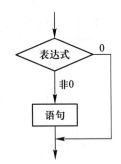

图 3.5 不带 else 的 if 语句执行流程图

【例3.6】 已知符号函数 $f(x)=\begin{cases}-1 & 若\ x<0 \\ 0 & 若\ x=0 \\ +1 & 若\ x>0\end{cases}$，编写程序，输入一个 x 值，求 $f(x)$ 的值。

问题分析：

这是一个多分支问题，可以使用不带 else 的 if 语句对每种情况进行判断，并分别进行相应的处理。

算法流程如图3.6所示。

源程序：

```
#include "stdio.h"
main()
{
```

```
    int x,y;                    //注意不能直接用 f(x)作为变量名
    scanf("% d",&x);
    if(x<0)
      y = -1;
    if(x==0)
      y = 0;
    if(x>0)
      y = 1;
    printf("y =% d \n",y);
}
```

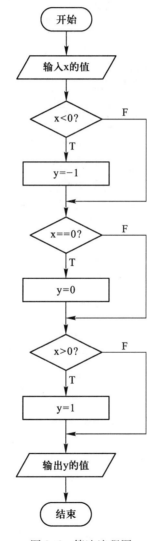

图 3.6　算法流程图

if 子句和 else 子句只能是语法意义上的单条语句，若需要多条语句，则应使用花括号将这些语句括起来，从而构成一条复合语句。

例如：

```
if(a>b)
{t=a;a=b;b=t;}
```

此处的三条语句作为一个整体，或者都执行，或者都不执行。

3.3.3 else if 语句

其语句格式为

```
if(表达式1)        (分支1);
else if(条件2)     (分支2)
else if(条件3)     (分支3)
…
else if(条件n)     (分支n)
else (分支n+1)
```

其作用是：如果条件 1 的值为真，则执行分支 1，否则如果条件 2 为真，则执行分支 2，……，如果 if 后的所有条件都不为真，则执行分支 n+1。嵌套分支语句虽然可解决多个入口和出口的问题，但超过三重嵌套后，语句结构变得非常复杂，对于程序的阅读和理解都极为不便，建议嵌套在三重以内，超过三重可以用 switch 语句。当 n=4 时，其流程如图 3.7 所示。

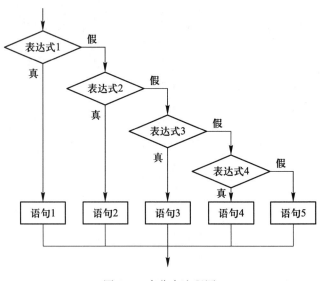

图 3.7　多分支流程图

【例 3.7】假定个人所得税税率如表 3.2 所示。编写程序根据个人的月收入计算出相应的个人所得税。

表 3.2　个人所得税税率表

级　　数	月收入区间（元）	税率（%）
1	$[0, 3\,500]$	0
2	$(3\,500, 5\,000]$	3
3	$(5\,000, 8\,000]$	10
4	$(8\,000, 12\,500]$	20
5	$>12\,500$	30

问题分析：

该问题也是一个多分支问题，仍然可以使用嵌套的 if 语句来编写程序。要特别注意，对于各个收入区间要分段计算税额。例如，若某人月收入为 10 000 元，则 3 500 元到 5 000 元区间按 3% 税率计税，5 000 元到 8 000 元区间按 10% 税率计税，8 000 元到 10 000 元区间按 20% 税率计税。

源程序：

```c
#include "stdio.h"
main()
{
    double income,tax;
    printf("请输入您的月收入(元)：\n");
    scanf("% lf",&income);
    if(income<=3500)
        tax=0;
    else if(income<=5000)
        tax=(income-3500)*0.03;
    else if(income<=8000)
        tax=(5000-3500)*0.03+(income-5000)*0.1;
    else if(income<=12500)
        tax=(5000-3500)*0.03+(8000-5000)*0.1+(income-8000)*0.2;
    else
tax=(5000-3500)*0.03+(8000-5000)*0.1+(12500-8000)*0.2+(income-12500)*0.3;
    printf("您的个人所得税=% .2lf 元\n",tax);
}
```

3.4　switch 语句

当问题中需要处理的情况较多时，可以考虑使用 switch 语句代替条件语句来简化程序设计，switch 语句像多路开关一样，使程序控制流程形成多个分支，根据一个表达式可能产生的不同的结果值，选择其中的一个或几个分支去执行。

switch 语句的一般形式如下：

```
switch(表达式)
{
    case 常量表达式 1：语句序列 1
    case 常量表达式 2：语句序列 2
    …
    case 常量表达式 n：语句序列 n
    default:            语句序列 n+1
}
```

但使用该语句需要注意以下几点：

① switch 后面圆括号内的"表达式"，其值可以是整型、字符型、枚举型数据。

② 当表达式的值与某个 case 条件相等，就执行里面的语句；若所有都不匹配，就执行 default 条件里面的语句。

③ 每个 case 的常量表达式的值必须互不相同，否则会相互矛盾。

④ 执行完一个 case 后面的语句后，流程控制会转移到下一个 case 继续执行，所以必须从 break 出来。

"case 常量表达式"只是起语句标号的作用，并不是在该处进行条件判断。

【例 3.8】 switch 语句示例。

```
#include <stdio.h>
main()
{
 int a;
 scanf("% d",&a);
 switch(a)
 {
    case 0:printf("a = 0 \n");
    case 1:printf("a = 1 \n");break;
    case 2:printf("a = 2 \n");break;
    case 3:printf("a = 3 \n");break;
    default:printf("a = 其他 \n");
 }
}
```

该程序运行时，若输入 0，则运行结果为

```
a = 0
a = 1
```

你能分析其中的原因吗？

【例 3.9】 编写一个四则运算程序。只要输入一个四则运算式子，即可输出计算结果。

问题分析：

因为四则运算符只有 4 种情况，且是符号常量，故适合用 switch 语句构成多分支选择结构。

算法设计：

① 输入一个四则运算式子。

② 根据运算符选择相应的赋值语句。

③ 最后输出结果。

源程序：

```
#include <stdio.h>
main()
{
    float a,b,s;
    char op;
    printf("请输入一个四则运算式子:\n");
    scanf("% f% c% f",&a,&op,&b);
    switch(op)
    {
        case '+':s =a+b;break;
        case '-': s =a-b;break;
        case '*': s =a * b;break;
        case '/': s =a / b;break;
    }
    printf("% f% c% f=% f \n",a,op,b,s);
}
```

【例 3.10】 输入一个百分制整数分数，求出对应的等级分。两者对应关系如表 3.3 所示。

表 3.3　百分制的等级分

分　　数	[90,100)	[80,90)	[70,80)	[60,70)	[0,60)
等　　级	A	B	C	D	E

问题分析：

这是一个多分支处理问题，显然应该根据整数分数 score 进行分支选择。但由于在 switch 语句中不能使用 case score>= 90 这种形式，同时也不可能让每个分数对应于一个 case 分支，因此可以借助表达式 score/10 将 101 个整数分数转换为 11 个整数（0~10），然后让每个整数对应于一个 case 分支。

源程序:

```
#include "stdio.h"
main()
{
  int score;
  printf("请输入一个百分制整数分数:");
  scanf("% d",&score);
  switch(score/10)
   {
    case  10:
    case  9 : printf("等级分=A\n");break;
    case  8 : printf("等级分=B\n");break;
    case  7 : printf("等级分=C\n");break;
    case  6 : printf("等级分=D\n");break;
    case  5 :
    case  4 :
    case  3 :
    case  2 :
    case  1 :
    case  0 : printf("等级分=E\n");break;
    default: printf("分数输入错误!\n");
   }
}
```

在本程序的 switch 语句中, 通过多个 case 标号共用同一组语句序列, 使程序得以精简。

上述程序中的百分制分数仅限于整数, 而现实中的分数还可以是实数。这种情况下, 将不能直接利用表达式 score/10 来实现从分数区间向某一整数的转换。不过, 我们可以借助于强制类型转换, 先将实数强制转换为整数, 然后再利用 switch 语句进行分支选择即可。

相应的源程序:

```
#include "stdio.h"
main()
{
  float score;
  printf("请输入一个百分制分数(允许是实数):");
  scanf("% f",&score);
  switch((int)(score/10))
   {
    case  10:
```

```
case  9 : printf("等级分 =A \n");break;
case  8 : printf("等级分 =B \n");break;
case  7 : printf("等级分 =C \n");break;
case  6 : printf("等级分 =D \n");break;
case  5 :
case  4 :
case  3 :
case  2 :
case  1 :
case  0 : printf("等级分 =E \n");break;
default: printf("分数输入错误!\n");
  }
}
```

> **学而思：**
> 　　当程序中面临多种选择时，只有根据正确条件做出选择，才能得到正确的结果。陶渊明选择不为五斗米折腰，开创田园诗先河；鲁迅弃医从文，成为一代文豪。当遇到个人利益与他人、团体、国家利益冲突时，应当顺应时代潮流，顾大局，识大体。

3.5　while 循环

　　在解决含有重复处理操作的问题时，例如计算 n 个数的和，虽然可以定义 n 个变量，然后将这 n 个变量相加求和，但一方面，因定义的变量个数较多，使得程序显得很笨拙；另一方面，程序维护也不方便，若要增加累加项个数，须修改程序。而这时使用循环结构，用循环语句编程则方便很多。

　　使用 while 语句构成的循环，称为 while 循环。

3.5.1　while 语句

while 语句的一般形式为：

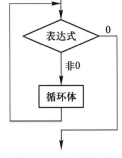

```
while(表达式)
    循环体
```

　　功能：先判断表达式值的真假，若为真（非零）时，就执行循环体；否则，退出循环结构。while 语句的执行流程如图 3.8 所示。

图 3.8　while 语句的
执行流程图

> **注意：**
> 　　while 语句中的表达式一般是关系表达式或逻辑表达式，也可以是数值表达式或字符表达式，只要其值为真（非0）即可继续执行循环体。

循环体语句可以为任意类型，循环体如果包含一个以上的语句，应该用花括号括起来，以复合语句的形式出现。如果不用花括号，则 while 语句的范围只到 while 后面第一个分号处。

　　在循环体中应该有使循环趋向于结束的语句，以避免死循环。

　　允许 while 语句的循环体中包含另一个 while 语句，从而形成循环的嵌套。

　　【例 3.11】while 循环示例。

　　源程序：

```c
#include <stdio.h>
main()
{
    int i=1;
    while(i<=5)
    {
        printf("% d,",i);
    i=i+1;
    }
    printf("\n% d\n",i);
}
```

　　运行结果：

```
1,2,3,4,5,
6
```

　　该程序也可以改用 if 语句结合 goto 语句来实现，但一般不会这样做。

　　用 if 语句和 goto 语句实现循环的源程序：

```c
#include <stdio.h>
main()
{
int i=1;
L1:if(i<=5)
    {
    printf("% d,",i);
    i=i+1;
    goto L1;
    }
    printf("\n% d\n",i);
}
```

3.5.2　while 循环程序举例

【例 3.12】编程序，求 1+2+3+…+100 之和。

问题分析：

该问题实质上是求等差数列之和，完全可以利用等差数列的求和公式来求。不过在这里采用一种累加的方法来求此等差数列之和，因为这种方法具有更好的通用性。

算法设计：

① 首先定义变量 sum 用于存储累加和，并将 sum 初始化为 0。

② 将 1 累加到 sum 中，即 sum=sum+1（此时 sum 的值为 1）。

③ 将 2 累加到 sum 中，即 sum=sum+2（此时 sum 的值为 1+2 之和）。

④ 将 3 累加到 sum 中，即 sum=sum+3（此时 sum 的值为 1+2+3 之和）。

⑤ 依此类推，直至将 100 累加到 sum 中，即 sum=sum+100（此时 sum 的值为 1+2+3+……+100 之和）。

可见，每一次累加都是在上一次累加的基础上进行的。

上述 100 个赋值语句可以归纳为如下的循环体：

```
sum=sum+i;
i=i+1;
```

其中 i 的取值为 1 到 100。

故可推导出如下的 while 循环：

```
sum=0;
i=1;
while(i<=100)
 {sum=sum+i;
  i=i+1;
 }
```

完整的源程序：

```
#include "stdio.h"
main()
{ int sum ,i;
  sum=0;
  i=1;
  while(i<=100)
   { sum=sum+i;
     i=i+1;
    }
```

```
    printf("sum=% d \n",sum);
}
```

程序的运行结果：

```
sum=5050
```

可见，在构造循环程序时，可以按照从具体到一般的原则，首先归纳出循环体，然后再嵌套上循环语句即可。

几点说明如下。

① 在循环体中，应该有能够改变循环控制变量的值，并有使循环趋向于结束的语句或表达式。

例如，在例3.11中，若无 i=i+1;语句，或者将该语句改为 i=i-1;，则该循环将无法结束，称为无限循环或死循环。

再如，若将例3.11中 while 循环部分改写为

```
while(i<=100);
{
 sum=sum+i;
 i=i+1;
}
```

则该循环也为死循环，因为此时的循环体是空语句（即分号）。

② 循环体中语句的先后顺序对程序的运行结果能产生影响。例如，若将上例中 while 循环部分改写为

```
while(i<=100)
  {i=i+1;
  sum=sum+i;
  }
```

则程序运行结果：

```
sum=5150
```

其原因是少加了第一项1，而多加了一项101。

> **学而思：**
> 　　做事情很多时候都不是一蹴而就的，而是循环累积，水滴石穿，持之以恒，百折不挠，才能最终达成所愿。躬耕"禾下乘凉梦"的袁隆平、不知疲倦的人民军医吴孟超、"深潜"祖国蓝海的彭士禄、扎根大漠铸"核盾"的林俊德……凭着最纯粹的心灵和最执着的热爱，他们一生只做一件事，足矣！

【例3.13】输入一行字符，分别统计出其中英文字母、空格、数字和其他字符的个数，('\n') 不在统计范围内。

算法分析：

① 将计数器各位变量值置为 0。

② 读入字符。

③ 检查 c 是否是换行符，如果不是，则检查 c 符合哪种字符条件，并将相应计数器变量的值加 1，然后转步骤③循环；如果 c 是换行符，则结束循环，转为步骤④。

④ 输出结果。

```c
#include<stdio.h>
int main() {
    char c;
    int letters=0,spaces=0,digits=0,others=0;
    printf("请输入一些字母：\n");
    while((c=getchar())!='\n') {
        if((c>='a'&&c<='z') || (c>='A'&&c<='Z'))
            letters++;
        else if(c>='0'&&c<='9')
            digits++;
        else if(c==' ')
            spaces++;
        else
            others++;
    }
    printf("%d,%d,%d,%d\n",letters,digits,spaces,others);
    return 0;
}
```

【例 3.14】用 $\pi/4 = 1-1/3+1/5-1/7+1/9-\cdots$，公式求 π 的近似值，直到最后一项的绝对值小于 10^{-6}。

故事资料：早在公元三世纪，魏晋时期数学家刘徽在著作《九章算术》中描述：割之弥细，所失弥少，割之又割，以至于不可割，则与圆合体，而无所失矣。利用割圆术，用圆内接六边形起算，令边数加倍，以圆内接正 3×2n 边形的面积为圆面积的近似值，再利用公式圆周率=圆面积/半径^{2}来得到圆周率 π 的近似值。他是我国最早明确主张用逻辑推理的方式来论证数学命题的人。他的一生是为数学刻苦探求的一生。虽然地位低下，但人格高尚，他不是沽名钓誉的庸人，而是学而不厌的伟人，给我们中华民族留下了宝贵的财富。

南北朝时期杰出的数学家、天文学家祖冲之，在著作《缀术》中，算出圆周率（π）的真值在 3.141 592 6 和 3.141 592 7 之间，相当于精确到小数点后第 7 位，简化成 3.141 592 6，祖冲之因此入选世界纪录协会世界第一位将圆周率值计算到小数点后第 7 位的科学家。祖冲之还给出圆周率（π）的两个分数形式：22/7（约率）和 355/113（密率），其中密率精确到小数点后第 7 位。祖冲之对圆周率数值的精确推算值，对于中国乃至世界是一个重大贡献，后人将"约率"用他的名字命名为"祖冲之圆周率",简称"祖率"。

> **学而思:**
>
> 　　两位古代数学家的人格魅力和科学探索精神,为世人敬仰,更是我们民族的骄傲,是我们坚持道路自信和文化自信的源泉。

算法分析:

① 用分母的值来控制循环的次数,若用 n 存放分母的值,每累加一次,n 的值就应当增加 2。每次累加的数不是整数,而是实数,因此 n 应当定义成 float 类型。

② 可以看成隔一项的加数是负数。若用 t 来表示相加的每一项,则每加一项之后,t 的符号 s 应当改变,这可用交替乘 1 和-1 来实现。

③ 从以上求 π 的公式来看,不能决定 n 的最终值应该是多少,但可以用最后一项的绝对值小于 10^{-6} 来作为循环的结束条件。

源程序:

```c
#include "stdio.h"
#include "math.h"
int main() {
    int s;
    float n,t,pi;
    long count;
    t=1.0;
    pi=0;
    n=1.0;
    s=1;
    count=2;
    while(fabs(t)>=1e-6) {
        pi=pi+t;
        n+=2.0;
        s=-s;
        t=s/n;
        count++;
    }
    pi=pi*4;
    printf("pi=%f\n",pi);
    printf("循环次数:%d\n",count-2);
}
```

分别设置 1e-5 和 1e-9,观察 π 的结果和循环次数变化,通过调整精度对比运算结果,从循环次数可知,每提高一位精度运算次数就要提高几十倍,而古人没有先进的计算工具,就凭借人工手算竟然能完成这么复杂的计算,其科学精神值得敬佩!现代的计算机完成计算时，尽管运算工作量非常大，但也能在分秒之间完成，可见先进技术的神奇，科学技术就是生产力。

3.6 for 循环和 do while 循环

3.6.1 for 语句

由 for 语句构成的循环称为 for 循环。

for 语句的一般形式：

> **for(表达式 1;表达式 2;表达式 3)**
> **循环体**

> **注意：**
> ① 在 for 之后的圆括号中，三个表达式之间的分隔符是分号，而非逗号。
> ② for（表达式 1；表达式 2；表达式 3）的后面千万不要加分号，因为 for 循环只能控制到其后的一条语句，而在 C/C++语言中分号也是一个语句——空语句。所以如果在后面加个分号，那么 for 循环就只能控制到这个分号，下面花括号里面的语句就不属于 for 循环了。

执行过程：

① 求解表达式 1。

② 求解表达式 2。若其值为真，则执行 for 语句中指定的内嵌语句，然后执行第③步；若表达式 2 值为假，则结束循环，转到第⑤步。

③ 求解表达式 3。

④ 转回上面第②步继续执行。

⑤ 循环结束，执行 for 语句下面的语句。

从这个执行过程中可以看出，"表达式 1"只执行一次，循环是在"表达式 2""表达式 3"和"内嵌语句"之间进行的。

for 语句的执行流程如图 3.9 所示。

简单的 for 循环示例：

```
#include <stdio.h>
main()
{
int i;
for(i=1;i<=5;i++)
    printf("%d,",i);
printf("\n%d\n",i);
}
```

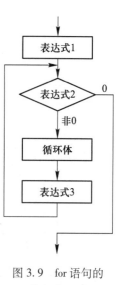

图 3.9 for 语句的
执行流程图

运行结果：

```
1,2,3,4,5,
6
```

可见，在 for 循环中，表达式 1 一般用于为循环控制变量赋初值，表达式 2 则是循环的条件，表达式 3 一般用于改变循环控制变量的值。

从 for 循环的功能可以看出，for 循环可以视为由 while 循环变形而来的。也就是将为循环控制变量赋初值的语句和改变循环控制变量值的语句合并到了 for 语句的圆括号之中。因此，for 循环比 while 循环更简洁，但不如 while 循环直观。

3.6.2　for 循环程序举例

【例 3.15】编程序求出所有的水仙花数。所谓水仙花数，是一个三位正整数，其各位数字的立方之和等于该数本身。例如，153 是一个水仙花数，因为 $153 = 1^3 + 5^3 + 3^3$。

问题分析：

要判断一个数是不是水仙花数，只需分离出它的各位数字并判断是否符合水仙花数的条件即可。

算法设计：

① 定义变量 x 存放一个三位正整数，定义变量 a、b、c 分别存放 x 的百、十、个位数字。

② 令变量 x 依次取值 100 到 999，并循环执行第③至④步。

③ 从变量 x 中分离出百、十、个位数，并分别存入到变量 a、b、c 中。

④ 若 a、b、c 的立方之和等于 x，则 x 是水仙花数，输出变量 x 的值。

源程序：

```c
#include <stdio.h>
main()
{
int   x,a,b,c;
 for(x=100;x<=999;x++)
 {
   a=x/100;                    /*分离出 x 的百位数*/
   b=x%100/10;                 /*分离出 x 的十位数*/
   c=x%10;                     /*分离出 x 的个位数*/
   if(a*a*a+b*b*b+c*c*c==x)    /*若用 pow()函数，则有可能产生误差*/
      printf("%d是水仙花数\n",x);
 }
}
```

3.6.3 do-while 循环

用 do-while 语句构成的循环，称为 do-while 循环。

1. do-while 语句的一般形式

```
do
   循环体
while(表达式);
```

do-while 语句的执行流程如图 3.10 所示。do-while 循环与 while 循环的不同在于：它会先执行循环体，然后再判断表达式是否为真，如果为真则继续循环；如果为假，则终止循环。因此，do-while 循环至少要执行一次循环体。另外在 while（表达式）之后要有一个分号，它是表示一个语句的结束标志，到此已经构成了一条完整的语句。

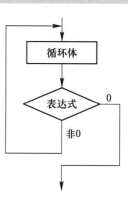

图 3.10 do-while 语句的执行流程图

2. do-while 程序举例

【例 3.16】你看中了一款大概要 10 000 元的手机，但是你家里面没有给你这个预算。现在有一种"校园贷"，如果贷 10 000 元，签订一年的偿还期限，日利率只有 8‰。你觉得怎么样，想不想知道一年后需要偿还多少钱？

问题分析：

要判断一年后需要还多少钱，只需用日利率 * 30 计算出月利率，然后通过循环乘以月利率即可。

算法设计：

① 定义变量本金 captial 和月利率 interest，分别赋初值，月利率的初值为 8‰ * 30。

② 通过循环 12 次 captital * = (1+interest) 求出 12 月后的总钱数。

③ 输出变量 captial 的值。

源程序：

```
#include "stdio.h"
int main()
{
 float captital=10000,interest=0.24;
 int month=1;
 do
 {
    captital * = (1+interest);
    month+=1;
```

```
    }
while (month<=12);
printf("12 个月后的本金和利息共% .2f 元\n",captital);
return 0;
    }
```

> **学而思:**
> 网贷猛于虎,本金 1 万元,12 个月后需要偿还共 132 147.89 元,同学们要树立正确的
> 价值观和消费观,远离校园诈骗和金融借贷。

3.7 循环嵌套

在 C/C++语言中,if-else、while、do-while、for 语句都可以相互嵌套。所谓嵌套,就是一条语句里面还有另一条语句,例如 for 语句里面还有 for 语句,while 语句里面还有 while 语句,或者 for 语句里面有 while 语句,while 语句里面有 for 语句,这都是允许的。

【例 3.17】写出下列程序的运行结果。

```
#include <stdio.h>
int main()
{
    int i, j;
    for(i=1; i<=4; i++){          //外层 for 循环
        for(j=1; j<=4; j++){      //内层 for 循环
            printf("i=% d, j=% d\n", i, j);
        }
        printf("\n");
    }
    return 0;
}
```

本例是一个简单的 for 语句循环嵌套,外层循环和内层循环交叉执行,外层 for 语句每执行一次,内层 for 语句就要执行四次。在 C/C++语言中,代码是顺序、同步执行的,当前代码必须执行完毕后才能执行后面的代码。这就意味着,外层 for 语句每次循环时,都必须等待内层 for 语句循环完毕(也就是循环 4 次)才能进行下次循环。虽然 i 是变量,但是对于内层 for 语句来说,每次循环时它的值都是固定的。

因此,可得该程序的运行结果为

```
i=1, j=1
i=1, j=2
i=1, j=3
```

```
i = 1, j = 4

i = 2, j = 1
i = 2, j = 2
i = 2, j = 3
i = 2, j = 4

i = 3, j = 1
i = 3, j = 2
i = 3, j = 3
i = 3, j = 4

i = 4, j = 1
i = 4, j = 2
i = 4, j = 3
i = 4, j = 4
```

根据多重循环的执行过程可以发现，在多重循环的最内层循环体中，可以列举出各层循环控制变量的所有取值组合。

【例 3.18】 编写程序，求 1!，3!，5!，…，19!。

问题分析：

这里需要求出 10 个数的阶乘，而且这 10 个数是以 2 为步长递增的。故可以在求一个数阶乘的基础上扩展而来。

算法设计：

① 首先依次写出求 1!，3!，5!，…，19!的程序段。

```
int n,i;
float f;
n=1;
f=1;
for(i=1;i<=n;i++)
    f=f*i;
printf("f=% f \n",f);
n=3;
f=1;
for(i=1;i<=n;i++)
    f=f*i;
printf("f=% f \n",f);
```

```
n=5;
f=1;
for(i=1;i<=n;i++)
    f=f*i;
printf("f=% f \n",f);
…
n=19;
f=1;
for(i=1;i<=n;i++)
    f=f*i;
printf("f=% f \n",f);
```

② 显而易见，各程序段中变量 n 的值是以 2 为步长递增的，故可以用一个外循环控制变量 n 的变化，从而得到如下的双重循环程序。

```
#include <stdio.h>
main( )
{
    int n,i;
      float f;
    for(n=1;n<=19;n+=2)
      {
        f=1;                /*该语句必须位于外层循环体内，内层循环体外*/
        for(i=1;i<=n;i++)
            f=f*i;
        printf("f=% f \n",f);
      }
}
```

【例 3.19】 编写程序打印如下的九九乘法表。

```
1*1=1
1*2=2  2*2=4
1*3=3  2*3=6  3*3=9
1*4=4  2*4=8  3*4=12  4*4=16
1*5=5  2*5=10  3*5=15  4*5=20  5*5=25
1*6=6  2*6=12  3*6=18  4*6=24  5*6=30  6*6=36
1*7=7  2*7=14  3*7=21  4*7=28  5*7=35  6*7=42  7*7=49
1*8=8  2*8=16  3*8=24  4*8=32  5*8=40  6*8=48  7*8=56  8*8=64
1*9=9  2*9=18  3*9=27  4*9=36  5*9=45  6*9=54  7*9=63  8*9=72  9*9=81
```

问题分析：

① 该九九乘法表共有 9 行，其第 n 行由 n 个等式组成。

② 可以首先实现一个等式的打印，然后扩展到一行等式的打印，进而扩展到 9 行等式的打印。

算法设计：

① 首先实现第 3 行第 1 个等式 "1＊3＝3" 的打印。

```
#include <stdio.h>
main()
{
    int i,j;
    i=3;
    j=1;
    printf("%d*%d=%d\n",j,i,i*j);
}
```

② 然后将打印一个等式的语句循环 3 次，即可实现整个第 3 行的打印。

```
#include <stdio.h>
main()
{
    int i,j;
    i=3;
    for(j=1;j<=i;j++)
      printf("%d*%d=%d\t",j,i,i*j);
    printf("\n");
}
```

③ 最后将打印一行的程序段循环 9 次，即可实现整个九九表的打印。

完整的源程序：

```
#include <stdio.h>
main()
{   int i,j;
  for(i=1;i<=9;i++)
    {
      for(j=1;j<=i;j++)
      printf("%d*%d=%d\t",j,i,i*j);
      printf("\n");         /*该语句必须位于外循环体内、内循环体外*/
    }
}
```

由此可见，欲构造双重循环程序，可以先构造出内循环，然后以整个内循环部分作为循环体，嵌套上外层循环语句即可。

3.8　辅助性语句

break、continue 和 goto 语句是循环结构中的辅助性语句。

3.8.1　break 语句

break 语句只能用于 switch 语句或循环体之中。用于循环体内部时，其功能为跳出本层的循环体从而提前结束循环。

【例 3.20】 break 语句用于循环体内部示例。

```
#include "stdio.h"
main()
{int i;
 for(i=1;i<=5;i++)
  {if(i>3)
    break;
  printf("% d,",i);
  }
}
```

程序运行结果：

```
1,2,3,
```

由于 break 语句用于循环体内部时，可提前结束循环，故一般与 if 语句联合使用。

【例 3.21】 从键盘输入一名学生若干门课程的百分制成绩，求出这些课程的平均成绩。要求以–1 作为输入结束标记。

问题分析：

欲求平均成绩，需首先求出这些课程的总成绩。由于未明确给出课程门数，故采用输入结束标记控制循环。

算法设计：

① 输入一门课程的成绩。

② 若是结束标记，则跳出循环；否则，累加到总成绩，并统计当前课程门数，然后转向第①步。

③ 最后求出平均成绩并输出。

源程序：

```
#include "stdio.h"
main()
{float g,sum=0,ave;
 int n=0;
```

```
while(1)              /*循环条件总为真,用有条件的break语句结束循环*/
 {scanf("% d",&g);
 if(g==-1)
   break;
 sum=sum+g;
 n++;
 }
 ave=sum/n;
 printf("平均成绩=% f \n",ave);
 }
```

3.8.2　continue 语句

其一般形式为

```
continue;
```

continue 语句只能用于循环体中, 其功能是跳过循环体中 continue 之后的那一部分循环体, 而继续进行下一次循环。

对于 while 循环和 do-while 循环, 执行 continue 将转向循环条件的判断; 而对于 for 循环, 执行 continue 将转向计算表达式 3, 然后转向循环条件的判断。

【例 3.22】continue 语句用于循环体内部示例。

```
#include "stdio.h"
main()
{int i;
 for(i=1;i<=5;i++)
 {if(i<=2)
   continue;
  printf("% d,",i);
  }
}
```

运行结果:

```
3,4,5,
```

3.8.3　goto 语句

goto 语句用于在一个程序中转到程序内标签指定的位置, 标签实际上由标识符加上冒号构成。goto 语句用法如下:

```
{
goto Labell;
语句块 1;
Labell
语句块 2;
}
```

goto 语句可用于跳出深嵌套循环，goto 语句可以往后跳，也可以往前跳，且一直往前执行，goto 语句标号由一个有效的标识符和符号";"组成，其中，标识符的命名规则与变量名称相同，即由字母、数字和下划线组成，且第一个字符必须是字母或下划线，当执行 goto 语句后，程序就会跳转到语句标号处，并执行其后的语句。通常 goto 语句与 if 条件语句连用，但是，goto 语句在给程序带来灵活性的同时，也会使得程序结构层次不清，而且不易读，所以要合理运用该语句。

3.9　循环结构应用举例

【**例 3.23**】从键盘输入一名学生若干门课程的百分制成绩和学分值，编程序求出这些课程的平均加权绩点。若成绩低于 60 分，则课程绩点为 0；否则，课程绩点 = 1.0+（百分制成绩 − 60）/10.0，课程加权绩点 = 课程绩点×课程学分，平均加权绩点 = $\dfrac{\sum \text{课程加权绩点}}{\sum \text{课程学分}}$。要求以 −1 作为输入结束标记。

问题分析：

欲求平均加权绩点，需先求出所有的课程加权绩点之和与课程学分之和。由于未明确给出课程门数，故采用输入结束标记控制循环。

算法设计：

① 输入一门课程的成绩。

② 若是结束标记，则转向③；否则，求出课程加权绩点，并累加求出加权绩点之和与课程学分之和，然后转向①。

③ 最后求出平均加权绩点并输出。

源程序：

```
#include "stdio.h"
main()
{
 float scr,c,d,sum1 = 0,sum2 = 0,ave;
 while(1)
 {
  printf("下一门课程成绩 = ");
```

```
  scanf("% f",&scr);
  if(scr == =-1)
    break;
  printf("下一门课程学分 = ");
  scanf("% f",&c);
  sum2 = sum2 +c;
  if(scr<60)
    d = 0;
  else
    d = (1.0+(scr-60)/10.0) * c;
  sum1 = sum1+d;
  }
  ave = sum1 /sum2;
  printf("平均加权绩点 =% .2f \n",ave);
}
```

【例 3.24】 用公式 $\dfrac{\pi}{4}=1-\dfrac{1}{3}+\dfrac{1}{5}-\dfrac{1}{7}+\dfrac{1}{9}-\cdots$ 求 π 的近似值,要求直到某一项的绝对值小于 10^{-6} 时停止累加。

问题分析:

① 该问题仍可采用累加的方法求和。

② 各累加项为一个分数,其分母以 2 为步长递增。

③ 各累加项正负交替变化。

④ 累加项的总项数未明确给出。

算法设计:

① 定义变量 p 存储累加和,其初值为 0。

② 定义变量 n 存储当前累加项的分母,其初值为 1。

③ 定义变量 s 控制当前累加项的正负,其初值为 1。

④ 定义变量 t 存储当前累加项,其初值为 1。

⑤ 循环执行下列操作,循环条件为当前项的绝对值不小于 10^{-6}。

```
p=p+t;     /*将当前项累加到 p 中 */
n=n+2;     /*下一项分母递增 2 */
s=-s;      /*改变下一项的正负 */
t=s *1/n; /*求得下一项 */
```

⑥ 最后将变量 p 的值乘以 4,然后输出。

源程序:

```
#include <stdio.h>
#include <math.h>
```

```
main()
{
 float p,n,t;
 int s;
 p=0;
 n=1;
 s=1;
 t=1;
 while(fabs(t)>=1e-6)
   {
   p=p+t;
   n=n+2;
   s=-s;
   t=s*1/n;       /*变量n为float型,故不必写作1.0/n*/
   }
 p=p*4;
 printf("p=%f\n",p);
}
```

【例3.25】编写程序求解百鸡百钱问题,即用100元钱买100只鸡。已知母鸡3元/只,公鸡2元/只,小鸡0.5元/只,问母鸡、公鸡和小鸡各几只?

问题分析:

① 设母鸡、公鸡、小鸡的数量分别为i、j、k,则由给定条件可列出如下方程:

```
i+j+k=100
3i+2j+0.5k=100
```

② 该问题中有三个变量、两个方程,故属于数学中的不定方程。

③ 通常采用穷举法求解不定方程,即列举出所有可能的取值组合,并逐一验证。

④ 要列举三个变量所有可能的取值组合,应采用三重循环实现。

源程序:

```
#include  <stdio.h>
main()
{ int  i,j,k;
  for(i=0;i<=33;i++)           /*母鸡不超过33只*/
  for(j=0;j<=50;j++)           /*公鸡不超过50只*/
   for(k=0;k<=100;k=k+2)       /*小鸡数量为偶数*/
    {
    if((i+j+k==100)&&(3*i+2*j+k*0.5==100))
```

```
    printf("母鸡=% -8d 公鸡=% -8d 小鸡=% -8d\n",i,j,k);
    }
}
```

改进版：

该问题也可以改为两个变量、一个方程，并采用双重循环列举出两个变量所有可能的取值组合。

源程序：

```
#include  <stdio.h>
main()
{   int  i,j;
    for(i=0;i<=33;i++)
      for(j=0;j<=50;j++)
      {
        if(3*i+2*j+(100-i-j)*0.5==100)
          printf("母鸡=% -8d 公鸡=% -8d 小鸡=% -8d\n",i,j,100-i-j);
      }
}
```

改进后的程序，其运行效率有很大的提高。请你算一算，改进后程序的循环次数比原来减少了多少次。

【例 3.26】编程分别求（1+0.01）的 365 次方和（1-0.01）的 365 次方。

源程序：

```
#include <stdio.h>
int main(){
    double x=1,y=1;
    int i;
    for(i=0;i<365;i++){
        x=x*1.01;
        y=y*0.99;
    }
    printf("% .2lf % .2lf",x,y);
    return 0;
}
```

程序运行结果：

```
37.78 0.03
```

学而思
好好学习，天天向上！

假如 365 表示一年的天数，1 代表每一天的努力，0.01 表示每天多努力 0.01，0.99 代表每天少努力 0.01，1 年后，这个结果的变化为：前者跃增到 37.8；后者衰减到 0.03。《荀子·劝学》有云："不积跬步，无以至千里；锲而不舍，金石可镂"。说的便是这个道理。

习题3

习题3答案

一、判断题

1. if(x<y) t=x;x=y;y=t;是一条 C 语句。（　　　）
2. switch 语句中多个 case 可以共用一组语句。（　　　）
3. 在条件表达式(exp)?a:b 中，表达式（exp）与表达式（exp!=0）完全等价。（　　　）
4. 若 x=1，则执行 if(x=2)printf("***");else printf("&&&");后屏幕上会显示 &&&。（　　　）
5. do-while 循环是先执行循环体，后判断循环条件，直到循环条件不成立的时候结束循环。（　　　）
6. 在循环结构中，用 break 结束本次循环，而 continue 跳出当前循环体的执行。（　　　）
7. 对 for(表达式1;;表达式3)，可理解为 for(表达式1;0;表达式3)。（　　　）
8. 循环体若有多条语句，用复合语句描述。（　　　）
9. 实际编程中，do-while 循环完全可以用 for 循环替换。（　　　）
10. while 循环中允许使用嵌套循环，但只能嵌套 while 循环。（　　　）

二、单选题

1. 若有 int x,a,b;则下面 if 语句中，_____ 是错误的。

    A. if(a=b)x=x+1;   B. if(a=<b)x=x+1;

    C. if(a-b)x=x+1;   D. if(x)x=x+1;

2. 关于以下程序，正确的说法是_____。

```
#include <stdio.h>
main()
{int x=0,y=0,z=0;
 if(x=y+z)
   printf("***");
 else
   printf("###");
}
```

    A. 有语法错误，不能通过编译   B. 输出：***

    C. 不能通过连接，不能运行   D. 输出：###

3. 执行以下程序时，若输入 3 和 4，则输出结果是_____。

```
#include <stdio.h>
main()
{
    int  a,b,s;
    scanf("% d% d",&a,&b);
    s = a;
    if (a<b) s = b;
    s * = s;
  printf("% d\n",s);
}
```

  A. 14   B. 16   C. 18   D. 20

4. 下列程序的输出结果是 _____。

  A. a = 2,b = 1   B. a = 1,b = 1   C. a = 1,b = 0   D. a = 2,b = 2

```
#include <stdio.h>
main()
{
int x = 1,a = 0,b = 0;
switch(x)
{
case 0 : b = b+1;
case 1 : a = a+1;
case 2 : a = a+1;b = b+1;
}
printf("a = % d,b = % d\n",a,b);
}
```

5. 当 a = 1,b = 3,c = 5,d = 4 时, 执行完下面一段程序后 x 的值是 _____。

```
if (a<b)
if (c<d) x = 1;
else
    if (a<c)
        if (b<d) x = 2;
        else x = 3;
    else x = 6;
else x = 7;
```

  A. 1   B. 2   C. 3   D. 4

6. 若有 int a = 3,b;则执行程序段 if(a>0)b = 1;else b = -1;b = b+1;后 b 的值是 _____。

  A. 1   B. 2   C. -1   D. 0

7. 以下程序段中 while 循环执行的次数是 _____。

```
int k=0;
while(k=1) k++;
```

   A. 无限次   B. 有语法错不能执行

   C. 一次也不执行   D. 执行一次

8. 下面程序的输出结果是_____。

```
#include <stdio.h>
main()
{
    int a=1,b=2,c=2,t;
    while(a<b<c)
    {
        t=a;a=b;b=t;
        c--;
    }
    printf("%d,%d,%d",a,b,c);
}
```

   A. 1,2,0   B. 2,1,0   C. 1,2,1   D. 2,1,1

9. 下面程序的功能是从键盘输入一行字符，从中统计大写字母和小写字母的个数，选择 _____ 填空。

```
#include <stdio.h>
main ()
{
 int m=0,n=0;
 char c;
 while ((       ) != '\n')
 {
     if (c>='A' && c<='Z') m++;
     if (c>='a' && c<='z') n++;
 }
 printf("m=%d,n=%d\n",m,n);
}
```

   A. c=getchar( )   B. getchar( )   C. c==getchar( )   D. scanf("%c",&c)

10. 下面程序的输出结果是_____。

```
#include <stdio.h>
main ()
{
```

```
int k=0,m=0,i,j;
for (i=0; i<2; i++)
{
    for (j=0; j<3; j++)
        k++ ;
    k-=j ;
}
m = i+j ;
printf("k=%d,m=%d",k,m) ;
}
```

A. k=0,m=3   B. k=0,m=5   C. k=1,m=3   D. k=1,m=5

11. 下面程序的输出结果是_____。

```
#include <stdio.h>
main ()
{
char c='A';
int k=0;
do
{
    switch (c++)
    {
    case 'A': k++; break;
    case 'B': k--;
    case 'C': k+=2; break;
    case 'D': k%=2; continue;
    case 'E': k*=10; break;
    default: k/=3;
    }
    k++;
} while (c<'G');
printf ("k=%d",k);
}
```

A. k=3   B. k=4   C. k=2   D. k=0

三、程序改错题

1. 当 x 的值为 1 时，输出"***"，否则输出"@@@"，找出以下程序段中的错误并加以改正。

```
scanf("% d",&x);
if(x=1)
  printf("***");
else
  printf("@@@ ");
```

2. 以下程序要实现 3 个数排序，请找出错误并加以改正。

```
#include <stdio.h>
main()
{int a,b,c,t;
 scanf("% d% d% d",&a,&b,&c);
 if(a<b);
  t=a;a=b;b=t;
 if(a<c);
  t=a;a=c;c=t;
 if(b<c);
  t=b;b=c;c=t;
printf("3 个数从大到小的顺序为：% d,% d,% d",a,b,c);
}
```

3. 找出以下程序段中的错误并加以改正。

```
char ch;
ch=getchar();
switch(ch)
{case ch=='+':c=a+b;break;
 case ch=='-':c=a-b;break;
}
```

4. 若要实现函数 $y=\begin{cases} x-1 & (x\leq 0) \\ x^2+3x-20 & (0<x<10) \\ 0 & (x\geq 10) \end{cases}$ 找出以下程序段中的错误并加以改正。

```
if(x<=0)
    y=x-1;
else if(0<x<10)
    y=x*x+3*x-20;
  else
    y=0;
```

5. 程序功能：计算 5!。

```
#include <stdio.h>
main()
```

```
{
    int s=1,i=1;
    while(i<=5) ;
    s*=i;
    i++;
    printf("s=%d\n",s);
}
```

6. 程序段实现把正整数 m，转换为星期几输出。

```
星期日    星期一    星期二    星期三    星期四    星期五    星期六
0      1        2        3        4        5        6
7      8        9        10       11       12       13
14     15       ......
switch(m)
{
case 0:printf("星期日");
case 1: printf("星期一");
case 2: printf("星期二");
case 3: printf("星期三");
case 4: printf("星期四");
case 5: printf("星期五");
case 6: printf("星期六");
default: printf("错误");
}
```

7. 程序功能：计算 s=1+2+3+…+10。

```
#include <stdio.h>
main()
{
    int i=1,sum=0;
    do
    {
        sum+=i;
        ++i;
    }while(i<10)
    printf("sum=%d\n",sum);
}
```

四、写出下列程序的运行结果

1. 下面程序的运行结果是_____。

```
#include <stdio.h>
main()
{ int x=100, a=10, b=20, ok1=5, ok2=0;
if(a<b) if(b!=15) if(!ok1) x=1;
else if(ok2) x=10;
else x=-1;
printf("% d \n", x);
}
```

2. 下面程序的运行结果是_____。

```
#include <stdio.h>
main()
{int k=8;
 Switch(k)
 {case 9: k+=1;
  case 10: k+=1;
  case 11: k+=1; break;
  default: k+=1;
 }
 printf("% d \n",k);
}
```

3. 下面程序的运行结果是_____。

```
#include "stdio.h"
main()
{ int x,y,z;
  x = 1; y = 2; z = 3;
  if(x>y)
  if(x>z)  printf("% d",x);
  else     printf("% d",y);
  printf("% d \n",z);
}
```

4. 若通过键盘输入58，则以下程序的输出结果是_____。

```
#include "stdio.h"
main()
{
  int a;
  scanf("% d",&a);
```

```
    if(a>50)  printf("% d",a);
    if(a>40)  printf("% d",a);
    if(a>30)  printf("% d",a);
}
```

五、补足下列程序

1. 下列程序用于判断输入的整数是奇数还是偶数，请将其补充完整。

```
#include "stdio.h"
main()
{int a;
 scanf("% d", 【1】 );
 if( 【2】 )
  printf("% d是奇数!\n",a);
 else
  printf("% d是偶数!\n",a);
}
```

2. 下列程序的功能是输入一个整数，逆序输出其各位上的数，请将其补充完整。

```
#include<stdio.h>
main()
{
    int m,r;
    scanf("% d",&m);
    do
{  r= 【1】 ;
   printf("% d",r);
   m= 【2】 ;
} while (m!=0) ;
}
```

3. 以下程序的功能是输出 1~100 之间每位数的乘积大于每位数的和的数，请将其补充完整。

```
#include<stdio.h>
main()
{
  int n,k=1,s=0,m ;
  for (n=1 ; n<=100 ; n++)
  {  k=1 ; s=0 ;
```

```
        m = 【1】 ;
        while ( 【2】 )
        {   k * =m%10;
            s+=m%10;
            【3】
        }
        if (k>s) printf("%d",n);
    }
}
```

4. 以下程序的功能是输出 Fibonacci 数列的前 20 个数，每行输出 5 个数，请填空。

```
#include<stdio.h>
main()
{
 int f1=1,f2=1,i,f;
 printf("%8d%8d",f1,f2);
  for (i=3; i<=20;i++)
  {   f = 【1】 ;
     f1 = 【2】 ;
     f2 = 【3】 ;
printf("%8d",f);
if ( 【4】 )
printf("\n");
  }
}
```

六、编程题

1. 已知有 4 个整数，请将它们按从大到小的顺序输出。

2. 编写程序，通过键盘输入一个不多于 4 位的正整数，打印出它是几位数。

3. 回文是指正读和反读都一样的数或字符串。例如，12321、55455、35553 等都是回文。请编写一个程序，通过键盘上读取一个包含 5 位数字的长整数，并判断它是否是回文。

4. 求 1!+2!+3!+…+10!的值。

5. 输入一行字符，请统计其中英文字母的个数。

6. 打印出 1 000 之内的"完数"。如果一个数恰好等于它的真因子之和，则该数被称为"完数"。例如，6 的真因子为 1、2、3，而 6=1+2+3，因此 6 是"完数"。

7. 猴子吃桃问题。猴子第一天摘下若干个桃子，当即吃了一半，还不过瘾，又多吃了一个。第二天早上又将剩下的桃子吃掉一半，又多吃了一个。以后每天早上都吃了前一天剩下的一半零一个。到第 10 天早上想再吃时，就只剩下一个桃子了。求第一天共摘了多少个桃子。

8. 百马百担问题，有 100 匹马，驮 100 担货，大马驮 3 担，中马驮 2 担，两匹小马驮 1 担，编程计算共有多少种驮法。

本章导学

一、教学目标

① 熟练掌握 if 语句和 switch 语句的用法。
② 熟练掌握 while 语句、for 语句、do-while 语句的基本格式和执行过程。
③ 掌握选择结构程序、循环结构程序设计的基本思路和设计方法。
④ 掌握多重循环程序设计方法及多重循环程序的执行过程。

二、学习方法

① if 语句是本章的重点语句，在学习 if 语句时要掌握 if 语句的几种格式和执行过程，难点在于 if 语句的嵌套形式，要注意 if 和 else 的匹配问题。另外 if 后面的语句或 else 后面的语句若要执行多条语句，则应该使用花括号把这些语句括起来组成复合语句。

② switch 语句是实现多分支选择结构的常用语句，要掌握 switch 语句的基本结构和执行过程。在学习 switch 语句的过程中要特别注意和 break 语句的配合使用，在适当的时候跳出 switch 语句，使得 switch 语句真正起到分支的作用。switch 语句中的 case 后面的语句可以是任意语句，当然也可以再是 switch 语句，当出现 switch 嵌套时要特别注意此时程序的流程，这也是学习的一个难点问题，可以通过习题练习来巩固理解。

③ 要注意 while 语句和 do-while 语句的区别。while 语句（当型循环）结构相对较简单，只有 while 后面的条件成立时才执行循环体，所以有可能循环体语句一次也不执行；而 do-while 循环（直到型循环）是先执行循环体再判断 while 后面的条件是否成立，所以至少要执行一次循环体语句。在实际应用中，while 语句用的更多一些，尤其是循环次数不明确的情况。

④ for 语句在循环结构程序设计中使用非常频繁，比较适合循环次数比较明确的时候使用，要熟练掌握。在 for 语句的执行过程中，要特别注意每次执行完循环体语句都要执行 for 后面的表达式 3，再判断表达式 2 是否成立，来决定是否执行下一次循环体语句（循环体中有 break 语句除外）。for 语句后面的 3 个表达式虽然可以是任意表达式，但在实际应用中表达式 1 一般用于为循环控制变量赋初值，表达式 2 则是循环的条件，表达式 3 一般用于改变循环控制变量的值，且 3 个表达式也都可省略不写（注意两个 "；" 不能省），因此使用 for 语句编写程序是非常灵活的，要注意灵活掌握。

⑤ 要想掌握选择结构程序设计的方法，除了掌握上述学习方法之外，还有几类典型例题需要掌握，如实现求较少数的最值问题、简单的排序问题、判断闰年问题、数学上的分段函数的实现、各种统计分类问题（如学生成绩统计分类）等，这些典型例题需要结合上机实践不断领会掌握，在编写程序时最好采用缩进的阶梯式写法，这样可以增强程序的可读性。对于循环嵌套的学习一直是循环结构程序设计的一个难点问题，但只要严格按照循环语句的执行过程来分析执行程序也是可以掌握的。多重循环程序执行时，外层循环每执行一次，内层循环都需

要从初值到终值循环执行一个周期。在程序设计时，注意内层循环和外层循环的确定，以及循环控制变量初值和终值的确定等。注意多层循环嵌套时，层次要清楚。为此，提倡采用缩进格式书写程序，这样有助于程序的阅读和理解。

三、内容提要

1. if 语句

（1）不含 else 子句的 if 语句

语句形式：

```
if(表达式)  语句
```

执行过程：

先计算 if 后面圆括号中的表达式的值，如果表达式的值为非零（"真"），则执行其后的 if 子句，然后执行 if 语句后的下一个语句；如果表达式的值为零（"假"），则跳过 if 子句，直接执行 if 语句后的下一个语句。

（2）含 else 子句的 if 语句

语句形式：

```
if(表达式)   语句 1
else        语句 2
```

执行过程：

先计算 if 后面圆括号中的表达式的值，如果表达式的值为非零，则执行 if 子句，然后跳过 else 子句，去执行 if 语句后的下一个语句；如果表达式的值为零，跳过 if 子句，去执行 else 子句，接着去执行 if 语句后的下一个语句。

（3）嵌套的 if 语句

if 子句和 else 子句中可以是任意合法的 C 语句，当然也可以是 if 语句，通常称此为嵌套的 if 语句。内嵌的 if 语句既可以嵌套在 if 子句中，也可以嵌套在 else 子句中。

在书写嵌套的 if 语句时，为了提高程序的可读性，尽量按层缩进的书写格式来写自己的程序。

值得注意的是，在执行嵌套的 if 语句的过程中，要特别注意 if 和 else 的匹配问题，else 要与其上离它最近的未匹配的 if 来匹配。

2. switch 语句

switch 语句的一般形式：

```
switch(表达式)
{case 常量表达式 1：语句 1
    case 常量表达式 2：语句 2
    …
    case 常量表达式 n：语句 n
```

```
    default:语句 n+1
}
```

执行过程：

当执行 switch 语句时，首先计算紧跟其后的圆括号中的表达式的值，然后在 switch 语句体内寻找与该值吻合的 case 标号，如果有与该值相等的标号，则执行该标号后开始的各语句，包括在其后的所有 case 和 default 中的语句，直到 switch 语句体结束。如果没有与该值相等的标号，并且存在 default 标号，则从 default 标号后的语句开始执行，直到 switch 语句体结束。如果没有与该值相等的标号，且不存在 default 标号，则跳过 switch 语句体，什么也不做。

3. 循环语句

循环语句是指在满足指定的条件时，重复执行某条（或多条）语句。重复执行的语句既可以是单个语句，也可以是复合语句。循环语句主要有 while 、do-while 和 for 三种，常用的是 for 语句和 while 语句，也可以用 if 和 goto 语句来构造循环，但很少使用。

（1）while 循环

语句一般格式：

```
while(表达式)
    循环体语句;
```

> **注意：**
> 先判断循环条件再执行循环体语句，如果循环条件不满足，循环体语句可能一次都不执行。

（2）for 循环

语句一般格式：

```
for(表达式 1;表达式 2;表达式 3)
    循环体语句;
```

> **注意：**
> ① 3 个表达式执行的先后顺序，3 个表达式的书写格式，中间用冒号（;）间隔。② 循环体有多条语句，用复合语句描述。

（3）do-while 循环

语句一般格式：

```
do
    循环体语句
while(表达式);
```

> **注意：**
> 先执行循环体后判断循环条件，如果循环条件不满足，循环体至少执行一次。

第4章　数组与结构体

在前面介绍的程序中，所使用的变量均为基本类型的变量。但是当在一个程序中用到大量变量时，使用基本类型的变量就不方便了。此时，可以在程序中使用一种构造类型的数据——数组。

所谓数组，就是一组具有相同类型的有序变量的集合。数组中的变量称为数组的元素，数组元素的个数称为数组的长度。

数组按其逻辑结构不同，可以分为一维数组、二维数组和三维数组等。这里的维，就是维度、方向的意思。

4.1　一维数组

一维数组的所有元素看作一行，相当于数学中的向量。在程序中使用数组时，也必须先定义后使用。

4.1.1　一维数组的定义

一维数组定义的一般形式为：

类型说明符 数组名[数组长度];

这里的数组长度一般是一个正整数，也可以是整型常量的表达式。
例如：

```
int a[10];
```

该语句定义了一个数组名为 a 的一维数组，该数组包含了 10 个 int 型的数组元素，即 a[0],[1],a[2],a[3],…,a[9]。

一维数组的元素，不但在名称上是有序的，在内存中的存储也是连续且有序的。
几点说明：

① C99 标准允许定义变长数组，即在数组长度表达式中，允许包含变量名。
例如：

```
int n;
scanf("% d",&n);
int a[n];
```

② 不能对数组元素进行越界引用。

例如：

```
inta[10];
a[10]=200;
```

是错误的，因为在数组 a 中不存在 a[10]这个元素。

4.1.2　一维数组的引用

在程序中，一般不能将一维数组作为一个整体操作，而只能针对数组的元素进行操作。通常可以利用数组元素的有序性特点，通过循环来处理数组的元素。

【例 4.1】从键盘输入 10 个整数存入到一个一维数组中，然后再按逆序输出。

问题分析：

① 要输入一个整数并存入到数组元素 a[0]中，可使用以下语句实现。

```
i=0;
scanf("%d",&a[i]);          /*可以用变量作为数组元素的下标*/
```

② 用一个循环控制变量 i 的值从 0 变到 9，即可输入 10 个整数并存入到数组 a 中。

```
for(i=0;i<=9;i++)
    scanf("%d",&a[i]);
```

③ 要输出数组元素 a[9]的值，可使用以下语句实现。

```
i=9;
printf("%d  ",a[i]);
```

④ 用一个循环控制变量 i 的值从 9 变到 0，即可逆序输出数组 a 中 10 个元素的值。

```
for(i=9;i>=0;i--)
    printf("%d  ",a[i]);
```

源程序：

```
#include  <stdio.h>
int main()
{
    int a[10], i;
    for(i=0;i<=9;i++)
      scanf("%d",&a[i]);
    for(i=9;i>=0;i--)
      printf("%d  ",a[i]);
    printf("\n");
    return 0;
}
```

4.1.3　一维数组的初始化

可以在定义一维数组的同时，给数组元素赋初值，称为数组的初始化。一维数组的初始化有下面几种形式。

① 给全部数组元素赋初值。

例如：

```
int a[6]={1,3,5,7,9,0};
```

② 给部分数组元素赋初值。

例如：

```
int a[6]={3,6,9};
int f[6]={0};
```

此时，未经赋值的数组元素，系统自动将其赋值为 0。

③ 在初始化一维数组时，可以不指定数组的长度。

例如：

```
int a[ ]={2,6,8,9,0,1};
```

此时，系统可以按照初值的个数来确定数组的长度。

需要注意，int a[ ];是错误的，因为此时无法确定数组 a 的长度，从而无法为它分配内存空间。

4.1.4　一维数组应用举例

【例 4.2】斐波那契数列的变化规律是：前两项都是 1，从第三项开始的每一项等于其前面两项之和。试用一维数组编程序，求出斐波那契数列的前 40 项。

算法设计：

① 定义一个一维数组 f[40]，用于存储数列的前 40 项。

② 将前两项存入到 f[0]和 f[1]中，即 f[0]=1，f[1]=1。

③ 按照数列的规律，求得第 i 项并存入到 f[i]中，即 f[i]=f[i-2]+f[i-1]，其中 i 的取值为 2~39。

④ 最后输出所有的项。

源程序：

```
#include  <stdio.h>
int main()
{
    long f[40]={1,1};        /*将前两项存入到 f[0]和 f[1]中*/
    int i;
```

```
for(i=2;i<=39;i++)
    f[i]=f[i-2]+f[i-1];        /*求得第 i 项并存入到 f[i]中*/
for(i=0;i<=39;i++)
    printf("%16ld",f[i]);
return 0;
}
```

【例 4.3】 从键盘输入 10 个数,求出其中的最大数并输出。

算法设计:

可采用打擂台的方法来求最大数。

① 定义一个数组 a[10],用于存储输入的 10 个数。

② 定义一个变量 max,用于存储当前的最大数。

③ 首先将 a[0]的值赋给 max(其实可以取数组中的任意一个元素,为便于编程通常取 a[0])。

④ 取数组中的下一个元素 a[i]与 max 相比较。若 a[i]的值大于 max,则将 a[i]的值赋给 max(即 a[i]是当前的最大数),否则 max 保持不变。

⑤ 循环执行第④步,直至 9 次比较完成,此时 max 的值就是 10 个数中的最大数。

源程序:

```
#include <stdio.h>
int main()
{
    int a[10],max,i;
    for(i=0;i<=9;i++)
      scanf("%d",&a[i]);
    max=a[0];
    for(i=1;i<=9;i++)
    { if(a[i]>max)
        max=a[i];
    }
    printf("max=%d\n",max);
    return 0;
}
```

【例 4.4】 从键盘输入 10 个数,用选择法按降序排序并输出。

在解决复杂的问题时,可以按照从局部到整体,从具体到一般,从简单到复杂的策略,从而实现"分解问题,各个击破"。

算法设计:

排序问题可以理解为反复求最大值(或最小值)的问题。

① 定义一个数组 a[10],用于存储要排序的 10 个数。

动画演示:
选择排序

99

② 首先找出 10 个数中的最大数，并置入 a[0]中。方法是依次将 a[0]与其余 9 个数相比较，并将较大者存入到 a[0]中，其实就是前边的擂台法。

将 a[0]与 a[1]相比较，并将较大者置入 a[0]中。

```
if(a[0]<a[1])
 {t=a[0];
  a[0]=a[1];
  a[1]=t; }
```

将 a[0]与 a[2]相比较，并将较大者置入 a[0]中。

```
if(a[0]<a[2])
 {t=a[0];
  a[0]=a[2];
  a[2]=t; }
...
```

将 a[0]与 a[9]相比较，并将较大者置入 a[0]中。

```
if(a[0]<a[9])
 {t=a[0];
  a[0]=a[9];
  a[9]=t; }
```

以上 9 条 if 语句，可以归纳为如下一个单重循环。

```
i=0;
for(j=i+1;j<=9;j++)
  if(a[i]<a[j])
  {t=a[i];
    a[i]=a[j];
    a[j]=t;
   }
```

③ 再找出其余 9 个数中的最大数，并置入 a[1]中。可用如下一个单重循环实现。

```
i=1;
for(j=i+1;j<=9;j++)
  if(a[i]<a[j])
  {t=a[i];
    a[i]=a[j];
    a[j]=t;
   }
```

④ 依此类推，直至找出其余两个数中的最大数，并置入 a[8]中，最小数置入 a[9]中。可用如下一个单重循环实现。

```
i=8;
for(j=i+1;j<=9;j++)
  if(a[i]<a[j])
  {t=a[i];
    a[i]=a[j];
    a[j]=t;
}
```

至此，排序完成。

⑤ 显然，上述 9 个单重循环可以合并为如下的双重循环。

```
for(i=0;i<=8;i++)
{ for(j=i+1;j<=9;j++)
  if(a[i]<a[j])
  {t=a[i];
    a[i]=a[j];
    a[j]=t;
  }
}
```

完整的源程序：

```
#include <stdio.h>
int main()
{
    int a[10],i,j,t;
    printf("请输入 10 个整数：\n");
    for(i=0;i<10;i++)
        scanf("%d",&a[i]);
    for(i=0;i<=8;i++)
        {for(j=i+1;j<=9;j++)
            if(a[i]<a[j])
                {t=a[i]; a[i]=a[j]; a[j]=t;}
        }
    printf("排序后的结果为：\n");
    for(i=0;i<10;i++)
        printf("%d ",a[i]);
    printf("\n");
     return 0;
}
```

下面来看改进的选择法。

① 在原始的选择法中，为了找出 10 个数中的最大数，依次将 a[0]与其余 9 个数组元素 a[j]相比较，只要 a[j]大于 a[0]，就将 a[j]的值与 a[0]的值相交换。

其实最终目的是找出 10 个数中的最大数，并将该最大数置入数组元素 a[0]中。因此完全可以先找出 10 个数中的最大数，然后再将该元素的值与 a[0]的值相交换。

可用如下程序段实现：

```
i=0;
k=i;                        /*k 保存 10 个数中最大数的下标*/
for(j=i+1;j<=9;j++)
{
    if(a[j]>a[k])
        k=j;
}
t=a[i];a[i]=a[k];a[k]=t; /*将 10 个数中的最大数与 a[0]的值互换*/
```

② 同样地，要找出其余 9 个数中的最大数，并置入数组元素 a[1]中，可用如下程序段实现：

```
i=1;
k=i;                        /*k 保存 9 个数中最大数的下标*/
for(j=i+1;j<=9;j++)
{
    if(a[j]>a[k])
        k=j;
}
t=a[i];a[i]=a[k];a[k]=t; /*将 9 个数中的最大数与 a[1]的值互换*/
```

③ 依次类推。直至找出其余 2 个数中的最大数，并置入数组元素 a[8]中。

```
i=8;
k=i;                        /*k 保存 2 个数中最大数的下标*/
for(j=i+1;j<=9;j++1)
{
    if(a[j]>a[k])
        k=j;
}
t=a[i];a[i]=d[k];a[k]=t; /*将 2 个数中的最大数与 a[8]的值互换*/
```

总共需要 9 个单重循环。

④ 而上述 9 个单重循环可以合并为如下一个双重循环。

```
for(i=0;i<=8;i++)
{
```

```
    k=i;                      /*k 保存本轮最大数的下标 */
    for(j=i+1;j<=9;j++)
    {
        if(a[j]>a[k])
            k=j;
    }
 t=a[i];a[i]=a[k];a[k]=t;    /*将本轮最大数 a[k]与 a[i]互换 */
}
```

完整的源程序：

```
#include <stdio.h>
int main()
{
    int a[10],t,i,j,k;
    printf("请输入 10 个整数：\n");
    for(i=0;i<=9;i++)
        scanf("% d",&a[i]);
    for(i=0;i<=8;i++)
    {
        k=i;                          /*k 保存本轮最大数的下标 */
        for(j=i+1;j<=9;j++)
        {
            if(a[j]>a[k])
                k=j;
        }
     t=a[i];a[i]=a[k];a[k]=t;    /*将本轮最大数与 a[i]互换 */
    }
    printf("排序后的结果为：\n");
    for(i=0;i<=9;i++)
        printf("% d,",a[i]);
    printf("\n");
    return 0;
}
```

4.2　二维数组

　　二维数组包括若干行若干列，相当于数学中的矩阵。通常用于存储一组可以分为若干行若干列的数据。

4.2.1 二维数组的定义

二维数组定义的一般形式为：

类型说明符 数组名[行数][列数]；

这里的行数和列数一般是一个正整数，也可以是整型常量的表达式。

例如：

```
int a[3][4];
```

该语句定义了一个三行四列的数组 a，该数组包含了如下 12 个 int 型的数组元素。

```
a[0][0],a[0][1],a[0][2],a[0][3]
a[1][0],a[1][1],a[1][2],a[1][3]
a[2][0],a[2][1],a[2][2],a[2][3]
```

在内存中，二维数组的元素是按照行优先顺序连续存放的。即首先存放第 0 行的所有元素，然后存放第 1 行的所有元素，依次类推。

4.2.2 二维数组的初始化

可以在定义二维数组的同时，给数组元素赋初值，称为二维数组的初始化。二维数组的初始化有下面几种形式。

① 对二维数组不分行初始化。

例如：

```
int a[2][3]={1,2,3,4,5,6};
```

② 对二维数组分行初始化。

例如：

```
int a[2][3]={{1,2,3},{4,5,6}};
```

③ 可以只对二维数组的部分元素赋初值。

例如：

```
int a[3][4]={{1},{2},{3}};
```

此时，未经赋值的数组元素，系统自动将其赋值为 0。

④ 在初始化二维数组时，数组的行数可以缺省，而数组的列数不能缺省。

例如：

```
int a[][3]={{1,2,3},{4,5,6}};
```

此时，系统可以按照初值的个数来确定二维数组的行数。

4.2.3　二维数组的引用

在程序中，一般不能将二维数组作为一个整体操作，而只能针对二维数组的元素进行操作。按照二维数组的逻辑结构特点，在编程序时通常可以利用双重循环来处理二维数组的元素。

【例 4.5】已知一个 3 行 4 列的二维数组 int a[3][4]={1,3,5,7,9,2,4,6,8,10,11,22}，要求分行输出该二维数组的所有元素值。

问题分析：

① 要输出该数组第 0 行的所有元素，可用如下程序段实现。

```
printf("%6d",a[0][0]);
printf("%6d",a[0][1]);
printf("%6d",a[0][2]);
printf("%6d",a[0][3]);
```

而以上程序段，可以归纳为如下的单重循环。

```
for(j=0;j<=3;j++)
  printf("%6d",a[0][j]);
```

② 要分行输出该数组的所有元素，可用如下 3 个单重循环实现。

```
for(j=0;j<=3;j++)
  printf("%6d",a[0][j]);
printf("\n");
for(j=0;j<=3;j++)
  printf("%6d",a[1][j]);
printf("\n");
for(j=0;j<=3;j++)
  printf("%6d",a[2][j]);
printf("\n");
```

③ 以上三个单重循环，可以合并为如下的双重循环。

```
for(i=0;i<=2;i++)          /*外循环控制行号*/
  {for(j=0;j<=3;j++)       /*内循环控制列号*/
    printf("%6d",a[i][j]);
  printf("\n");
  }
```

完整的源程序：

```
#include <stdio.h>
int main()
{
```

```
    int a[3][4]={1,2,3,4,5,6,7,8,9,10,11,12},i,j;
    for(i=0;i<=2;i++)            /*外循环控制行号*/
    {
        for(j=0;j<=3;j++)        /*内循环控制列号*/
            printf("%6d",a[i][j]);
        printf("\n");
    }
    return 0;
}
```

由此可见,在处理二维数组的元素时,通常可以采用双重循环。若是按照行优先顺序处理二维数组的元素,则用外循环控制行号,用内循环控制列号;若是按照列优先顺序处理二维数组的元素,则用外循环控制列号,用内循环控制行号。

4.2.4 二维数组应用举例

【例4.6】从键盘上输入6个学生5门课程的成绩,然后求出每门课程的平均成绩并输出。

问题分析:

首先将6个学生5门课程的成绩存入到一个6行5列的二维数组中,则求每门课程的平均分就是求该数组每一列所有元素的平均值。

算法设计:

① 定义三个数组g[6][5]、s[5]和a[5],分别用于存放课程成绩、课程总分与课程平均分。

② 输入6个学生5门课程的成绩存入到二维数组g中。

③ 累加求得每门课程的总分并存入到数组s中。

④ 求得每门课程的平均分并存入到数组a中。

⑤ 输出数组a中所有元素的值。

若要求出第0门课程的平均分,可用如下程序段实现。

```
j=0;
s[j]=0;                    /*s[0]是第0门课的总分*/
for(i=0;i<6;i++)
    s[j]=s[j]+g[i][j];     /*累加所有第0列元素,求第0门课的总分*/
a[j]=s[j]/6;               /*a[0]是第0门课的平均分*/
printf("%f\n",a[j]);
```

若要求5门课程的平均分,可用如下单重循环实现。

```
for(j=0;j<5;j++)
{s[j]=0;                   /*s[j]是第j门课的总分*/
 for(i=0;i<6;i++)
```

```
    s[j]=s[j]+g[i][j];        /* 累加所有第 j 列元素，求第 j 门课的总分 */
    a[j]=s[j]/6;              /* a[j]是第 j 门课的平均分 */
    printf("% f \n",a[j]);
}
```

从而得出完整的源程序：

```
#include <stdio.h>
int main(){
    float g[6][5],s[5],a[5];
    int i,j;
    for(i = 0;i<6;i++)          /* 行优先次序，外循环控制行号，内循环控制列号 */
    {for(j = 0;j<5;j++)
        scanf("% f",&g[i][j]); /* g[i][j]是第 i 个人第 j 门课程的成绩 */
     }
    for(j = 0;j<5;j++)          /* 列优先次序，外循环控制列号，内循环控制行号 */
    {s[j]=0;                   /* s[j]是第 j 门课的总分 */
     for(i = 0;i<6;i++)
        s[j]=s[j]+g[i][j];     /* 累加所有第 j 列元素，求第 j 门课的总分 */
     a[j]=s[j]/6;              /* a[j]是第 j 门课的平均分 */
     printf("% f \n",a[j]);
    }
    return 0;
}
```

因为该程序中的二维数组是按列求和（即列优先次序），故用外循环控制数组元素的列号，用内循环控制数组元素的行号。

【例 4.7】编程序按如下格式输出杨辉三角形的前 6 行。

```
1
1   1
1   2   1
1   3   3   1
1   4   6   4   1
1   5   10  10  5   1
```

> **学而思：**
> 杨辉三角形在西方被称为帕斯卡三角形，其数学含义是二项式展开式系数的值。最早由我国北宋数学家贾宪发现，后来由南宋数学家杨辉在其所著《详解九章算法》中记载。法国数学家帕斯卡于 1654 年发现这一规律，比杨辉晚 393 年，比贾宪晚 600 年。
> 当代大学生要勇于创新，要努力弘扬博大精深的中国文化。

问题分析：

① 杨辉三角形两腰上的元素均为1。

② 其他元素的值等于上一行相邻两个元素的值之和。

算法设计：

① 定义一个二维数组 y[6][6]，用于存储杨辉三角形。

② 首先将每一行第0列和每一行主对角线元素的值置1。

③ 按照杨辉三角形的规律，求出其他元素的值。

④ 最后输出结果。

源程序：

```
#include <stdio.h>
#define N 6
int main()
{    int y[N][N],i,j;
    for(i=0;i<N;i++)
    {  y[i][0]=1;                    /*第0列元素置1*/
        y[i][i]=1;                    /*主对角线元素置1*/
    }
    for(i=2;i<=N-1;i++)       /*外循环控制行号*/
        for(j=1;j<=i-1;j++)    /*内循环控制列号*/
        y[i][j]=y[i-1][j-1]+y[i-1][j];
    for(i=0;i<=N-1;i++)
    {  for(j=0;j<=i;j++)
            printf("%6d",y[i][j]);
        printf("\n");
    }
    return 0;
}
```

4.3   字符数组

在C语言中，有字符串常量，但并没有字符串变量。C语言一般使用字符数组来存储字符串。

4.3.1   字符串的存储与引用

1. 字符串在内存中的存储形式

在C/C++语言程序中，用一对双引号作为字符串常量的定界符，用以表示字符串的起始和终止。但是，在内存中存储字符串时，并不存储作为字符串定界符的双引号。那么，在内存中如何表示字符串的起始和终止呢？稍后，可以看到字符串的起始位置很容易确定，而字符串的终止位置则必须使用特殊的标志来表示。

为此，C/C++语言规定：在内存中存储字符串常量时，需在其末尾添加空字符'\0'（即 ASCII 码为 0 的字符）作为结束标志。字符串常量存入内存时，由系统自动添加结束标志。

例如，字符串常量"Hello"在内存中的存储形式如图 4.1 所示。

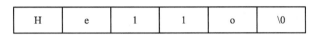

图 4.1　字符串的存储形式

2. 用字符数组存储和引用字符串

在 C/C++语言中，一般使用字符数组来存储字符串。一个长度为 n 的一维字符数组只能存储一个不超过 n-1 个字符的字符串；而一个 m 行 n 列的二维字符数组可以存储 m 个长度不超过 n-1 个字符的字符串。

可以在定义字符数组的同时，将若干个字符存入到字符数组中，即初始化字符数组。

① 以字符的形式初始化字符数组。

例如：

```
char s[10]={'G','o','o','d'};
```

此时，若字符的个数少于数组元素的个数，则多余的数组元素自动初始化为空字符'\0'。

② 以字符串的形式初始化字符数组。

例如：

```
char s[20]="Good bye";
char t[3][20]={"Hello","How are you","Good bye"};
```

需要注意以下赋值是错误的：

```
char s[20];
s="Good bye";              /*错误*/
```

因为数组名 s 是地址常量，因此不能对 s 进行赋值。

一旦将字符串存入到一个字符数组中，就可以在程序中通过该字符数组来引用这个字符串。

例如：

```
char t[20]="Good bye";
printf("%s\n",t);         /*输出数组 t 中的字符串*/
```

③ 在初始化字符数组时，可以不指定字符数组的长度。

例如：

```
char s[]={'G','o','o','d'};
```

则数组 s 有 4 个元素，此时不会自动添加'\0'。

再如：

```
char t[]="Good";
```

则数组 t 有 5 个元素，此时将会自动添加'\0'（即只要是以字符串形式出现在程序中，就隐含了一个空字符'\0'）。

4.3.2 字符串的输入和输出

在 C 语言中，用于输出字符串的库函数主要是 printf( ) 函数和 puts( ) 函数，而用于输入字符串的库函数主要是 scanf( ) 函数和 gets( ) 函数。

1. 用 printf( ) 函数输出字符串

其一般形式为：

```
printf("% s",字符串引用)
```

其中的字符串引用可以是字符串常量或字符数组名。

例如：

```
printf("% s\n","Hello");
```

该语句也可写作：

```
printf("Hello \n");
```

例如：

```
char a[10]="Hello";
printf("% s\n",a);        /*输出项是字符数组名 */
```

2. 用 scanf( ) 函数输入字符串

其一般形式为：

```
scanf("% s",字符数组名)
```

例如：

```
#include <stdio.h>
int main()
{
    char a[20];
    scanf("% s",a);        /*输入项是字符数组名 */
    printf("% s \n",a);
    return 0;
}
```

该程序运行时，若输入"How are you"，则只输出"How"。这是因为用 scanf( )函数输入字符串时，其中不能包含空格。

3. 用 puts( )函数输出字符串

其一般形式为：

```
puts(字符串引用)
```

其中的字符串引用包括字符串常量、字符数组名。
例如：

```
puts("Hello");
```

例如：

```
char a[10]="Hello";
puts(a);
```

4. 用 gets( )函数输入字符串

其一般形式为：

```
gets(字符数组名)
```

例如：

```
#include <stdio.h>
int main()
{
    char a[30];
    gets(a);
    puts(a);
    return 0;
}
```

该程序运行时，若输入"How are you"，则输出为"How are you"。

4.3.3　字符串处理函数

为了便于对字符串进行处理，C 语言提供了一组用于字符串处理的库函数。在程序中调用这些库函数时，需要在程序的开头添加#include <string. h>这条预处理命令。

1. 字符串长度函数 strlen( )

其调用格式为：

```
strlen(字符串引用)
```

该函数的功能为返回字符串的有效长度（即第一个'\0'之前的字符个数）。

例如：

```
char a[20]="Hello\0world!";
printf("% d",strlen(a));
```

其运行结果为5。

例如：

```
printf("% d",strlen("Hello\0world!"));
```

其运行结果为5。

2. 字符串复制函数 strcpy( )

若有 char s[20]="Hello",t[20];，如何才能将数组 s 中的字符串复制到数组 t 中呢？可以使用 t=s;或 t="Hello";这样的赋值语句来实现吗？不可以。因为数组名 t 是一个地址常量，故不能对其进行赋值。

实现字符串复制的一种方法是，将源字符串中的字符逐个地复制到目标数组中。

【例 4.8】编程序用逐个字符复制方式，实现字符串的复制。

问题分析：（方法①）

该方法就是从源字符串的第 0 个字符开始，通过循环将字符逐个复制到目标数组中。循环次数可由字符串长度控制。

源程序：

```
#include <stdio.h>
#include <string.h>
int main()
{
    char t[100],s[100]="Hello";
    int i;
    i=0;
    while(i<=strlen(s))
    {   t[i]=s[i];
        i++;
    }
    puts(t);
    return 0;
}
```

在该程序中，若将循环条件改为 while(i<strlen(s))，运行结果会有什么不同？上机验证一下，并解释原因。

问题分析：（方法②）

如果限定在该程序中不能调用字符串长度函数，则可以通过字符串结束标志来控制循环。

源程序：

```
#include <stdio.h>
int main()
{    char t[100],s[100]="Hello";
     int i;
     i=0;
     while(s[i]!='\0')
     {
         t[i]= s[i];
         i++;
     }
     t[i]='\0';
     puts(t);
     return 0;
}
```

想一想，循环结束之后的语句 t[i]='\0';起什么作用，若无此语句将会出现什么问题呢？

为了便于编程，C 语言提供了专门的字符串复制函数 strcpy( )。

其调用格式为：

```
strcpy(字符数组名,字符串引用)
```

其中，第一个参数必须是字符数组名，第二个参数则可以是字符串常量或字符数组名。

其功能是将第二个参数所引用的字符串复制到第一个参数所指定的字符数组中。

例如：

```
char t[10],s[10]="Hello";
strcpy(t,s);
```

又如：

```
strcpy(t,"Hello");
```

3. 字符串连接函数 strcat( )

该函数用于将两个字符串前后连接起来，形成一个新的字符串。

其调用格式为：

```
strcat(字符数组名,字符串引用)
```

其中，第一个参数必须是字符数组名，第二个参数则可以是字符串常量或字符数组名。

其功能是将第二个参数所引用的字符串与第一个参数所指定的字符数组中的字符串相连接，并重新存入到该字符数组中。

例如：

```
char t[30]="Hello ",s[10]="World!";
strcat(t,s);
puts(t);
```

则运行结果为

```
Hello World!
```

4. 字符串比较函数 strcmp( )

若有 char s[10] = "ab", t[10] = "abc";，那么，能否用 if(s==t) 或 if(s<t) 对两个字符串的内容进行比较呢？不能。因为在 C/C++语言中，数组名代表了一个地址，而并不代表该数组的内容。

两个字符串比较的规则：分别从两个字符串的首字符开始，将对应的字符按照其 ASCII 码进行比较，直至对应的两个字符不相等或遇到'\0'为止。此时，对应的两个字符的比较结果，就是两个字符串的比较结果。

在 C 语言中，提供了专门的字符串比较函数 strcmp( )。

其调用格式为：

```
strcmp(字符串引用1,字符串引用2)
```

其中的两个参数都可以是字符串常量或字符数组名。

该函数的功能是比较两个字符串的大小。若第一个字符串大于第二个字符串，则函数值大于 0；若第一个字符串等于第二个字符串，则函数值等于 0；若第一个字符串小于第二个字符串，则函数值小于 0。

例如：

```
#include <stdio.h>
#include <string.h>
int main()
{
    char s[20]= "Hello",t[20]= "hello";
    printf("% d\n",strcmp(s,t));
    return 0;
}
```

程序运行结果为：

```
-1
```

【例4.9】从键盘上输入 10 个字符串存入到一个二维字符数组中，求出其中的最大者并输出。

问题分析：

① 欲存储 10 个字符串，需使用一个 10 行的二维字符数组，即每行存储一个字符串。

② 从多个字符串中求最大者的方法与从多个数中求最大者的方法类似，仍可使用擂台法。

不过字符串的比较要使用 strcmp( ) 函数，而字符串的复制要使用 strcpy( ) 函数。

算法设计：

① 定义一个二维字符数组 a[10][80] 用于存放输入的 10 个字符串。

② 定义一个一维字符数组 max[80] 用于存放目前的最大字符串。

③ 将二维字符数组 a 的第 0 行中的字符串复制到字符数组 max 中。

④ 若二维字符数组 a 的第 i 行中的字符串大于字符数组 max 中的字符串，则将前者复制到字符数组 max 中。

⑤ 循环执行第④步，直至 9 次比较完成，此时字符数组 max 中的字符串就是 10 个字符串中的最大者。

源程序：

```c
#include <stdio.h>
#include <string.h>
int main()
{
    char a[10][80],max[80];
    int i;
    printf("请依次输入 10 个字符串：\n");
    for(i=0;i<10;i++)
        gets(a[i]);        /*a[i]代表二维数组 a 的第 i 行*/
    strcpy(max,a[0]);
    for(i=1;i<10;i++)
    {
        if(strcmp(a[i],max)>0)
            strcpy(max,a[i]);
    }
    printf("10 个字符串中的最大者是：\n");
    puts(max);
    return 0;
}
```

除了上面介绍的几个库函数之外，一般的 C 语言编译系统还提供了其他一些常用的字符串处理库函数，感兴趣的读者可以参考本书附录中的相应内容。

4.3.4　字符串处理应用举例

【例 4.10】 输入一个英文单词，判断该单词是否是回文。要求用字符数组实现。

算法设计：

① 分别从左右两端开始，比较对应的字符是否相等。

② 若对应的字符相等，则继续比较下一对字符；否则，退出循环。

③ 若所有对应的字符均相等，则是回文；否则不是回文。

源程序：

```c
#include <stdio.h>
#include <string.h>
int main()
{
  char a[100];
  int i,j;
  gets(a);
  i=0;                    /*最左一个元素的下标*/
  j=strlen(a)-1;          /*最右一个元素的下标*/
  while(i<j)              /*当左右两侧下标未会合时循环*/
  { if(a[i]==a[j])
        {i++;j--;}        /*若对应的字符相等，则继续比较下一对字符*/
    else
        break;            /*否则停止比较*/
  }
  if(i>=j)                /*判断左右两侧下标是否会合*/
    printf("是回文.\n");
  else
    printf("不是回文.\n");
  return 0;
}
```

【例 4.11】从键盘上输入一位数字，将其转换为相应的汉字大写数字输出。

大写数字是中国特有的数字书写方式，利用与数字同音的汉字取代数字，以防止数目被涂改。大写数字的使用始于明朝，并一直沿用至今。朱元璋因为当时的一件重大贪污案而发布法令，明确要求记账的数字必须由"一、二、三、四、五、六、七、八、九、十、百、千"改为"壹、贰、叁、肆、伍、陆、柒、捌、玖、拾、佰、仟"等复杂的汉字，用以增加涂改账册的难度。

问题分析：

① 为便于字符转换，可先将 10 个汉字存入到一个字符数组中。

② 若将 10 个汉字作为一个字符串，存入到一个一维字符数组中，即 char dx[21]="零壹贰叁肆伍陆柒捌玖";，则从其中提取某个汉字将不甚方便。

③ 若将 10 个汉字作为 10 个字符串，存入到一个二维字符数组中，操作起来就简单多了。

算法设计：

① 首先，将 10 个汉字存入到一个 10 行 3 列的二维字符数组中，每行存储一个汉字，此

时，其行号恰好就是对应的数字。

② 在转换时，直接以输入的数字作为行号，而对应行的字符串就是要转换的大写形式。

源程序：

```
#include<stdio.h>
int main()
{
 int n;
 char dx[10][3]={"零","壹","贰","叁","肆","伍","陆","柒","捌","玖"};
            /*每个汉字看作两个字符，故不能作为字符常量*/
 printf("请输入一位数字：\n");
 scanf("% d",&n);
 puts(dx[n]);
 return 0;
}
```

想一想，若要完成一个多位数的转换，应该如何编程序实现呢？

【例 4.12】 从键盘上输入一行数字字符，试统计出其中每个数字出现的次数。

算法设计：

① 首先将该数字字符串存入到一个一维字符数组中。

② 然后逐个字符判断是哪一个数字，并对相应的数字计数。

源程序：

```
#include <stdio.h>
int main()
{
    char s[80];
    int i,c[10]={0};      /*数组 c 的元素用于为 10 个数字计数*/
    printf("请输入一行数字：\n");
    gets(s);
    for(i=0;s[i]!='\0';i++)
        switch(s[i])
        { case  '0':c[0]++;break;
           case  '1':c[1]++;break;
           case  '2':c[2]++;break;
           case  '3':c[3]++;break;
           case  '4':c[4]++;break;
           case  '5':c[5]++;break;
           case  '6':c[6]++;break;
           case  '7':c[7]++;break;
```

```
        case  '8':c[8]++;break;
        case  '9':c[9]++;
      }
   for(i=0;i<10;i++)
     printf("%d的出现次数=%d\n",i,c[i]);
   return 0;
}
```

通过观察上面程序中的 switch 语句，可以发现用于对数字字符进行计数的数组元素的下标，恰巧就是该数字字符所对应的整数。故可以用该字符的 ASCII 码减去字符'0'的 ASCII 码来实现这种映射。

改写之后的 for 循环如下：

```
for(i=0;s[i]!='\0';i++)
  switch(s[i])
  { case  '0': c['0'-'0']++;break;
    case  '1': c['1'-'0']++;break;
    case  '2': c['2'-'0']++;break;
    case  '3': c['3'-'0']++;break;
    case  '4': c['4'-'0']++;break;
    case  '5': c['5'-'0']++;break;
    case  '6': c['6'-'0']++;break;
    case  '7': c['7'-'0']++;break;
    case  '8': c['8'-'0']++;break;
    case  '9': c['9'-'0']++;
  }
```

又可进一步改写为：

```
for(i=0;s[i]!='\0';i++)
  switch(s[i])
  { case  '0': c[s[i]-'0']++;break;
    case  '1': c[s[i]-'0']++;break;
    case  '2': c[s[i]-'0']++;break;
    case  '3': c[s[i]-'0']++;break;
    case  '4': c[s[i]-'0']++;break;
    case  '5': c[s[i]-'0']++;break;
    case  '6': c[s[i]-'0']++;break;
    case  '7': c[s[i]-'0']++;break;
    case  '8': c[s[i]-'0']++;break;
```

```
        case '9': c[s[i]-'0']++;
    }
```

此时已很明确，这里的 switch 分支选择其实是不必要的。从而得到如下的循环：

```
for(i=0;s[i]!='\0';i++)
    c[s[i]-'0']++;
```

最终得到改进版源程序如下：

```
#include <stdio.h>
int main()
{
    char s[80];
    int i,c[10]={0};        /*数组 c 的元素用于为 10 个数字计数*/
    printf("请输入一行数字：\n");
    gets(s);
    for(i=0;s[i]!='\0';i++)
        c[s[i]-'0']++;
    for(i=0;i<10;i++)
        printf("%d 的出现次数=%d\n",i,c[i]);
    return 0;
}
```

4.4　结构体类型与结构体变量

C/C++语言中对于相同数据类型的一组数据可以采用数组来描述，而对于数据类型不一致的一组数据，又该如何处理呢？

例如，一名学生的各项信息中，包含的数据类型有多种，用之前的数据类型已经无法准确表达。为了对关系密切但类型不同的数据进行有效的管理，C/C++语言提供了结构体类型。

4.4.1　定义结构体类型与结构体变量

结构体是 C 语言提供的一种构造数据类型，是一组相关的不同类型的数据的集合。组成结构体的各数据项称为结构体的成员。在程序中使用结构体时，首先应该定义一个结构体类型标识符，然后再用该标识符定义相应的变量。

1. 结构体类型的定义

结构体类型定义的一般形式为：

```
struct　结构体类型名
{ 类型标识符　成员名;
```

```
    类型标识符    成员名;
    …
    类型标识符    成员名;
};
```

其中，struct 是关键字，表示后面定义了一个结构体类型，结构体名由用户自己指定。成员数据类型可以是基本类型或构造类型。结构体名和成员名都应符合标识符的规则。

例如：

```
struct student
{
  char num[10];
  char name[20];
  char sex[3];
  int age;
  float score;
  char addr[30];
};
```

需要注意的是，结构体类型的定义只是确定了一个结构体的组织形式，或者说只是定义了一种名为"struct 结构体类型名"的数据类型。如果要存储一名学生的各项信息，还必须定义这种类型的变量。

2. 结构体变量的定义

一个结构体类型被定义以后，就可以像使用 C 语言固有的数据类型那样定义这种类型的变量了。结构体变量定义的一般形式为：

```
struct    结构体类型名    变量名表；
```

例如：

```
struct student stu1,stu2;
```

变量 stu1、stu2 的存储结构如图 4.2 所示。

也可以在定义结构体类型的同时定义结构体变量。

一般形式为：

```
struct    结构体类型名
{
    成员表列；
} 变量名表；
```

例如：

```
struct student
{
```

num	10B
name	20B
sex	3B
age	4B
score	4B
addr	30B

图 4.2　结构体变量的存储结构

```
    char num[10];
    char name[20];
    char sex[3];
    int age;
    float score;
    char addr[30];
} stu1,stu2;
```

在这种方式中，结构体类型名可以省略。

例如：

```
struct
{
    char num[10];
    char name[20];
    char sex[3];
    int age;
    float score;
    char addr[30];
} stu1,stu2;
```

几点说明：

① 结构体类型的定义与变量定义是不同的概念。只有在定义了结构体变量之后，C 语言编译系统才会给结构体分配存储空间。结构体变量的存储空间是按照其对应的结构体类型成员的定义顺序进行分配的，是各成员所占空间之和。

② 结构体成员也可以是结构体类型，即结构体可以嵌套定义。

按照图 4.3 的说明，可以给出以下结构体定义：

num	name	birthday		
		year	month	day

图 4.3　结构体的嵌套

```
struct date
{
    int year;
    int month;
    int day;
};
struct student
{
```

```
    char num[10];
    char name[20];
    struct date birthday;
}stu1,stu2;
```

也可以定义为如下形式：

```
struct student
{
    char num[10];
    char name[20];
    struct date
    {
        int year;
        int month;
        int day;
    } birthday;
} stu1,stu2;
```

首先定义一个结构体类型 date，由 year(年)、month(月)、day(日)3 个成员组成。在定义变量 stu1 和 stu2 时，其中的成员 birthday 被声明为 date 结构体类型。

③ 结构体成员名与程序中其他变量名可以相同，互不干扰。

3. 用 typedef 定义类型别名

C/C++语言允许用户用 typedef 语句定义新的类型名来代替原有的类型名，即为已有的数据类型定义一个别名。

其一般形式为：

```
typedef  类型名  类型别名;
```

其中，类型名是系统提供的标准类型（int、char、float、double 等）或用户已经定义的其他类型，类型别名一般用大写字母表示，以便于区分。

例如：

```
typedef  unsigned int  UINT;
```

把 UINT 定义为 unsigned int 类型，之后 UINT 与 unsigned int 等效，即 UINT 是 unsigned int 的别名，可用 UINT 作为无符号整型变量的类型说明符，而原来的 unsigned int 仍可以使用。

例如：

```
UINT a,b;
```

等效于

```
unsigned int a,b;
```

用 typedef 定义结构体类型名可以使程序书写简洁，变量含义更为清晰，增强了程序的可读性。

例如：

```
typedef struct student
{
    char num[10];
    char name[20];
    char sex[3];
} STU;
```

定义结构体类型别名为 STU，然后可用 STU 来定义结构体变量。

```
STU  stu1,stu2;
```

4.4.2 结构体变量的引用和初始化

1. 结构体变量的引用

定义结构体变量以后，就可以使用该变量了。在程序中使用结构体变量时，一般不能将结构体变量作为一个整体进行输入、输出或赋值，而只能对结构体变量的成员进行输入、输出或赋值。

结构体变量成员的一般引用形式是：

结构体变量名 . 成员名

例如：

```
stu1.num
```

其中的 "." 称为成员运算符。这种访问形式表示其后的成员名是前面的结构体变量中的一个成员。

在引用结构体变量时需要注意以下几点。

① 不能将一个结构体变量作为一个整体进行输入、输出，只能对结构体变量中的各个成员进行输入、输出。

例如：

```
printf ("% s,% s,% s,% d,% f,% s \ n",stu1.num,stu1.name,stu1.sex,
stu1.age,stu1.score,stu1.addr);
```

② 结构体嵌套时逐级引用，只能引用最低一级的成员。例如上一节中的关于生日时间的引用：

```
stu1.birthday.month =12;
```

③ 对结构体成员的操作与同类型变量（或数组）的操作相同，因为结构体的成员本质上

也是变量（或数组）。

例如：

```
gets(stu1.name);
stu1.score=stu2.score;
```

【例 4.13】 用结构体变量存储学生的基本信息，并输出。

```
#include<stdio.h>
struct  student                  /*定义结构体类型*/
{
  char num[10];
  char name[20];
  char sex[3];
  float score;
};
int main()
{
  struct  student  stu1;
  gets(stu1.num);                /*输入数据*/
  gets(stu1.name);
  gets(stu1.sex);
  scanf("%f",&stu1.score);
  printf("%s,%s,%s,%f\n",stu1.num,stu1.name,stu1.sex,stu1.score);
  return 0;
}
```

2. 结构体变量的初始化

与其他类型变量一样，结构体变量可以在定义时进行初始化。

结构体变量初始化的一般形式为：

```
struct  结构体类型名  结构体变量={初始数据};
```

例如：

```
struct student
{
    char num[10];
    char name[20];
    char sex[3];
    int age;
    float score;
```

```
      char addr[30];
};
struct   student   stu={"1001","王大鹏","男",18,85,"山东"};
```

初始数据中的数据项一般是常量，数据项之间用逗号分隔。C 语言编译系统将它们依次赋给结构体变量的对应成员项。

【**例 4.14**】结构体变量之间的赋值。

```
#include <stdio.h>
struct   student                        /*定义结构体类型*/
{
  char num[10];
  char name[20];
  char sex[3];
  float score;
};
int main()
{
 struct   student   stu1={"1015","王鹏","男",92},stu2;
 stu2=stu1;
 printf("学号       姓名       性别     成绩\n");    /*输出结果*/
 printf("% -10s% -15s% -15s% .2f \n",stu1.num,stu1.name,stu1.sex,
stu1.score);
 printf("% -10s% -15s% -15s% .2f \n",stu2.num,stu2.name,stu2.sex,
stu2.score);
 return 0;
}
```

可见，类型相同的结构体变量之间可以整体赋值。

4.5　结构体数组

一个学生的数据（学号、姓名、性别、年龄、成绩、地址等）可以用一个结构体变量来存储，而多个学生的数据则可以用一个结构体数组进行存储。

4.5.1　结构体数组的定义

结构体数组的每一个元素都具有相同的结构体类型。在实际应用中，经常定义结构体数组来表示具有相同数据结构的一个群体。结构体数组的定义方式和结构体变量的定义方式相似。例如定义一个含有 2 名学生信息的数组，语句如下：

```
struct   student
{
  char num[10];
  char name[20];
  char sex[3];
  int age;
 };
struct   student   stu[2];
```

每个数组元素都具有相同的结构形式，每个元素在内存中是连续有序存放的，如图 4.4 所示。

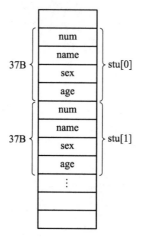

图 4.4　结构体数组

4.5.2　结构体数组的初始化

对结构体数组做初始化的一般形式，是在定义的数组后面添加 "={初值表列}"；数组中各元素的初值用 "{}" 括起来，同一元素中各成员的初值用逗号分隔。

例如：

```
struct   student
{
  char num[10];
  char name[20];
  char sex[3];
  int age;
};
struct   student   stu[2]={{ "1001", "王大鹏","男",18},{"1002", "李小林",
"女",19}};
```

当对全部元素作初始化赋值时，也可不指定元素个数，系统会根据初值个数确定数组长度。

【例 4.15】输入一组学生的考试信息，包括学号、姓名及三科成绩，然后按总成绩降序排序并输出。

问题分析：

① 每条学生记录包括多个数据，并且数据类型不同，应定义为结构体类型。这一组学生的信息可以存储在一个结构体数组中。

② 多个学生的各项信息在循环中输入，使程序结构简洁紧凑。

③ 可采用选择法排序实现降序排序。

```c
#include<stdio.h>
#define N 10
struct   student                        /* 定义外部结构体类型 */
{
  char num[10];
  char name[20];
  int score[3];                         /* 记录三科成绩 */
  int sum;                              /* 记录总成绩 */
  };
int main()
{
 struct   student   stu[N],temp;        /* temp 为排序时用到的中间变量 */
 int i,j;
 for(i=0;i<N;i++)                        /* 依次获取 10 名学生的信息 */
 {
  printf("请输入第%d名学生信息:\n",i+1);
  printf("学号:"); scanf("%s",stu[i].num);      /* 输入学号 */
  printf("姓名:"); scanf("%s",stu[i].name);     /* 输入姓名 */
  stu[i].sum=0;                               /* 总成绩初始化为 0 */
  printf("成绩:");
  for(j=0;j<3;j++)                            /* 输入三科成绩,求总分 */
   {
    scanf("%d",&stu[i].score[j]);
    stu[i].sum+=stu[i].score[j];
   }
 }
 for(i=0;i<N-1;i++)                           /* 按总分排序 */
    for(j=i+1;j<N;j++)
```

```
        if(stu[i].sum<stu[j].sum)
           {temp=stu[i];stu[i]=stu[j];stu[j]=temp;}   /*交换结构体数组元
素的值*/
    printf("名次   学号   姓名      成绩1   成绩2   成绩3      总分\n");
    for(i=0;i<N;i++)                                   /*输出结果*/
    {
       printf("%-5d%-10s%-20s",i+1,stu[i].num,stu[i].name);
       for(j=0;j<3;j++)
          printf("%-8d",stu[i].score[j]);
       printf("%-8d\n",stu[i].sum);
    }
    return 0;
}
```

习题4

习题4答案

一、判断题

1. 一个数组中可以存储不同类型的数据。(   )

2. 若有定义 float a[6]={1,2,3};，则数组中含有3个元素。(   )

3. 若有定义 int a[3][4];则 a['b'-'a'][2] 是对 a 数组元素的正确引用。(   )

4. 数组初始化时，初始值个数小于数组元素的个数，C 语言自动将剩余的元素初始化为初始化列表中的最后一个初始值。(   )

5. 语句 int a[5];可以通过语句 scanf("%d",a);输入全部元素的值。(   )

6. 定义 char s[]="well";char t[]={'w','e','l','l'};中，s 与 t 相同。(   )

7. 当两个字符串所包含的字符个数相同时，才能比较两个字符串的大小。(   )

8. 调用函数：strcat(strcpy(str1,str2),str3);可将串 str1 复制到串 str2 后再连接到串 str3 之后。(   )

9. 程序段 int main(){char a[30],b[]="China";a=b;printf("%s",a);}将编译出错。(   )

10. 在 C 语言中，定义结构体变量时可以省略关键字 struct。(   )

11. 结构体变量的存储空间是该结构体中所有成员所需存储空间的总和。(   )

12. typedef 只是将已存在的类型用一个新的名字来代表。(   )

13. 结构体类型的数据是由不同类型的数据组合而成的。(   )

14. 一旦定义了某个结构体类型后，系统将为此类型的各个成员项分配内存单元。(   )

15. 在程序中定义了一个结构体类型后，可以多次用它来定义该类型的变量。(   )

16. 在内存中存储结构体类型的变量要占一段连续的存储单元。(   )

17. 结构体类型数据在内存中所占字节数不固定。（　　　）

18. 对结构体变量不能进行整体输入输出。（　　　）

19. 结构体类型只有一种。（　　　）

20. 设有如下结构说明，struct node ｛ int a，b；char c；｝t［20］；，则 t 数组的每个元素均为结构体类型。（　　　）

二、单选题

1. 在 C 语言中，引用数组元素时，其数组下标的数据类型允许是_____。
    A. 整型常量
    B. 整型表达式
    C. 整型常量或整型表达式
    D. 任何类型的表达式

2. 数组定义为 int a［3］［2］=｛1,3,4,6,8,10｝，数组元素_____ 的值为 6。
    A. a［3］［2］
    B. a［1］［1］
    C. a［2］［1］
    D. a［2］［2］

3. 定义 int a［10］［11］，则数组 a 有_____ 个元素。
    A. 11
    B. 90
    C. 110
    D. 132

4. 以下程序的输出结果_____。

```
int main() { int a[5]={1,2,3}; printf("% d",a[3]); }
```

    A. 0
    B. 1
    C. 3
    D. 随机值

5. 若有定义和语句 double z,y［3］=｛2,3,4｝;z=y［y［0］］;，则 z 的值是_____。
    A. 2
    B. 1
    C. 3
    D. 有语法错误

6. 以下不能对二维数组 a 进行正确初始化的语句是_____。
    A. int a［2］［3］=｛0｝;
    B. int a［］［3］=｛｛1,2｝,｛0｝｝;
    C. int a［2］［3］=｛｛1,2｝,｛3,4｝,｛5,6｝｝;
    D. int a［］［3］=｛1,2,3,4,5,6｝;

7. 二维数组 a 有 m 行 n 列，则在 a［i］［j］之前的元素个数为_____。
    A. j＊n+i
    B. i＊n+j
    C. i＊n+j-1
    D. i＊n+j+1

8. 若有定义语句：int a［3］［5］;，按在内存中的存放顺序，a 数组的第 8 个元素是_____。
    A. a［0］［4］
    B. a［1］［2］
    C. a［0］［3］
    D. a［1］［4］

9. 以下程序运行后的输出结果是_____。

```
int main()
{
    int a[4][4]={{1,2,3,4},{5,6,7,8},{3,9,10,2},{4,2,9,6}};
    int i,s=0;
    for(i=0;i<4;i++) s+=a[i][1];printf("% d\n",s);
}
```

    A. 11
    B. 19
    C. 13
    D. 20

10. 若有以下程序：

```
int main()
{
    int a[3][2]={0},i;
    for(i=0;i<3;i++) scanf("%d",a[i]);
    printf("%3d%3d%3d",a[0][0],a[0][1],a[1][0]);
}
```

在运行时输入：2 4 6〈回车〉，则输出的结果为_____。

　　A. 2 0 0　　　　　　B. 2 4 0　　　　　　C. 2 0 4　　　　　　D. 2 4 6

11. 若有以下的说明和语句，则它与_____中的说明是等价的。

```
char s[3][5]={"aaaa","bbbb","cccc"};
```

　　A. char s[ ][ ]={"aaaa","bbbb","cccc"};

　　B. char s[3][5]={"aaaa","bbbb","cccc"};

　　C. char s3[ ][5]={"aaaa","bbbb","cccc"};

　　D. char s4[ ][4]={"aaaa", "bbbb", "cccc"};

12. 下面程序的运行结果是_____。

```
char c[6]={'a','b','\0','c','d','\0'};
printf("%s",c);
```

　　A. 'a' 'b'　　　　　　B. ab　　　　　　C. ab c　　　　　　D. ab cd

13. 有两个字符数组 a、b，则以下正确的输入语句是_____。

　　A. gets(a,b);　　　　　　　　　　　　B. scanf("%s%s",a,b);

　　C. scanf("%s%s",&a,&b);　　　　　　D. gets("a),gets("b");

14. 下面程序段的运行结果是_____。

```
char a[7]="abcdef";
char b[4]="ABC";
strcpy(a,b);
printf("%c",a[5]);
```

　　A. 空格　　　　　　B. \0　　　　　　C. e　　　　　　D. f

15. 以下程序运行后的输出结果是_____。

```
#include <string.h>
int main()
{
    int i,j;
    char a[]={'a','b','c','d','e','f','g','h','\0'};
    i=sizeof(a); j=strlen(a); printf("%d,%d\n",i,j);
}
```

　　A. 9, 9　　　　　　B. 8, 9　　　　　　C. 1, 8　　　　　　D. 9, 8

16. 为了判断两个字符串 s1 和 s2 是否相等，应当使用＿＿＿＿＿＿＿语句。

  A. if(s1 = = s2)   B. if(strcpy(s1,s2))

  C. if(s1 = s2)   D. if(strcmp(s1,s2) = = 0)

17. 若有如下定义：

```
struct date
{  int y ;
   int m ;
   int d ;
};
struct person
{  char name[20];
   char sex;
   struct date birthday;
}a;
```

对结构体变量 a 的出生年份进行赋值时，下面正确的赋值语句是＿＿＿＿＿＿＿。

  A. y = 1958；   B. birthday. y = 1958；

  C. a. birthday. y = 1958；   D. a. y = 1958；

18. 设有以下说明语句：

```
struct  stu
{  int a;
    float b;
}stutype;
```

则以下叙述不正确的是＿＿＿＿＿＿＿。

  A. struct 是结构体类型的关键字

  B. struct stu 是用户定义的结构体类型名

  C. stutype 是用户定义的结构体类型名

  D. a 和 b 都是结构体成员名

19. 下面程序的运行结果是＿＿＿＿＿＿＿。

```
#include <stdio.h>
int main()
{
    struct cmplx { int x;
                   int y;
                 }cnum[2]={1,3,2,7};
    printf("% d\n",cnum[0].y/cnum[0].x * cnum[1].x);
}
```

  A. 0   B. 1   C. 3   D. 6

20. 下面程序的输出结果是_____。

```
#include <stdio.h>
struct abc
{
    int a,b,c;
}
int main()
{
    struct abc   s[2]={{1,2,3},{4,5,6}};
    int t;
    t=s[0].a + s[1].b;
    printf("% d\n",t);
}
```

  A. 5   B. 6   C. 7   D. 8

三、填空题

1. 若有定义 double x[3][5];，则 x 数组中行下标的下限为_____，列下标的上限为_____。

2. 在数组 int score[10]={1,2,3,4,5,6}中，元素定义的个数有_____个，其中 score[8] 的值为_____。

3. 假设 int 类型的变量占用 4 个字节，有定义：int x[10]={0,2,4};，则数组 x 在内存中所占的字节数是_____。

4. 数组名表示_____。二维数组是以_____的顺序存储的。

5. 程序段 char c[]="How are you! ";printf("%s",c+4);的运行结果是_____。

6. 函数 strcmp("ABCDE","ABCDE")的返回值是_____。

7. 字符数组 a、b、c 存放了 3 个字符串，把 a、b 中的字符串连接后放入数组 a 中的语句为_____，把 a、b、c 中的字符串连接成一个字符串放入数组 a 中的语句为_____。

8. 设有 struct DATE{int year;int month; int day;};请写出一条定义语句，该语句定义 d 为上述结构体类型变量，并同时为其成员 year. month. day 依次赋初值 2012. 8. 8：_____。

四、程序改错题（找出下面程序中的错误，并修正）

1. 程序功能：找出数组 a 中 10 个数的最小值及其下标并输出。

```
#include<stdio.h>
int main()
{
    int a[10]={5,6,4,7,8,9,1,2,0,10};
    int i=0,p=0;
```

```
    for(i=1,i<10,i++)
        if a[i]<a[p]
            i=p;
        printf("min:a[%d]=%d\n",p,a[p]);
}
```

2. 程序功能：输入 10 个不重复的整数并存入数组 arr 中，删除数组中值为 x 的元素。

```
#include <stdio.h>
#define N 10
int main()
{
    int arr[N],i,j=0,x;
    for (i=0;i<N;i++) scanf("%d",arr[i]);
    printf("\n 输入要删除的数 x : ");
    scanf("%d",&x);
    while (x!=arr[j])
    {
        if(j<N-1)      j=j+1;
        else          continue;
    }
    if (j==N-1)
        printf("在数组 arr 中没有找到 x:%d",x);
    else
    {
        for (i=j;i<N-1;i++)
            arr[i+1]=arr[i];
        printf("删除 x 之后的数组元素如下:\n");
        for (i=0;i<N-1;i++) printf("%5d",arr[i]);
    }
}
```

3. 程序功能：将 M 行 N 列的二维数组中的数据，按列的顺序依次放到一维数组中并以每行 M 个数的形式输出。

```
#include<stdio.h>
#define M 3
#define N 4
int main()
{
```

```
int a[M][N]={{10,11,12,13},{20,21,22,23},{30,31,32,33}},b[100]={0};
int i,j,n;
for(i=0;i<N;i++)
{
    for(j=0;j<M;j++)
    {
        b[n]=a[i][j];
        n++;
    }
}
for(i=0;i<n;i++)
{
    printf("%3d",b[i]);
    if(i%M==0)
    printf("\n");
}
}
```

4. 下面的代码有误，请将其修改为正确代码。

```
char str[20];
scanf("%s",&str);
```

5. 下面的代码有误，请将其修改为正确代码。

```
char str[20];
str="abcdef";
puts(str);
```

6. 程序功能：输入一个字符串并存入数组 str 中，依次取出字符串中所有的字母，形成新的字符串，并用新的字符串取代原字符串。下面的代码有误，请将其修改为正确代码。

```
#include <stdio.h>
int main()
{
    char str[80];
    int i,j;
    printf("Input a string: ");
    gets(str[80]);
    printf("\nThe string is:%s\n",str);
    for(i=0,j=0; str[i]!='\0'; i++)
        if((str[i]>='A'&&str[i]<='Z')&&(str[i]>='a'&&str[i]<='z'))
```

```
        str[j++]=str[i];
    str[j]= "\0";
    printf("\nThe string changed:% s \n",str);
    }
```

7. 程序功能：输入 10 个字符串，根据每个字符串的长度由小到大排序并输出。下面的代码有误，请将其修改为正确代码。

```
#include <stdio.h>
#include "string.h"
int main()
{
    char ss[10][100],tt[100];
    int i,j;
    printf("Input 10 strings(<100):\n");
    for(i=0;i<10;i++)
        gets(ss[i]);
    for(i=0;i<9;i++)
    {
        for(j=0;j<9-i;j++)
        {
            if(ss[j]>ss[j+1])
            {tt=ss[j];ss[j]=ss[j+1];ss[j+1]=tt;}
        }
    }
    for(i=0;i<10;i++)
        puts(ss[i]);
}
```

8. 下面给定的程序中，函数 fun() 的功能是：将形参 std 所指结构体数组中年龄最大者的数据作为函数值返回，并在 main() 函数中输出。请修改下面的代码，使它能得出正确的结果。

```
#include    <stdio.h>
typedef   struct
{   char   name[10];
    int    age;
}STD;
STD fun(STD  std[], int  n)
{   STD  max;
    int  i;
```

```
    max = std[0];
    for(i =1; i<n; i++)
      if( max <std[i] ) max =std[i];
    return max;
}
int main()
{ STD std[5]={"aaa",17,"bbb",16,"ccc",18,"ddd",17,"eee",15 };
  STD max;
  max =fun(std,5);
  printf("\nThe result: \n");
  printf("\nName :% s,  Age : % d \n", max );
}
```

五、写出下列程序的运行结果

1. 下面程序的运行结果是＿＿＿＿＿＿＿＿＿＿＿＿＿＿。

```
#include<stdio.h>
int main()
{
    int a[10]={2,4,0,-5,10,6,-8,9,6,7};
    int i,s =0,count =0;
    for(i =0;i<10;i++)
        if(a[i]>0)
        { s+=a[i];count ++;}
        else
            continue;
    printf ("s =% d,count =% d \n",s,count);
}
```

2. 下面程序的运行结果是＿＿＿＿＿＿＿＿＿＿＿＿＿＿。

```
#include<stdio.h>
int main()
{
    int i,s =0,a[3][3]={1,2,3,4,5,6,7,8,9};
    for (i =0; i<3 ; i++)
    s =s+a[i][i]+a[i][2-i]; printf("% d \n ",s-a[1][1]);
}
```

3. 下面程序的运行结果是＿＿＿＿＿＿＿＿＿＿＿＿＿＿。

```c
#include<stdio.h>
#define N 3
int main()
{
    int a[N][N]={{10,11,12},{20,21,22},{30,31,32}},b[N][N]={0};
    int i,j;
    for(i=0;i<N;i++)
    {
        b[i][N-1]=a[0][i];b[i][0]=a[N-1][i];
    }
    for(i=0;i<N;i++)
    {
        for(j=0;j<N;j++)
            printf("%3d",b[i][j]);
        printf("\n");
    }
}
```

4. 下面程序的运行结果是_____。

```c
#include <stdio.h>
#define    M    3
#define    N    4
int main()
{
    char   a[100]="";
    char   w[M][N]={{'S','D','U','T'},{'S','H','A','N'},{'D','O','N','G'}};
    int    i,j,k;
    k=0;
    for(j=0;j<N; j++)
        for(i=0; i<M; i++)
            a[k++]=w[i][j];
    a[k]='\0';
    puts(a);
}
```

5. 下面程序的运行结果是_____。

```c
#include <stdio.h>
#include <string.h>
```

```
int main()
{
    char  w[3][10]={"AAA","BB","C"}, a[50]="";
    int i ;
    for(i=0;i<3;i++)
        strcat(a,w[i]);
    puts(a);
}
```

6. 下面程序的运行结果是_____。

```
#include <stdio.h>
#include <string.h>
int main()
{   char t,s[10]="abcde";
    int i,j;
      for(i=0,j=strlen(s)-1;i<j;i++,j--)
      {
        t=s[i];
        s[i]=s[j];
        s[j]=t;
      }
      puts(s);
}
```

7. 下面程序的运行结果是_____。

```
#include <stdio.h>
#include <string.h>
int main()
{
    char s[30]="ABCD",t[100];
    int i,d;
    d=strlen(s);
    for(i=0;i<d;i++)
        t[i]=s[i];
    for(i=0;i<d;i++)
        t[d+i]=s[d-1-i];
    t[2*d]='\0';
    puts(t);
}
```

8. 下面程序的运行结果是_____。

```
#include <stdio.h>
struct   st
{   int   n;
    int   a[20];
};
void f(int    *a, int n)
{   int i;
    for(i=0;i<n;i++)
        a[i]+=i;
}
int main()
{   int i;   struct st   x={10,{2,3,1,6,8,7,5,4,10,9}};
    f(x.a, x.n);
    for(i=0;i<x.n;i++)
        printf("%d,",x.a[i]);
}
```

9. 下面程序的运行结果是_____。

```
#include <stdio.h>
#include <string.h>
typedef struct{ char name[9];char sex; float score[2]; } stu;
stu f(stu a)
{   stu b={"zhao",'m',85.0,90.0}; int i;
    strcpy(a.name,b.name);
    a.sex=b.sex;
    for(i=0;i<2;i++)
        a.score[i]=b.score[i];
    return a;
}
int main()
{   stu c={"qian",'f',95.0,92.0},d;
    d=f(c); printf("%s,%c,%2.0f,%2.0f\n",d.name,d.sex,d.score[0],
d.score[1]);
}
```

六、补足下列程序

1. 程序功能：用"两路合并法"把两个已按升序排列的数组 a、b 合并成一个升序数组 c。

```
#include <stdio.h>
int main()
{
    int a[6]={1,2,5,8,9,10};
    int b[6]={1,3,4,8,12,18};
    int i,j,k,c[20];
    i=j=k=0;
    while (i<6 || j<6)
        if(a[i]<=b[j]){c[k]= 【1】 ; k++; 【2】 ;}
        else   {c[k]= 【3】 ; k++; 【4】 ; }
    for (i=0;i<k;i++) printf("% 4d",c[i]);
}
```

2. 程序功能：将一个十进制整数转换成二进制数，将所得二进制数的每一位放到一个数组元素中，输出此二进制数。注意：二进制数的最低位放在数组的 0 号元素中。

```
#include <stdio.h>
int main ()
{
    int b[16],x,k,r,i;
    printf ("输入一个整数 x:");
    scanf("% d", 【1】 );
    printf("% 6d 对应的二进制数是:",x);
    k=-1;
    do
    {
      r=x% 【2】 ;
      b[ 【3】 ]=r;
      x/= 【4】 ;
    }while (x!=0);
    for(i=k; i>=0; i--)
        printf("% d", b[i]);
}
```

3. 程序功能：求通过键盘输入的数中的最大值和最小值，当输入负数时循环结束。

```
#include<stdio.h>
int main()
{
    int i,j,n,max,min,a[100];
```

```
for(i=1; i<=100; i++)
{
    scanf("% d,",&a[i]);
    if(a[i]<0)    【1】   ;
}
n=i-1;
min=max=a[1];
for(j=2; j<=n; j++)
{
    if(  【2】  ) max=a[j];
    if(  【3】  ) min=a[j];
}
printf("max=% d\tmin=% d\n",max,min);
}
```

4. 程序功能：输出给定二维数组中行列号和为 3 的数组元素及其平均值。

```
#include<stdio.h>
int main()
{
    int a[4][3]={{1,2,3},{4,5,6},{7,8,9},{10,11,12}};
    int i,j,k,sum=0,count=0;
    for(i=0; 【1】 ;i++)
        for(j=0; 【2】 ;j++)
        {
            k=i+j;
            if( 【3】 )
            {
                printf("% d\n",a[i][j]);
                sum=sum+a[i][j];
                count++;
            }
        }
    printf("average=% f", 【4】 );
}
```

5. 程序功能：将 s 所指字符串中所有下标为奇数位置上的字母转换成大写（若该位置上不是字母，则不转换）。例如，若输入"abc4EFG"，则应输出"aBc4EFG"。请将下面的程序补充完整。

```
#include <stdio.h>
#include <string.h>
int main()
{
    char   s[80];
    int i;
    printf("请输入一个字符串:");
    gets(s);
    for(i=1;i<strlen(s);i+=2)
        if( 【1】 )
      【2】
    puts(s);
}
```

6. 程序功能：判断字符串是否为回文。若是，则在主函数中输出 YES；否则在主函数中输出 NO。回文是指顺读和倒读都一样的字符串。例如，字符串 LEVEL 是回文，而字符串 student 就不是回文。请将下面的程序补充完整。

```
#include <stdio.h>
#include <string.h>
int main()
{
    char s[80];
    int i,j;
    printf("\n请输入一个字符串:");
    gets(s);
    for(i=0,j=strlen(s)-1; i<j; 【1】 )
        if(s[i]!=s[j])
      【2】
    if(i<j)    printf("NO\n");
    else       printf("YES\n");
}
```

7. 程序功能：读入一个字符串，将该字符串中的所有字符按 ASCII 码升序排序后输出。请将下面的程序补充完整。

```
#include <stdio.h>
#include <string.h>
int main()
{
    char c,s[80];
```

```
    int i,j;
    printf("\n请输入一个字符串:");
    gets(s);
    for(i=0; i<strlen(s)-1; i++)
      for(j=0;        ; j++)
        if( 【1】 )
        {
          c=s[j];
          s[j]=s[j+1];
          s[j+1]=c;
        }
    printf("排序结果:% s \n",s);
}
```

8. 程序功能：从 s 所指字符串中，找出 t 所指子串的个数。例如，当 s 所指字符串中的内容为 "abcdabfab"，t 所指字符串的内容为 "ab"，则输出整数 3。请将下面的程序补充完整。

```
#include <stdio.h>
#include <string.h>
int main()
{
    char s[80]="abcdabfab";
    char t[20]="ab";
    int i,j,n=0;
    for(i=0;i<strlen(s);i++)
    {
        for(j=0; j<strlen(t); j++)
            if(s[i+j]!=t[j])

        if( 【1】 )
            n++;
    }
    printf("n=% d\n",n);
}
```

9. 程序功能：将通过键盘输入的每个单词的首字母转换为大写，输入时各单词必须用空格隔开。请将下面的程序补充完整。

```
#include <stdio.h>
#include <string.h>
```

```c
int main()
{
    char s[80];
    int i,j,n=0;
    gets(s);
    for(i=0; 【1】 ;i++)
    {
        if(i==0 ||  【2】 )
            if(s[i]>='a' && s[i]<='z')
                s[i]-=32;
    }
    puts(s);
}
```

10. 程序功能：输入 3 个学生的信息（学号、姓名、成绩），输出成绩最高的学生的信息。请将下面的程序补充完整。

```c
#include <stdio.h>
int main()
{
    struct student
    {   int num;
        char name[20];
         【1】
    };
    struct   student   stu1,stu2,stu3,max;
    /*输入*/
    printf("Please Input num,name,score:\n");
    scanf("% d% s% d",&stu1.num,stu1.name,&stu1.score);
    scanf("% d% s% d",&stu2.num,stu2.name,&stu2.score);
    scanf("% d% s% d",&stu3.num,stu3.name,&stu3.score);
     【2】
    if(  【3】  )
        max=stu2;
    if(max.score<stu3.score)
        max=stu3;
    printf("成绩最高的学生信息:");
    printf("% d % s % d\n",max.num,max.name,max.score);
}
```

11. 程序功能：统计候选人选票（3 个候选人，10 张选票，每张选票 1 个候选人）。请将下面的程序补充完整。

```
#include <stdio.h>
#include <string.h>
int main()
{   int i,j;
    char name[20];          //存放选票上的名字
    struct person
    {   char name[20];      //候选人姓名
        int    count;       //获得选票数
    }leader[3]={"LiLei",0,"YuMin",0,"QiYue",0};
    for(i=1;i<=10;i++)   //10 张选票
    {
        //输入选票上的名字
        scanf("% s", name);
        //选票上的名字与哪个候选人的名字相同(strcmp),则其选票加1
        for( 【1】  ; j<3 ; j++)
            if(strcmp( 【2】 ,  leader[j].name)==0)
                 【3】
    }
    for(i=0;i<3;i++)
        printf("% s   % d\n",leader[i].name,leader[i].count);
}
```

12. 给定程序中，函数 fun( )的功能是：将形参指针所指结构体数组中的 3 个元素按 num 成员进行升序排列。请将下面的程序补充完整。

```
#include    <stdio.h>
typedef   struct
{   int   num;
    char   name[10];
}PERSON;
void fun(PERSON   【1】  )
{
    【2】  temp;
    if(std[0].num>std[1].num)
    {   temp=std[0];  std[0]=std[1];  std[1]=temp;  }
    if(std[0].num>std[2].num)
    {   temp=std[0];  std[0]=std[2];  std[2]=temp; }
    if(std[1].num>std[2].num)
    {   temp=std[1];  std[1]=std[2];  std[2]=temp;  }
```

```
}
int main()
{   PERSON  std[]={ 5,"Zhanghu",2,"WangLi",6,"LinMin" };
    int  i;
    fun( 【3】 );
    printf("\nThe result is :\n");
    for(i=0;i<3;i++)
        printf("% d,% s \n",std[i].num,std[i].name);
}
```

七、编程题

1. 编程统计数组 a 中正数、0、负数的个数。

2. 通过键盘输入 11 个数并存入一维数组中，分别求下标为奇数的元素和下标为偶数的元素的平均值。

3. 有一个已经排好序的数组，现输入一个数，要求按原来排序的规律将它插入数组中。

4. 用插入法对 10 个整数排序。

5. 有 N 个整数按由小到大的顺序存放在一个数组 a 中，输入一个数 x，用二分法找出该数是数组中的第几个元素，若该数不在数组中，则输出"无此数"。

6. 打印出以下的杨辉三角形（要求打印出 10 行）。

```
                    1
                  1   1
                1   2   1
              1   3   3   1
            1   4   6   4   1
          1   5   10   10   5   1
        1   6   15   20   15   6   1
      1   7   21   35   35   21   7   1
    1   8   28   56   70   56   28   8   1
  1   9   36   84   126   126   84   36   9   1
```

7. 找出二维整型数组中的鞍点，即该位置上的元素在该行上最大，在该列上最小，也可能没有鞍点。

8. 统计一行字符串中单词的个数。规定：单词之间由若干个空格隔开，一行的开始没有空格。

9. 编写一个程序，功能是删除字符串中的所有空格。例如，输入" asd af aa z67"，则输出为" asdafaaz67"。

10. 编写程序：通过键盘输入一个字符串，分别统计字母'a','b','c',…,'y','z'出现的次数。

11. 编写程序：首先通过键盘输入正整数 m，然后移动字符串中的内容，移动的规则是把第 1 个到第 m 个字符平移到字符串的最后，把第 m+1 到最后的字符移到字符串的前部。例如，字符串中原有的内容为：ABCDEFGHIJK，m 的值为 3，则移动后字符串中的内容应该是：DEFGHIJKABC。

12. 通过键盘输入 10 名学生的姓名和 C 语言课程的成绩，要求按照成绩从高到低排序输出。

本章导学

一、教学目标

① 理解数组的概念和使用数组的优势。
② 掌握数组的定义和引用方法，掌握处理一维数组、二维数组的一般方法。
③ 学会用数组处理一些典型问题。
④ 掌握用字符数组存储和处理字符串。
⑤ 掌握常用的字符串处理函数。
⑥ 掌握结构体类型和结构体变量的定义。
⑦ 掌握结构体变量及其成员的引用等基本操作。
⑧ 理解结构体数组的应用。

二、学习方法

① 在初学数组时，数组定义和对数组的理解是难点问题。定义数组的最大优势就在于可以一次定义多个变量，引用数组时可以利用数组元素下标的特点和循环结合使用，从而简化程序。在 C89 中定义数组时，方括号里面一定是常量表达式或符号常量，不能包含变量，即 C89 标准不允许定义变长数组。对于同一个数组，其所有元素的数据类型都是相同的。"数组名"应为合法的标识符且不能与其他变量重名。

② 数组定义好之后，每一个数组元素的使用方法和普通变量的使用方法是一样的，但要注意正确的数组元素的引用方法：在 C 语言中通常逐个引用数组元素，一般不能一次引用整个数组。"下标"表达式中可以包含常量或变量，但是结果必须为整型，"下标"合理的取值范围为［0，该维长度-1］，如果超出该范围称为下标越界，C/C++语言不对其进行检查，需要编程者自己注意。在实际应用中，数组元素的引用往往和循环配合使用，即利用数组元素下标可以是包含变量的表达式这一特点与循环结合，从而大大简化程序。初学者要特别注意定义数组时中括号内的数组长度和引用数组元素时中括号内的下标的区别。

③ 对数组进行初始化赋值时，不管是一维数组还是多维数组，要特别注意当对部分数组元素赋值时，具体是对哪些数组元素赋的值，哪些数组元素的值为 0。一维数组元素的初始化，只有给全部元素赋值时才可以省略数组的长度。二维数组元素的初始化，如对全部元素赋初值，第一维的长度可以省略，但是第二维的长度不能省略。

④ 可以在程序执行过程中，对数组做动态输入和输出。使用循环语句配合 scanf( ) 函数逐个对数组元素赋值，采用循环语句配合 printf( ) 函数实现输出。循环变量的初始值通常为 0，

因为循环变量还作为数组的下标。

一维数组的输入、输出:

```
int a[10],i;
for(i=0;i<10;i++)
  scanf("%d",&a[i]);
for(i=0;i<10;i++)
  printf("%d ",a[i]);
```

二维数组的输入、输出:

```
int b[4][5],i,j;
for(i=0;i<4;i++)
{
  for(j=0;j<5;j++)
    scanf("%d",&b[i][j]);
}
for(i=0;i<4;i++)
{
  for(j=0;j<5;j++)
    printf("%6d",b[i][j]);
  printf("\n");
}
```

⑤ 在应用数组的过程中,要特别注意循环变量和数组元素下标的关系,弄清楚到底引用的是哪个数组元素。对于一些典型的例题要重点分析,通过反复上机实践来巩固掌握,如排序问题(冒泡法、选择法),数列、矩阵的处理等。

⑥ 一维数组与二维数组的关系,数组是一种构造类型的数据。二维数组可以看作是由一维数组的嵌套而构成的。若一维数组的每个元素都又是一个数组,就构成了二维数组。一个二维数组也可以分解为多个一维数组。如二维数组a[3][4],可分解为3个一维数组,其数组名分别为a[0],a[1],a[2]。对这3个一维数组不需另作声明即可使用。这3个一维数组都有4个元素,例如:一维数组a[0]的元素为a[0][0],a[0][1],a[0][2],a[0][3]。必须强调的是,此处的a[0],a[1],a[2]不能当作下标变量使用,它们是数组名,不是一个单纯的下标变量。

⑦ 字符串在内存中存放的形式:逐个存放其中各个字符的 ASCII 码值,末尾存放空字符'\0'作为结束标志,字符串在内存中所占空间是(字符个数+1)个字节。

⑧ 字符数组常用来存储字符串,其初始化可以采用本章介绍的数组初始化方式,单个字符常量作为元素的初始值。与其他类型数组不同的是可用字符串方式初始化。用字符串方式赋值比用字符逐个赋值要多占一个字节,用于存放字符串结束标志'\0',方便以后对其进行处理。由于采用了'\0'标志,所以在用字符串赋初值时一般无须指定数组的长度。

⑨ 字符型指针变量指向一个字符串是指把字符串存储区域的首地址赋给指针变量,并不

是把其存放在指针变量中，指针变量只能存放地址信息。

⑩ 当用 printf( ) 函数或 scanf( ) 函数一次性输出或输入一个字符数组中的字符串时：使用的格式字符串为 "%s"，第二个参数都是数组名。在执行函数 printf( ) 时，逐个输出数组中各个字符直到遇到字符串结束标志'\0'为止。当用 scanf( ) 函数输入字符串时，字符串中不能含有空格，否则将以空格作为串的结束符。

⑪ 字符串输入函数 gets( ) 参数为数组名或指向字符数组的指针变量，字符串输出函数 puts 参数为字符串常量、字符数组名和指向字符串的指针变量。一次只能输入/输出一个字符串。

⑫ 字符串处理函数：字符串的复制不能用 "＝" 运算实现，要用 strcpy( ) 函数来实现；字符串长度函数 strlen( ) 返回第一个'\0'之前的字符个数；字符串连接函数 strcat( ) 第一个参数数组的长度要足够大以容纳下连接后的字符串，连接时去掉第一个字符串的'\0'，在连接后的字符串末尾保留一个'\0'；字符串之间的比较不能用关系运算来实现，采用 strcmp( ) 函数来实现，根据其返回值来判断两个字符串的大小。

⑬ 结构体及其使用。首先，应明确结构体类型是构造类型，只有用结构体类型定义了变量或数组之后才能存放数据。其次，在引用结构体变量或数组时，除整体赋值外，都不能直接引用。一般都是引用它的成员。最后，如果某个成员是字符串，则对其进行赋值时，应使用 strcpy( ) 函数，而不能使用赋值运算符。

三、内容提要

1. 数组的概念

在程序设计中经常会对若干相同类型的数据进行操作，为了处理方便，把这些数据按有序的形式组织起来。在 C 语言中，这些按序排列的同类数据元素的集合称为数组。这些元素在内存中也是按序连续存储的。

2. 数组的定义

在 C 语言中使用数组必须先进行定义。
一维数组的定义形式：

类型说明符 数组名[常量表达式]；

二维数组的定义形式：

类型说明符 数组名[常量表达式 1][常量表达式 2]；

其中，类型说明符是任一种基本数据类型或构造数据类型。数组名是用户定义的数组标识符。

在一维数组的定义中常量表达式表示数据元素的个数，也称为数组的长度。

在二维数组的定义中常量表达式 1 表示第一维下标的长度，常量表达式 2 表示第二维下标的长度。在 C 语言中，二维数组是按行优先顺序连续存放的。

3. 数组元素的引用

数组元素是组成数组的基本单元。数组元素也是一种变量，其标识方法为数组名后跟下标，通常也称为下标变量。下标表示了元素在数组中的顺序号。

一维数组元素的引用形式：

数组名[下标];

二维数组元素的引用形式：

数组名[下标][下标];

其中的下标可以是整型常量或整型表达式。

4. 数组的初始化

数组初始化是指在定义数组时给数组元素赋初值。

一维数组初始化赋值形式：

类型说明符 数组名[常量表达式]={值,值,…,值};

在{}中的各数据值即为各元素的初值，各值之间用逗号间隔。

二维数组的初始化：

二维数组可按行分段赋值，也可按行连续赋值。

按行分段赋值可写为

```
int a[5][3]={ {80,75,92},{61,65,71},{59,63,70},{85,87,90},{76,77,85} };
```

按行连续赋值可写为

```
int a[5][3]={ 80,75,92,61,65,71,59,63,70,85,87,90,76,77,85 };
```

5. 数组的应用

数组经常会应用在对相同类型数据的批量处理中，如数列、矩阵的处理中。应掌握相关的算法及实现。

6. 字符数组的定义与初始化

用来存放字符的数组称为字符数组。字符数组定义的形式与本章介绍的数组定义相同。

字符数组的初始化：

以字符的形式初始化字符数组：

```
char c[]={'C',' ','p','r','o','g','r','a','m'};
```

以字符串的形式初始化字符数组：

```
char c[]={"C program"};
```

或去掉{}写为：

```
char c[]="C program";
```

7. 字符数组的输入与输出

除可以用循环来逐个字符输入输出之外，还可用 printf( ) 函数和 scanf( ) 函数一次性输出输入一个字符数组中的字符串。

```
int main()
{
    char c[10];
    scanf("% s",c);
    printf("% s \n",c);
}
```

在 printf、scanf( )函数中，使用的格式字符串为"%s"，第二个参数都是数组名。注意：在执行函数 printf("%s",c)时，逐个输出数组中各个字符直到遇到字符串结束标志'\0'为止。当用 scanf( )函数输入字符串时，字符串中不能含有空格，否则将以空格作为串的结束符。

也可以采用 C 语言提供的字符串输入、输出函数（在使用前应包含头文件"stdio. h"）。

（1）字符串输出函数 puts( )

调用格式：puts(字符串引用)

功能：把字符数组中的字符串输出到显示器。即在屏幕上显示该字符串并且结束后自动换行。

（2）字符串输入函数 gets( )

调用格式：gets(字符数组名)

功能：从标准输入设备键盘上输入一个字符串。gets( )函数以回车作为输入结束。

8. 常用字符串处理函数

C 语言提供了丰富的字符串处理函数，使用这些函数可大大减轻编程的负担。使用字符串函数则应包含头文件"string. h"。

（1）字符串长度函数 strlen( )

调用格式：strlen(字符数组名)

功能：测字符串的实际长度（不含字符串结束标志'\0'）并作为函数返回值。

（2）字符串复制函数 strcpy( )

调用格式：strcpy(字符数组名 1, 字符数组名 2)

功能：把字符数组 2 中的字符串复制到字符数组 1 中。串结束标志"\0"也一同复制。字符数组名 2，也可以是一个字符串常量。这时相当于把一个字符串赋予一个字符数组。

（3）字符串连接函数 strcat( )

调用格式：strcat(字符数组名 1, 字符数组名 2)

功能：把字符数组 2 中的字符串连接到字符数组 1 中字符串的后面，并删去字符串 1 后的串结束标志"\0"。本函数返回值是字符数组 1 的首地址。

（4）字符串比较函数 strcmp( )

调用格式：strcmp(字符数组名 1, 字符数组名 2)

功能：按照 ASCII 码顺序比较两个数组中的字符串，并由函数返回值返回比较结果。字符串 1=字符串 2，返回值=0；字符串 1>字符串 2，返回值>0；字符串 1<字符串 2，返回值<0。本函数也可用于比较两个字符串常量，或比较数组和字符串常量。

9. 定义结构体类型

结构体类型定义格式：

```
struct 结构体名
{    数据类型 成员名1;
     数据类型 成员名2;
       …
     数据类型 成员名n;
};
```

结构体类型是一种构造类型，系统并不为其分配存储单元。

10. 用 typedef 定义类型别名

格式：typedef 原类型名 新类型名；

> **注意：**
> typedef 仅仅是给原类型名起了一个别名，并没有产生新的数据类型。

11. 结构体变量、数组的定义

定义了结构体类型后，才可以再定义具有该类型的变量、数组，此时系统才为结构体变量、数组分配存储单元，分配的存储单元数是各成员所占空间之和。定义结构体变量、数组一般有 3 种形式。

① 先定义结构体类型，再定义该类型的变量、数组。
② 定义结构体类型的同时定义结构体变量、数组。
③ 直接定义结构体变量、数组。

12. 结构体变量的引用

引用形式：结构体变量名. 成员名

> **注意：**
> 除同类型结构体变量间可整体赋值外，其余情况需逐一引用结构体变量的各个成员；结构体类型可嵌套定义，但只能引用最低一级的成员。

13. 结构体数组的引用

与其他类型数组的定义相似，下标从 0 开始，每个数组元素的使用格式等同于同类型的结构体变量的使用。

结构体数组元素成员的引用形式：结构体数组名[下标]. 成员名

第5章 指　　针

指针是 C/C++语言中的一大特色功能，具有功能异常强大和用法极其灵活的特点。一方面，利用指针可以编写出既简洁又高效的程序；另一方面，过于灵活的指针功能也会带来一些副作用。

5.1　变量的地址和指针

为了理解指针的概念，我们先来看一下数据在内存中是如何存储的。在计算机中，要运行一个程序，需要首先将该程序及其数据存入到内存中。为便于管理，通常将内存划分为若干个内存单元，在当今的计算机中一般以一个字节作为一个内存单元。同时，给每个内存单元分配一个编号，称为内存单元的地址。

在 C/C++语言中存储数据时，将按照其类型不同，分配一定数目的内存单元。如 int 型数据占用 4 个内存单元，char 型数据占用 1 个内存单元。一个变量所占用内存单元区的首地址，称为该变量的地址。而一个变量的地址也称为该变量的指针。

例如：

```
int a;
char ch;
```

对这两条变量定义语句，假设 C/C++语言编译系统给出如图 5.1（a）所示的内存分配形式。

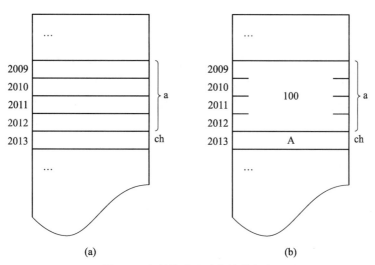

图 5.1　变量的地址及变量的内容

此处，int 型变量 a 占用以地址 2009 开始的 4 个单元（即 2009～2012），char 型变量 ch 占用地址 2013 对应的 1 个单元。一旦为变量分配了内存单元，对变量的操作实质上就是对其内存单元的操作。

例如：

```
a = 100;
ch = 'A';
```

上述两条赋值语句实现的功能是：将整数 100 存入到以地址 2009 开始的 4 个内存单元中，将字符常量'A'存入到地址 2013 对应的 1 个内存单元中，结果如图 5.1（b）所示。此时，变量 a 的地址是 2009，内容是整型常量 100；变量 ch 地址是 2013，内容是字符常量'A'。

5.2　变量的间接引用

5.2.1　指针变量

在 C 语言中，可以用一个变量来存储另一个变量的地址（即指针），这种变量称为指针变量。一旦一个指针变量存储了另一个变量的地址，我们就形象地说该指针变量指向了这个变量。

5.2.2　指针变量的定义

定义指针变量的一般形式为：

类型说明符 ＊变量名；

其中的"＊"表明这是一个指针变量，而"类型说明符"则是该指针变量所指向的变量的数据类型。

例如：

```
int *p;
float *q;
```

此处定义 p 为指向 int 型的指针变量，只能存储 int 型变量的地址。定义 q 为指向 float 型的指针变量，只能存储 float 型变量的地址。

5.2.3　两种与指针有关的运算符

在 C/C++语言中，有两种与指针密切相关的运算符 & 和 ＊。

1. 取地址运算符（&）

其一般引用形式为：

& 变量名

该运算符的功能是获取紧随其后的变量的内存地址。

【例 5.1】获取变量的地址示例。

```
#include <stdio.h>
int main()
{
    int i,*p;
    p=&i;                      /*将变量 i 的地址赋给指针变量 p*/
    printf("p=%p\n",p);   /*%p 用于以十六进制形式输出地址值*/
    return 0;
}
```

运行结果：

```
p=0012FF7C
```

该程序的运行结果并不是一成不变的，因为变量 i 的内存空间是由编译系统随机分配的。结果如图 5.2 所示。

可以在定义指针变量的同时给它赋值，称为指针变量的初始化。

例如：

```
int i,*p=&i;
```

需要注意，与上述语句功能等价的语句是

```
int i,*p;
p=&i;
```

而不是

```
int i,*p;
*p=&i;
```

图 5.2　& 运算
符的使用

2. 间接引用运算符（*）

间接引用运算符也称为指针运算符，其一般使用形式为

*指针变量名

其功能是间接地引用紧随其后的指针变量所指向的变量。

例如：

```
int i,*p;
p=&i
*p=100;
```

图 5.3　* 运算符的
使用

如图 5.3 所示，这里的 *p 代表指针变量 p 所指向的变量，即变量 i，

因此这里的 ∗p=100 与 i=100 是等价的。

由此可见，对变量的访问有以下两种引用方式。

（1）直接引用

即通过一个变量的变量名本身直接访问它。

例如：

```
i=10;
```

（2）间接引用

即通过一个指针变量对另一个变量进行间接访问。

例如：

```
*p=100;
```

【例 5.2】 通过间接引用方式，交换两个整型变量的值。

问题分析：

欲采用间接引用方式访问两个整型变量，需首先定义两个指针变量，并使之分别指向这两个整型变量。

源程序：

```
#include <stdio.h>
int main()
{
  int a,b,t;
  int *p1,*p2;
  a=100;
  b=10;
  p1=&a;
  p2=&b;
  t=*p1;             /*此语句等价于 t=a;*/
  *p1=*p2;           /*此语句等价于 a=b;*/
  *p2=t;             /*此语句等价于 b=t;*/
  printf("a=%d,b=%d\n",a,b);
  printf("*p1=%d,*p2=%d\n",*p1, *p2);
  return 0;
}
```

运行结果：

```
a=10,b=100
*p1=10,*p2=100
```

该程序的执行过程如图 5.4 所示。

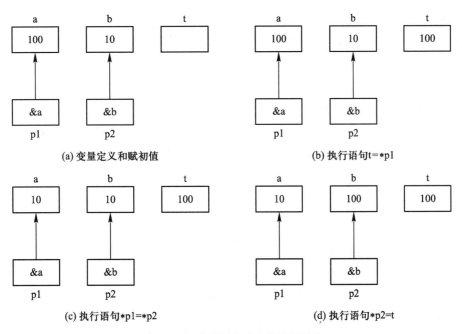

图 5.4　间接引用方式交换变量的值

【例 5.3】分析下列程序的执行过程，并与例 5.2 比较，看两者有何不同。

```c
#include <stdio.h>
int main()
{
    int a,b;
    int *p1,*p2,*pt;
    a=100;
    b=10;
    p1=&a;
    p2=&b;
    pt=p1;
    p1=p2;
    p2=pt;
    printf("a=%d,b=%d\n",a,b);
    printf("*p1=%d,*p2=%d\n",*p1,*p2);
    return 0;
}
```

试问本程序能够实现变量 a、b 的值相交换吗？请用图示法说明变量的交换过程。

几点说明：

① 指针变量必须先赋值后使用，不能通过未经赋值的指针变量进行间接引用，否则有可能造成内存数据的覆盖，甚至系统崩溃。

157

【错例】

```
#include <stdio.h>
int main()
{
    int *p;
    *p=100;
    printf("*p=%p\n",*p);
    return 0;
}
```

该程序运行时，将会显示应用程序错误提示，如图5.5所示。

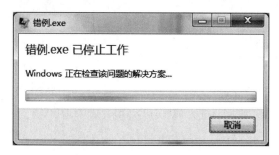

图5.5 应用程序错误提示

因为此处的指针变量 p 未经赋值，其值是一个随机地址值，如果该地址指向内存中的有效数据区，那么执行 *p=100;之后，将会造成部分内存单元中有效数据的破坏。

② 在 C 语言中，变量的地址是由编译系统负责管理和分配的，用户并不知道变量的具体地址值，因此不能由用户直接对变量的地址进行指定。

【错例】

```
#include <stdio.h>
int main()
{
    int *p;
    p=2000;                /*不能直接用整数给指针变量赋值*/
    *p=100;
    printf("*p=%p\n",*p);
    return 0;
}
```

该程序运行时，同样将会显示如图5.5所示的错误提示。这是因为该程序运行时，如果从2000 开始的 4 个内存单元恰好是内存中的有效数据区，那么执行 *p=100；之后，将会造成这4 个内存单元中有效数据的破坏。

③ 当间接引用运算符与其他运算符同时使用时，要注意区分它们的优先级与结合性。

例如，表达式 y=++ $*$ p 等价于 y=++($*$ p)，而表达式 y= $*$ p++ 则等价于 y= $*$ (p++)。

5.3 指针与数组

在 C/C++语言中，数组与指针具有密不可分的关系，可以通过指针来访问数组的元素。

5.3.1 指向一维数组元素的指针

从本质上说，一维数组的元素也是一个变量，因此可以定义指向一维数组元素的指针。
例如：

```
int a[10],*p,*q;
p=&a[0];
q=&a[3];
```

指针变量指向一维数组如图 5.6 所示。

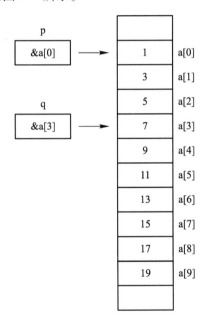

图 5.6 指针变量指向一维数组

为了使用方便，C/C++语言规定：可以用一维数组的数组名来代表该数组中 0 号元素的
地址。

例如，若有 int a[10]，$*$ p;，则 p=a;等价于 p=&a[0];。

5.3.2 通过指针引用一维数组元素

若有 int a[10]，$*$ p;p=a;，那么，p+1 将会指向哪一个内存单元呢?

为了使用方便，C/C++语言规定：若指针变量 p 指向一维数组中的某个元素，则 p+1 将指向该数组中的下一个元素。

由此，可以得到如下几条推论。

① 若有 int a[10];，则 a+i 是数组元素 a [i] 的地址（等价于 &a[i]）。若有 int a[10], *p=a;，则 p+i 也是数组元素 a[i]的地址（等价于 &a[i]）。

② 若有 int a[10];，则 *(a+i) 就代表了数组元素 a[i]。若有 int a[10], *p=a;，则 *(p+i)也代表了数组元素 a[i]。

一维数组元素的间接访问如图 5.7 所示。

现在，我们就可以利用指针来间接访问一维数组的元素了。

【例 5.4】从键盘上输入 10 个整数存入一个一维数组中，然后再逆序输出。要求使用数组名和指针运算符引用数组元素。

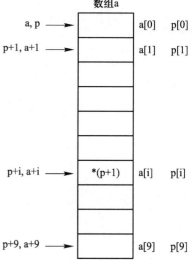

图 5.7　一维数组元素的间接访问

源程序：

```
#include <stdio.h>
int main()
{    int a[10],i;
     for(i=0;i<=9;i++)
         scanf("% d",a+i);                //等价于 scanf("% d",&a[i]);
     for(i=9;i>=0;i--)
         printf("a[% d]=% d\n",i,*(a+i));  //等价于 printf("a[% d]=% d\
n",i,a[i]);
     return 0;
}
```

【例 5.5】从键盘上输入 10 个整数存入一个一维数组中，然后再逆序输出。要求使用指针变量引用数组元素。

源程序：

```
#include <stdio.h>
int main()
{
  int a[10],*p=a,i;
  for(i=0;i<=9;i++)
      scanf("% d",p+i);                /* 等价于 scanf("% d",&a[i]); */
  for(i=9;i>=0;i--)
```

```
        printf("a[%d]=%d\n",i,*(p+i));   /*等价于printf("a[%d]=%d\
n",i,a[i]);*/
  return 0;
}
```

两点说明：

① 在该程序中，为了访问不同的数组元素，改变的不是指针变量 p 的值，而是循环变量 i 的值。

② 在该程序中，虽然 p 是一个指针变量而不是一个数组，但是 C/C++语言却允许将指针形式的 *(p+i) 表示为数组元素形式的 p[i]。

【例 5.6】 从键盘上输入 10 个整数存入一个一维数组中，然后再逆序输出。要求利用指针变量自身的变化来引用不同的数组元素。

源程序：

```
#include <stdio.h>
int main()
{ int a[10], *p;
  for(p=a;p<=a+9;p++)        /*变量p按正序依次指向各个数组元素*/
    scanf("%d",p);
  for(p=a+9;p>=a;p--)        /*变量p按逆序依次指向各个数组元素*/
    printf("%d,",*p);
  return 0;
}
```

是不是说数组和指针变量可以完全互换呢？当然不是。其实数组名是指针常量，而非指针变量，因为它始终指向数组的 0 号元素。

例如，若有 int a[10],*p; p=a;，则 a 为指针常量，p 为指针变量。故 p=p+1 正确，而 a=a+1 是错误的（不能对指针常量赋值）。

两个相同类型（通常是指向同一个数组的不同元素）的指针可以相减、相比较，但不能相加。

例如：

```
int a[10],*p,*q;
p=&a[0];
q=&a[3];
```

则 q-p 的结果为 3。

5.4　指针数组

指针数组是一组具有相同类型的有序指针变量的集合。

定义指针数组的一般形式为：

类型说明符 ＊数组名[数组长度];

例如:

```
int *p[3];
```

该语句定义了一个包括 3 个元素的指针数组 p,它的每个元素都是一个指向 int 型对象的指针变量。

【例 5.7】 使用指针数组分行输出二维数组中所有元素的值。

源程序:

```
#include <stdio.h>
int main()
{
    int a[3][4]={0,1,2,3,4,5,6,7,8,9,10,11};
    int *p[3]={a[0],a[1],a[2]};
    int i,j;
    for(i=0;i<3;i++)
    {
        for(j=0;j<4;j++)
          printf("%6d",*(p[i]+j));
        printf("\n");
    }
    return 0;
}
```

本程序中的 p 是一个指针数组,它的 3 个元素 p[0]、p[1]和 p[2]分别指向二维数组 a 中各行的 0 号元素,如图 5.8 所示。

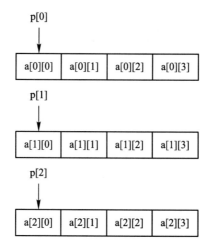

图 5.8　指针数组 p 中各元素的指向

5.5 指针与字符串

5.5.1 用字符指针引用字符串

在 C/C++语言中，除了可以用字符数组来存储和引用字符串之外，还可以使用字符指针来引用字符串，但前提是该字符指针已经指向了待引用的字符串。

要使字符指针指向一个字符串，通常有以下两种方式。

1. 字符指针初始化方式

例如：

```
char *p = "How are you!";
```

2. 字符指针赋值方式

例如：

```
char *p;
p = "How are you!";
```

需要注意，这里的初始化或赋值，并不表示将整个字符串存入到该指针变量中。其正确的含义是：首先将字符串常量存入到内存中的空闲区域中，然后再将该字符串中首字符的地址赋给指针变量 p。因为 p 是字符指针变量，因此只能存储字符的地址值。

一旦将字符指针指向了一个字符串，就可以在程序中通过该字符指针来引用这个字符串。

例如：

```
char *p;
p = "How are you!";
printf("%s\n",p);        /*输出指针变量 p 所指向的字符串*/
```

5.5.2 用字符指针处理字符串

在 C/C++语言中，除了可以用字符数组来输入与输出字符串之外，还可以用字符指针变量来输出字符串，但是一般不能用字符指针变量来输入字符串（除非它已经指向了一个数组或其他预先分配好的内存空间）。因为定义一个字符指针变量，只是分配了存储一个地址的空间，而并未分配存储字符串的空间。

例如：

```
char *p = "Hello";
printf("%s\n",p);
```

例如：

```
char *p="Hello";
puts(p);
```

在其他字符串处理函数中表示字符串时，一般都可以使用字符指针变量的形式。不过，库函数 strcpy() 和 strcat() 的第一个参数必须是字符数组名，因为字符指针变量中不能存储字符串。

例如：

```
char *p="Hello\0world!";
printf("% d",strlen(p));
```

例如：

```
char t[30],*p="Hello";
strcpy(t,p);
```

例如：

```
char t[80]="Hello ",*p="World!";
strcat(t,p);
```

例如：

```
char *p="Hello",*q="hello";
printf("% d\n",strcmp(p,q));
```

【例 5.8】输入一个英文单词，判断该单词是否是回文，要求用字符指针实现。

算法设计：

① 分别从左右两端开始，比较对应的字符是否相等。

② 若对应的字符相等，则继续比较下一对字符；否则，退出循环。

③ 若所有对应的字符均相等，则是回文；否则不是回文。

源程序：

```
#include <stdio.h>
#include <string.h>
int main()
{ char a[100],*p,*q;
  gets(a);
  p=a;                  /* p 指向最左一个字符 */
  q=a+strlen(a)-1;      /* q 指向最右一个字符 */
  while(p<q)            /* 当左右两侧指针未会合时循环 */
  {if(*p==*q)
    {p++;q--;}          /* 若对应的字符相等，则继续比较下一对字符 */
    else
```

```
        break;              /* 否则停止比较 */
    }
    if(p>=q)                /* 判断左右两侧指针是否会合 */
    printf("是回文 . \n");
    else
    printf("不是回文 . \n");
    return 0;
}
```

【例 5.9】从键盘上输入一位数字，将其转换为相应的汉字大写数字输出。

编程思路：

① 首先，将 10 个汉字作为 10 个字符串，并使得字符指针数组的 10 个元素分别指向一个字符串。此时，其数组元素的序号恰好就是对应的数字。

② 在转换时，直接以输入的数字作为序号，而对应行的字符串就是要转换的大写形式。

源程序：

```
#include<stdio.h>
int main()
{
    int n;
    char *dx[10]={"零","壹","贰","叁","肆","伍","陆","柒","捌","玖"};
            /* 字符指针数组中的每个指针指向一个只有一个汉字的字符串 */
    printf("请输入一位数字：\n");
    scanf("% d",&n);
    puts(dx[n]);
    return 0;
}
```

习题 5

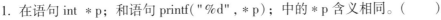

一、判断题

习题 5 答案

1. 在语句 int *p; 和语句 printf("%d", *p); 中的 *p 含义相同。（　　　）

2. 对二维数组 int a[3][4] 来说，由于 a+1 与 *(a+1) 的值相等，因此两者的含义是一样的。（　　）

3. 在二维数组中，行指针是指向一维数组的指针变量。（　　　）

4. 可以将一个整型数据赋给一个指针变量，如 p = 2000。（　　　）

5. 语句 char *str="How are you!" 的含义是将字符串存入到变量 str 中。（　　　）

二、单选题

1. 以下叙述错误的是_____。
   A. 指针可以进行加、减等算术运算　　　B. 指针中存放的是地址值
   C. 指针是一个变量　　　　　　　　　　D. 指针变量不占用存储空间

2. 对于基类型相同的两个指针变量之间，不能进行的运算是_____。
   A. <　　　　　　B. =　　　　　　C. +　　　　　　D. −

3. 若定义：int a[3][4];，下列选项不能表示数组元素 a[1][1]地址的是_____。
   A. a[1]+1　　　B. &a[1][1]　　　C. *(a+1)[1]　　　D. *(a+5)

4. 设有如下程序：

```
#include <stdio.h>
int main()
{ int **x,*y,z=10;
y=&z;x=&y;
printf("%d\n",**x+1);
}
```

上述程序的输出结果是_____。
   A. y 的地址　　　B. z 的地址　　　C. 11　　　　　D. 运行错误

5. 若有如下变量和数组：

```
int *m;
int a[2][2]={1,2,3,4};m=a;
```

则语句 printf("%d,%d",*m,*(m+3));的输出结果是_____。
   A. 1,2　　　　　B. 2,3　　　　　C. 3,4　　　　　D. 1,4

6. 在 int (*prt)[3];语句中，关于标识符 prt，下列表述正确的是_____。
   A. 定义不合法
   B. 一个指向整型变量的指针
   C. 一个指针，它指向一个具有 3 个元素的一维数组
   D. 一个指针数组名，每个元素是一个指向整型变量的指针

7. 在下列选项中与 int *p[4];等价的定义是_____。
   A. int p[4];　　　B. int p;　　　C. int *(p[4]);　　　D. int (*P)[4];

8. 已知指针 P 的指向如图 5.9 所示，则表达式 *P++的值是_____。
   A. 20　　　　　B. 30　　　　　C. 21　　　　　D. 31

a[0]	a[1]	a[2]	a[3]	a[4]
10	20	30	40	50

P

图 5.9　指针 P 的指向

9. 已知指针 P 的指向如图 5.9 所示，则表达式 ∗ ++P 的值是 _____。
 A. 20 B. 30 C. 21 D. 31

10. 已知指针 P 的指向如图 5.9 所示，则表达式++ ∗P 的值 _____。
 A. 20 B. 30 C. 21 D. 31

11. 下面程序的输出结果是_____。

```
#include <stdio.h>
int main()
{int a[]={1,2,3,4,5,6,7,8};
int *p=a;
*(p++)+=5;
printf("% d,% d",*p,*(p++)+=5);
}
```

 A. 3，7 B. 7，7 C. 2，7 D. 3，8

12. 假设整型变量 a 的值为 12，a 的地址为 2000，若欲使 p 为指向 a 的指针变量，则以下赋值正确的是_____。
 A. &a=3; B. ∗p=12; C. ∗p=2000 D. p=&a;

13. 若有说明：int n=2;∗p=&n;∗q=p;，则以下非法的复制为 _____。
 A. p=q; B. ∗p=∗q; C. n=∗q; D. p=n

14. 设有如下定义：

```
char *s[2]={"teacher","student"};
```

则以下说法正确的是_____。
 A. s 数组元素的值分别是"teacher" 和"student"
 B. s 是指针变量，它指向含有两个数组元素的字符型一维数组
 C. s 是数组的两个元素，分别存放的是含有 7 个字符的一维字符数组的首地址
 D. s 数组的两个元素中各自存放了字符't'和's'的地址

15. 假设 c 是字符型变量，p1 和 p2 是已经赋值的字符型指针，则下述有关运算中_____是非法运算。
 A. p1+=p2 B. ∗(&p1)=&c; C. ∗(&c)='A' D. p1 ++

16. 下列选项中正确的语句组是_____。
 A. char s[8];s={"China"};
 B. char ∗s;s={"China"};
 C. char s[8];s="China";
 D. char ∗s;s="China";

17. 下面程序段的输出结果是_____。

```
#include <stdio.h>
int main()
```

```
{
    char str[]="I like swimming! ",*p=str;
    p=p+7;
    printf("% s",p);
}
```

    A. 程序有错误   B. I like swimming! C. swimming!   D. like swimming!

18. 有如下定义,不能给数组 a 输入字符串的是_____。

```
char a[20],*p=a;
```

    A. gets(p)   B. gets(a[0])   C. gets(&a[0])   D. gets(a)

19. 有以下定义,不能表示字符 C 的表达式是_____。

```
char str[]="ABCDEFG",*p=str;
```

    A. *(p+2)   B. str[2]   C. *(str+2)   D. *p+2

三、填空题

1. 设 int a[10],*p=a;则对 a[2]的正确引用是 p[_____]和*(p_____)。

2. 设有以下语句:

```
int a[3][2]={1,2,3,4,5,6};
int (*p)[2]; p=a;
```

则(*(p+1)+1)的值是_____,*(p+2)是元素_____的地址。

3. 设有以下语句:

```
int a[4]={2,4,6,8};
int *p[4]={&a[0],&a[1],&a[2],&a[3]};
int **pp;
pp=p;
```

则**(p+2)的值是_____,*(p+3)的值是元素_____的地址。

4. 若有以下定义,则不移动指针 p,且通过指针 p 引用值为 98 的数组元素的表达式是_____。

```
int a[]={23,54,10,33,47,98,72,80,61,102},*p=a;
```

5. 设有 char *a="abcde";,则 printf("%s",a);的输出结果是_____; printf("%c",*a);的输出结果是_____。

6. 有定义 char str[]="AST\n012\\\x69\082\n ",*p=str;,则 strlen(str)的值是_____,strlen(p+2)的值是_____。

四、程序改错题

1. 阅读下列程序,并改正其中的错误。

```
int m=10,*p;
p=m;
scanf("%d',&p);
```

2. 阅读下列程序，并改正其中的错误。

```
int a[10],*p,i;
p=a;
for(i=0;i<=9;i++)
 scanf("%d",*(p+i));
```

3. 程序功能：把 b 中字符串连接到 a 字符串的后面，并返回 a 中新字符串的长度。下面的代码有误，请将其修改为正确代码。

```
#include <stdio.h>
int main()
{
    char a[80],b[20];
    int num=0,n=0;
    gets(a);
    gets(b);
    while(*(a+num)!='\0')
        num++;
    while(b[n])
    {
        *(a+num)=    b+n    ;
        num++;
        n++;
    }
    a[num]='\0'
    puts(a);
    printf("%d\n",    n    );
}
```

五、写出下列程序的运行结果

1. 下面程序的运行结果是_____。

```
#include <stdio.h>
    int main()
    { int a,b,*p1,*p2;
    a=10;b=99;
```

```
p1 =&b;p2 =&a;
 (*p1)++;
 (*p2)--;
printf("\n% d,% d\n% d,% d",a,b,*p1,*p2);
}
```

2. 下面程序的运行结果是_____。

```
#include <stdio.h>
int main()
{ int a[]={1,3,5,7,9},y =-1,x, *p;
 p =&a[1];
 for(x =0;x<3;x++)
  y-= *(p+x);
printf("\n% d",y);
}
```

3. 下面程序的运行结果是_____。

```
#include <stdio.h>
int main()
{int (*p)[2],i;
int a[][2]={1,2,3,4};
 p =a;
printf("% d,% d,",p[1][0],(*(p+1))[1]);
for(i =0;i<2;i++)
{
printf("% d,", *(*(p+i)+1));
}
}
```

4. 下面程序的运行结果是_____。

```
#include <stdio.h>
int main()
{ int a[10],b[10],*pa,*pb,i;
 pa =a;pb =b;
 for(i =0;i<3;i++,pa++,pb++)
{
  *pa =i; *pb =2 *i;
  printf("% d\t% d\n", *pa, *pb);
}
```

```
pa=&a[0];pb=&b[0];
for(i=0;i<3;i++)
{
 *pa=*pa+i;*pb=*pb+i;
printf("%d\t%d\n",*pa++,*pb++);
}
}
```

六、补足下列程序

1. 程序功能：以下程序实现从 10 个数中找最大值和最小值。

```
#include <stdio.h>
int main()
{int a[]={6,1,5,2,3,9,10,4,8,7},*p=a,*q;
 int n=10,max,min;
 max=min=*p;
 for(q=  【1】  ;  【2】  ;q++)
 if(  【3】  )   max=*q;
 else if(  【4】  )   min=*q;
 printf("max=%d,min=%d\n",max,min);
```

2. 程序功能：实现将一个数组中的数据按逆序重新存放。例如，原来顺序是 1、2、3、4、5，现在改为 5、4、3、2、1。

```
#include <stdio.h>
int main()
{ int a[10]={1,2,3,4,5,6,7,8,9,10},*i,*j,t;
 printf("The original array:\n");
 for(i=0;i<10;i++)
    printf("%d",a[i]);
 for(i=a,j=&a[9];  【1】  ;i++,  【2】  )
   {t=*i;  【3】  ;*j=t;  }
 printf("The array has been inverted:\n");
 for(i=0;i<10;i++)
   printf("%d",a[i]);
printf("\n");
}
}
```

3. 程序功能：通过键盘输入一行包含数字字符的字符串，计算并输出数字字符对应数值的累加和。例如，输入字符串为：abs5def126jkm8，程序执行后的输出结果为：22。

```
#include <stdio.h>
#include <string.h>
int main()
{
    char  s[81],*p=s;
    int  sum=0;
    printf("请输入一个包含数字的字符串:");
    gets(s);
    while(*p)
    {
        if(__【1】__)
            sum+= __【2】__;
        p++;
    }
    printf("数字之和:% d\n",sum);
}
```

七、编程题（要求用指针实现）

1. 编写一个程序，将任意一个数组的元素从第一个开始间隔地输出。

2. 输入 3 个整数，按从小到大的顺序输出。

3. 已知一个整型数组 x[4]，它的各元素分别为：3、11、8、22。使用指针表示法编程求该数组各元素之积。

4. 将从键盘上输入的 10 个整数排序并输出。

5. 统计一行字符串中单词的个数。规定：单词之间由若干个空格隔开，一行的开始没有空格。

6. 编写一个程序，功能是删除字符串中的所有空格。例如，输入" asd af aa z67" ，则输出为 " asdafaaz67" 。

本章导学

一、教学目标

① 掌握指针的概念。
② 掌握指针变量的定义与引用办法。
③ 掌握指针与一维数组的关系。
④ 掌握利用字符指针处理字符串。

二、学习方法

指针是 C/C++ 语言中广泛使用的一种数据类型。运用指针编程是 C/C++ 语言最主要的风格之一。利用指针变量可以访问各种数据结构；能很方便地使用数组和字符串；并能像汇编语言一样处理内存地址，从而编写出精练而高效的程序。指针极大地丰富了 C/C++ 语言的功能。学习指针是学习 C/C++ 语言中最重要的一环，能否正确理解和使用指针是我们是否掌握 C/C++ 语言的一个标志。同时，指针也是 C/C++ 语言中最为困难的一部分，在学习中除了要正确理解基本概念，还必须要多编程，多上机调试。只要做到这些，指针也是不难掌握的。

学习过程中需要注意以下两个基本知识点。

① 指针变量保存的是内存地址。用指针访问数据也称为间接寻址。类似于你找一个人，他住在"第一大院"。你直接去找第一大院就是直接寻址。如果他的住址只有一个住在"第五大院"的人知道，你去第五大院问出他家在第一大院，这就是间接寻址。

对于上面这种情况，如果我们认为第五大院是"知道他家住址的那个人的住址"，我们就可以进行一连串的间接寻址。另一方面也说明指针变量保存的地址也是数据的一种。

② 指针变量的类型。定义指针变量类型的目的"仅仅"在于减少编程中可能发生的错误，这一点必须明确。根本上说指针变量的类型就是地址。

③ 字符型指针变量指向一个字符串是指把字符串存储区域的首地址赋给指针变量了，并不是把其存放在了指针变量中，指针变量只能存放地址信息。

三、内容提要

1. 基本概念

指针是一个特殊的变量，它里面存储的是一个内存地址。要弄清一个指针需要弄清指针四方面的内容：指针的类型、指针所指向的类型、指针的值或者叫指针所指向的内存区，还有指针本身所占据的内存区。

（1）指针的类型

从语法的角度看，只要把指针声明语句里的指针名字去掉，剩下的部分就是这个指针的类型。例如：int * ptr;//指针的类型是 int * 。

（2）指针所指向的类型

当通过指针来访问指针所指向的内存区时，指针所指向的类型决定了编译器将把那片内存区里的内容当做什么来看待。

从语法上看，只需把指针声明语句中的指针名字和名字左边的指针声明符 * 去掉，剩下的就是指针所指向的类型。例如，若有 int * ptr;，则指针所指向的类型是 int。

（3）指针的值

指针的值是指针本身存储的数值，这个值将被编译器当作一个地址，而不是一个一般的数值。在 32 位程序里，所有类型的指针的值都是一个 32 位整数，因为 32 位程序里内存地址全都是 32 位长。指针所指向的内存区就是从指针的值所代表的那个内存地址开始，长度为 si zeof（指针所指向的类型）的一片内存区。以后，一个指针的值是 XX，就相当于说该指针指向了以 XX 为首地址的一片内存区；一个指针指向了某块内存区，就相当于说该指针的值是这块内存区的首地址。

（4）指针本身所占据的内存区

指针本身占了多大的内存，只要用 sizeof（指针的类型）测一下就知道了。在 32 位平台里，指针本身占据了 4 个字节的长度。

掌握了这些基本概念之后，再涉及和指针的相关操作，我们就会得心应手一些。

2. 变量的指针和指针变量

（1）指针变量的定义

形式：类型标识符 ∗ 标识符　　如：int ∗ pointer；

（2）指针变量的引用

两个有关的运算符：

① & 取地址运算符　　　&a 就代表变量 a 的地址

② ∗ 指针运算符　　　　∗p 就代表指针变量 p 所指向的变量

3. 数组的指针

数组的指针是指数组的起始地址，数组元素的指针是指数组元素的地址。

（1）指向数组元素的指针变量的定义与赋值

定义和指向变量的指针变量定义相同，C/C++语言规定数组名代表数组的首地址，即 0 号数组元素地址。

（2）通过指针引用数组元素

通常引用数组元素的形式是 a[i]，如果用指针引用可以表示为 ∗（a+i）；或定义一个指针变量 p，将数组 a 的首地址赋给 p，p=a;然后用 ∗（p+i）引用。

4. 指针数组

指针数组无疑就是数组元素为指针，定义形式为：类型说明符 ∗ 数组名［数组长度］。

如 int ∗ p［4］，指针数组多用于存放若干个字符串的首地址。

5. 指针可能涉及的算术运算

一个指针 ptrold 加上（减去）一个整数 n 后，结果是一个新的指针 ptrnew，ptrnew 的类型和 ptrold 的类型相同，ptrnew 所指向的类型和 ptrold 所指向的类型也相同。ptrnew 的值将比 ptrold 的值增加（减少）了 n 乘 sizeof（ptrold 所指向的类型）个字节。也就是说，ptrnew 所指向的内存区将比 ptrold 所指向的内存区向高地址（低地址）方向移动了 n 乘 sizeof（ptrold 所指向的类型）个字节。

6. 字符型指针与字符串

字符型指针变量和其他类型的指针变量类似，可以与同类型的数组建立联系，从而方便地对数组进行处理。不同之处在于字符型指针变量可以直接指向一个字符串，形式如下：

```
char * p = "How are you!";
```

或者

```
char * p;
p = "How are you!";
```

其含义是把字符串在内存中存储区域的首地址赋给指针变量，而不是把字符串存入字符型指针变量中（指针变量只能存放地址）。

第6章 函　数

　　一个较大规模的程序一般应分为若干个相对独立的程序块，每一个模块用来实现一个特定的功能。几乎所有的高级语言中都有子程序这个概念，用子程序实现模块的功能。在 C/C++语言中，程序是由函数构成的，通过将一个程序划分为若干个函数，来实现程序的模块化。C/C++语言中由 main( ) 函数调用其他函数，其他函数也可以互相调用。同一个函数可以被一个或多个函数调用任意多次。

　　将一些常用的功能模块编写成函数，可以减少重复编写程序段的工作量。

　　C/C++语言中，按照其来源可以将函数分为库函数和用户定义函数。

　　① 库函数是由 C/C++语言编译系统预先编写好的函数，用户可直接调用。例如 printf( ) 函数、sqrt( ) 函数等。在程序中调用库函数时，必须在程序开头用 include 命令包含与该函数相对应的标准头文件。

　　② C 和 C++允许程序员编写自己的函数，这就是用户定义函数。

学而思：

　　函数的使用，使"分而治之"的方法易于实现和表达；使团队成员分工协作成为可能。分而治之最开始是从孙子兵法提出的，孙子曰："凡治众如治寡，分数是也；斗众如斗寡，形名是也"（出自《孙子兵法·兵势篇》）。分而治之是将整个问题分成若干个子问题，将这若干个子问题解决后就解决了整个大问题。

6.1　函数的定义、调用和声明

　　程序员在编写程序时，将程序中具有相对独立功能的程序段定义为一个单独的函数。这样形成的包含多个函数的程序中，如果一个函数要调用另一个函数，则称之为主调函数；而被另一个函数调用的函数称之为被调函数。

6.1.1　函数的定义

　　将代码段封装成函数的过程称为函数定义。它可以接收用户传递的参数，也可以不接收。如果有返回值，在函数体中使用 return 语句返回。

　　C/C++语言要求，在程序中用到的所有函数必须要遵循"先定义，后使用"的原则。

　　函数定义的一般形式为：

```
类型说明符 函数名 (形式参数列表)              //函数头
{
    ...                                      //函数体
}
```

其中，函数头包括返回值类型、函数名和形参声明；函数体是复合语句，仅在函数中使用的变量，原则上应在该函数中声明，但要注意不能声明和形参同名的变量，否则会发生变量名冲突的错误。

函数定义一般应包括以下几个内容：

① 指定函数的名字，以便以后按名调用。

② 指定函数类型，即确定函数返回值的类型。

③ 指定有参函数的参数及其类型，以便在调用函数时向它们传递数据。

④ 在函数体中指定函数应当完成的操作，即函数的功能。

接下来看一个函数应用的实例。

【例 6.1】已知 m 和 n 是两个正整数，编写程序求从 m 个不同元素中取出 n 个元素的组合数。

问题分析：

首先，编写一个不使用其他自定义函数，只有 main( ) 函数的程序实现上述功能。

```
#include <stdio.h>
main()
{
    int m,n,i,k;
    long p,c,c1,c2,c3;
    printf("请输入 m 与 n 的值:");
    scanf("% d% d",&m,&n);
    k=m;
    p=1;
    for(i=1; i<=k; i++)
        p=p*i;
    c1=p;
    k=n;
    p=1;
    for(i=1; i<=k; i++)
        p=p*i;
    c2=p;
    k=m-n;
    p=1;
    for(i=1; i<=k; i++)
```

```
    p=p*i;
c3=p;
c=c1/(c2*c3);
printf("m中取n的组合数=%ld\n",c);
}
```

在该程序中，求阶乘的程序段重复出现了三次。而且观察这三个程序段，发现并不能简单地将它们合并为一个循环。

优化代码，可提高编程效率，方便后期程序维护，本程序中可以将求阶乘的程序段单独拿出来，定义为一个函数，然后在主函数中调用它。

为了得到求阶乘的函数，只需以相应的程序段作为函数体，并添加函数头即可。定义如下函数：

```
long Fac()
{
    long p;
    int i,k;
    p=1;
    for(i=1;i<=k;i++)
        p=p*i;
    return;
}
```

分析该函数，可以发现还存在两个问题没有解决。一是变量 m、n 的值显然应该在主调函数中输入，因此存在如何将 m、n 及 m-n 的值传递给变量 k 的问题。二是如何将求得的阶乘（即变量 p 的值）传递给主调函数中的变量 c1、c2 与 c3 的问题。

为了实现主调函数与被调函数之间的数据传递，C/C++语言规定，将被调函数中用于接收数据的变量的定义，移到函数首部的括号中，称为被调函数的参数；将被调函数中用于向主调函数传递数据的变量（或表达式）置于 return 之后，称为被调函数的返回值。

故修正之后的被调函数如下所示：

```
long Fac(int k)
{
    long p;
    int i;
    p=1;
    for(i=1;i<=k;i++)
        p=p*i;
    return p;
}
```

一旦定义好了求阶乘的被调函数，就可以像调用库函数那样来调用它。由此写出调用该函数求组合数的主函数如下所示：

```
main()
{
    int m,n;
    long c,c1,c2,c3;
    printf("请输入 m 与 n 的值:");
    scanf("% d% d",&m,&n);
    c1 = Fac(m);
    c2 = Fac(n);
    c3 = Fac(m-n);
    c = c1/(c2 * c3);
    printf("m 中取 n 的组合数 =% ld \n",c);
}
```

不难发现，主函数中的中间变量 c1、c2 与 c3 也可以取消，故最后得到完整的源程序如下：

```
#include <stdio.h>
long Fac(int k)
{
    long p;
    int i;
    p = 1;
    for(i = 1;i <= k;i++)
        p = p * i;
    return p;
}
main()
{
    int m,n;
    long c;
    printf("请输入 m 与 n 的值 \n");
    scanf("% d% d",&m,&n);
    c = Fac(m)/(Fac(n) * Fac(m-n));
    printf("m 中取 n 的组合数为% ld \n",c);
}
```

6.1.2 函数的调用

函数调用的形式是在函数后面加上圆括号,这个圆括号称为函数调用运算符。使用函数调用运算符的语句称为函数调用表达式。函数调用运算符括起来的是实参。函数调用时,将实参的值传递给形参,相当于一次赋值操作。

函数调用的一般形式为:

函数名(实际参数表)

在主调函数中调用被调函数时,按照函数调用所起的作用来看,可以将函数调用分为两种方式。

1. 函数调用作为表达式

这种调用方式,是指将函数调用作为一个表达式的一部分。

例如:

```
c1=Fac(m);
  printf("% f \n",Fac(m));
```

很显然,此时的函数调用要参与表达式中的运算,故要求被调函数必须有返回值。

2. 函数调用作为语句

这种调用方式,是指将函数调用作为一条单独的语句。

例如:

```
star();
  printf("Hello world!\n");
```

由于此时的函数调用不需要参与表达式运算,故不要求被调函数有返回值。

6.1.3 函数的声明

在 C/C++语言程序中,被调函数的定义既可以位于主调函数之前,也可以位于主调函数之后。若被调函数的定义位于主调函数之后,则在系统编译时不便于进行语法检查。

例如,当系统对例 6.2 中的程序进行编译时,如果首先扫描主函数。当扫描到语句 m = Max(a,b);时,对被调函数的函数名、形参个数、形参类型、返回值的类型等均一无所知,故不便于对调用格式进行语法检查。

故 C/C++语言规定,凡是在主调函数之后定义的被调函数,必须在调用之前声明其函数原型,以便于对函数调用格式进行语法检查。不过,若被调函数的类型及所有形参的类型均为 int 型,则可以不做原型声明。

声明函数原型的方法,就是直接将被调函数的首部复制一份加上分号构成语句即可。

例如:

```
int Max(int x,int y);
```

因为函数原型的作用是提供被调函数的类型、名称、形参个数、形参类型等信息，而对于函数形参的具体名称编译系统则不做检查。故上述函数原型也可简化为如下形式：

```
int Max(int,int);
```

函数原型的声明通常置于主调函数之前，也可以置于主调函数内部的变量定义部分。

【例 6.2】求两个数中的较大者。

```
#include <stdio.h>
int Max(int x,int y);                    //函数声明
main()
  {
    int a,b,m;
    scanf("% d% d",&a,&b);
    m=Max(a,b);                          //调用函数 Max()求最大数
    printf("较大数=% d\n",m);
  }
int Max(int x,int y)                     //函数定义
  {
    int z;
    if(x>y)
      z=x;
    else
      z=y;
    return(z);
  }
```

实际上，在调用库函数时，也需要对库函数的原型进行声明。只不过 C/C++语言编译系统已在标准头文件中对所有库函数的原型进行了声明，故程序员只需用 include 命令将相应的头文件包含到源程序中即可。

【例 6.3】已知 m 是一个正整数，编程序判断 m 是否为素数（质数）。

问题分析：

素数就是只能被 1 和自身整除的大于 1 的自然数。

① 要判断 m 是否为素数，只需拿 m 被 2 到 m-1 之间的整数 i 来除即可。

② 若 m 不能被 2 整除；（如 m=7）

m 也不能被 3 整除；

……

m 也不能被 m-1 整除；

则 m 是素数。(要同时满足 m-2 个条件)

③ 若 m 能被 2 到 m-1 之间的某一整数 i 整除，则 m 不是素数（如 m=9）。

（只需满足一个条件）

由此得出算法流程图如图6.1所示。

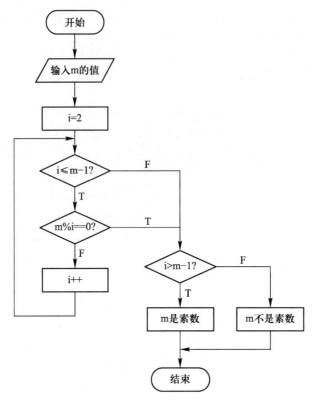

图 6.1 判断素数的算法流程图

相应的源程序如下：

```c
#include <stdio.h>
main()
{
    int m,i;
    printf("请输入一个大于1的正整数: ");
    scanf("% d",&m);                  //以 m 作为被除数
    i=2;                             //以 i 作除数
    while(i<=m-1)
    {
        if(m% i==0)                  //判断 m 能否被 i 整除
            break;                   //若能整除,则 m 不是素数,不必继续试除
        else
            i++;                     //否则继续试除下一个 i
    }
```

```
    if(i>m-1)                          //判断以上循环的出口
        printf("% d是素数\n",m);       //若从 while(i<=m-1)跳出,则是素数
    else
        printf("% d不是素数\n",m);     //若从 break 跳出,则不是素数
}
```

若将程序中的循环改用 for 语句实现,则得到如下源程序:

```
#include <stdio.h>
main()
{
int m,i;
printf("请输入一个大于1的正整数: ");
scanf("% d",&m);
for(i=2;i<m;i++)
   {
   if(m% i==0)
       break;
   }
if(i>=m)
   printf("% d是素数\n",m);
else
   printf("% d不是素数\n",m);
}
```

根据数论的定理,在判断大于 1 的自然数 m 是否为素数时,除数只需取 2 到 sqrt(m)之间的整数即可。

由此得到如下改进的源程序:

```
#include <stdio.h>
#include <math.h>
main()
{
  int m,i,k;
  printf("请输入一个大于1的正整数: ");
  scanf("% d",&m);                    //以 m 作为被除数
  k=sqrt(m);                          //k 为不大于 sqrt(m)的最大整数
  for(i=2;i<=k;i++)
  {
   if(m% i==0)
```

```
        break;
     }
   if(i>k)
     printf("% d 是素数 \n",m);
   else
     printf("% d 不是素数 \n",m);
}
```

【例 6.4】 编写一个判断素数的函数，然后调用该函数求出 1 000 以内的所有素数。

问题分析：

可首先将上述判断素数的程序改写为被调函数，然后在主函数中直接调用该被调函数。

源程序：

```
#include <stdio.h>
int isp(int m)
{
  int i;
  for(i=2;i<=m-1;i++)
   {
   if(m% i ==0)
    return(0);              //若能除尽,则 m 不是素数,返回 0
   }
   return(1);              //若执行至此,则肯定不能除尽,即 m 是素数,返回 1
}
main()
{
  int i;
  for(i=2;i<=1000;i++)
   {
   if(isp(i))             //等价于 if(isp(i)!=0)
     printf("% d,",i);
   }
   printf("\n");
}
```

6.1.4 函数的参数

函数的参数分为形式参数和实际参数两种。形式参数简称为形参，是定义被调函数时所使用的参数，例如例 6.1 中的变量 k。实际参数简称为实参，是调用被调函数时所使用的参数，例如例 6.1 中的变量 m、n 和 m-n。

形参的一般形式为：

类型说明符 形参 1，类型说明符 形参 2，…

例如，例 6.1 中的 long Fac(int k)。

实参的一般形式为：

实参 1，实参 2，…

例如，例 6.1 中的 Fac(m)、Fac(n)、Fac(m-n)。

实参和形参之间是如何实现数据传递的呢？C/C++语言规定，在主调函数调用被调函数时，将实参的值赋给对应的形参；但在被调函数返回时，并不能将形参的值传回给实参。这种单向传递称为值传递。

例如在例 6.1 中，主函数调用被调函数 Fac( )时，相当于分别执行了以下三个赋值操作：

```
k=m
k=n
k=m-n
```

由于参数的传递实际上是一种赋值运算，因此要求形参只能是变量，而实参则可以是常量、变量或表达式。

从类型上来说，实参与对应的形参的类型应该相同或者赋值兼容（允许相互赋值的类型之间兼容，如整型、实型、字符型之间兼容，称为赋值兼容）。

6.1.5　函数的返回值

被调函数用 return 语句传递给主调函数的数据，称为被调函数的返回值（也称为函数值）。例如例 6.1 中用 return(p);将变量 p 的值传递到主函数中，分别作为函数调用 Fac(m)、Fac(n)和 Fac(m-n)的函数值。

return 语句的一般形式如下：

① return;

② return(表达式);

③ return 表达式;

其中第一种格式的 return 语句可以省略不写。

使用 return 语句和函数返回值时，要注意以下几点：

① 每个函数的一次调用至多有一个返回值。

例如，有如下函数：

```
int f(int x)
{
    if(x>=0)
        return 1;
```

```
    else
        return -1;
}
```

在该函数中虽然有两个 return 语句，但是该函数的一次调用只能执行其中的一个 return 语句，故只有一个返回值。

② 一个函数的返回值的类型取决于该函数的类型。

例如，若有如下函数：

```
int f()
{
    return 3.96;
}
```

则该函数的返回值类型为 int，返回值是 3。

③ 若一个被调函数无须返回值（即无须通过 return 语句向主调函数传递数据），则可以将其函数类型定义为 void（即空值类型），以明确表示该函数无返回值。

④ 若在定义函数时，未明确指明该函数的类型，那么 C/C++语言会自动将该函数的类型视为 int 型。不过，最好还是明确指明函数的类型，以使得程序更加规范。

例如，如果省略 main( )函数的类型，类型会被视为 int 型，大多数的编译器都能正确编译。

【例 6.5】定义一个求两个数中最大数的函数，并在主函数中调用它。

问题分析：

① 首先编写求两个数中最大数的被调函数。可以先写出求两个数中最大数的独立主函数程序。

```
#include <stdio.h>
main()
 {
    int x,y,z;
    scanf("% d% d",&x,&y);
    if(x>y)
        z=x;
    else
        z=y;
    printf("z=% d\n",z);
}
```

② 再将上述主函数改写为如下被调函数。

```
int Max(int x,int y)
{
```

```
    int z;
    if(x>y)
     z=x;
    else
        z=y;
    return(z);
}
```

③ 最后写出完整的源程序。

```
#include <stdio.h>
main()
 {
   int a,b,m;
   scanf("%d%d",&a,&b);
   m=Max(a,b);                    //调用被调函数 Max()求最大数
   printf("最大数=%d\n",m);
 }
int Max(int x,int y)
{
  int z;
  if(x>y)
   z=x;
  else
   z=y;
  return(z);
}
```

6.2　函数的参数传递

　　参数传递就是把实参传递，或者说赋值给形参。形参本质上只是一个函数内部的局部变量，在参数列表中声明，这只是表明在调用函数的时候，会把实参赋值给对应位置的形参。简单来说，形参就是容器，实参是要放进容器的内容，而参数传递就是将实参按指定顺序分别放到几个容器中。

　　C/C++的参数传递一般会分为 3 种方式：按值传递、指针传递和引用传递。

　　在 C/C++语言中，所有函数参数本质上都是值传递，地址本质上也是一种值。函数调用时，实参的值被赋给形参，修改形参不会改变实参。传递指针实际是传递变量的地址。形参和实参是不同指针，但指向同一变量。修改形参不会改变实参，修改形参指向的变量会改变实参指向的对象。传递数组实际是传递数组起始元素的地址。与指针类似，修改形参不会改变实

187

参，修改形参的数组元素会改变实参的数组元素。

在 C++语言中，参数传递分为值传递和引用传递两种。在 C++语言中形参可以是引用类型，在 C 语言中不可以。

6.2.1 传值参数

这种方式使用变量、常量、数组元素作为函数参数，实际是将实参的值复制到形参相应的存储单元中，即形参和实参分别占用不同的存储单元，这种传递方式称为"参数的值传递"或者"函数的传值调用"。

值传递的特点是单向传递，即主调函数调用时给形参分配存储单元，把实参的值传递给形参，在调用结束后，形参的存储单元被释放，而形参值的任何变化都不会影响到实参的值，实参的存储单元仍保留并维持数值不变。

下面首先来看一个引例。

【例 6.6】编写程序，在被调函数中将主调函数中的两个局部变量的值交换。

源程序：

```c
#include "stdio.h"
void Swap(int m,int n)
{
    int temp;
    temp=m;
    m=n;
    n=temp;
    printf("m=%d,m=%d\n",m,n);
return;
}
main()
{
    int a,b;
    a=3;
    b=5;
    Swap(a,b);
    printf("a=%d,b=%d\n",a,b);
}
```

程序的运行结果：

```
m=5,n=3
a=3,b=5
```

变量 m、n 的值确实交换过来了，但变量 a 和 b 的值并没有改变。为什么呢？其原因就在于 C/C++ 语言中参数的传递是单向的。实参将值传递给形参，形参值发生互换后的值不能回传给主调函数。因此，主调函数中的数值不变。

其实，原因很简单。函数在调用时，隐含地把实参 a 的值赋值给了参数 x，而将实参 b 的值赋值给了参数 y，如下面的代码所示：

```
//将 a 的值赋值给 m (隐含动作)
int m = a;
//将 b 的值赋值给 n (隐含动作)
int n = b;
```

因此，之后在 Swap( ) 函数体内再也没有对 a 和 b 进行任何操作。而在 Swap( ) 函数体内交换的只是 m 和 n，并不是 a 和 b，当然，a 和 b 的值没有改变。整个 Swap( ) 函数调用是按照如下顺序执行的。

```
//将 a 的值赋值给 m (隐含动作)
int m = a;
//将 b 的值赋值给 n (隐含动作)
int n = b;
int tmp;
tmp = m;
m = n;
n = tmp;
printf("m= % d, n= % d\n", m, n);
```

由此可见，函数只是把 a 和 b 的值通过赋值传递给 m 和 n，在函数 Swap( ) 中操作的只是 m 和 n 的值，并不是 a 和 b 的值，这也就是所谓的参数的值传递。

6.2.2　引用参数

C++ 之所以增加引用类型，主要是把它作为函数参数，以扩充函数传递数据的功能，即传送变量的别名。

【例 6.7】利用"引用形参"实现两个变量的值互换。

```
#include <iostream>
using namespace std;
int main( )
{
  void swap(int &,int &);
  int i=3,j=5;
  Swap(i,j);
  cout<<"i = "<<i<<" "<<"j = "<<j<<endl;
```

```
    return 0;
}
void Swap(int &a,int &b)            //形参是引用类型
{
    int temp;
    temp=a;
    a=b;
    b=temp;
}
```

输出结果：

```
1
i=5 j=3
```

在 Swap( )函数的形参列表中声明 a 和 b 是整型变量的引用。

实际上，在虚实结合时是把实参 i 的地址传到形参 a，使形参 a 的地址取实参 i 的地址，从而使 a 和 i 共享同一单元。同样，将实参 j 的地址传到形参 b，使形参 b 的地址取实参 j 的地址，从而使 b 和 j 共享同一单元。这就是地址传递方式。为便于理解，可以通俗地说：把变量 i 的名字传给引用变量 a，使 a 成为 i 的别名。

> **思考：**
> 这种传递方式和使用指针变量作为形参时有何不同？可以发现：使用引用类型就不必在 Swap 函数中声明形参是指针变量。指针变量要另外开辟内存单元，其内容是地址。而引用变量不是一个独立的变量，不单独占内存单元，在例 6.7 中引用变量 a 和 b 的值的数据类型与实参相同，都是整型。

在 main( )函数中调用 Swap( )函数时，实参不必用变量的地址（在变量名的前面加 &），而直接用变量名。系统向形参传送的是实参的地址而不是实参的值。

这种用法比使用指针变量简单、直观、方便。使用变量的引用，可以部分代替指针的操作。有些过去只能用指针来处理的问题，现在可以用引用来代替，从而降低了程序设计的难度。

【例 6.8】 对 3 个变量按由小到大的顺序排序。

```
#include <iostream>
using namespace std;
int main( )
{
    void Sort(int &,int &,int &);       //函数声明,形参是引用类型
    int a,b,c;                          //a,b,c 是需排序的变量
    int a1,b1,c1;                       //a1,b1,c1 最终的值是已排好序的数列
    cout<<"Please enter 3 integers:";
```

```
  cin>>a>>b>>c;                          //输入 a、b、c
  a1=a;b1=b;c1=c;
  Sort(a1,b1,c1);                        //调用 Sort()函数,以 a1、b1、c1 为实参
  cout<<"sorted order is "<<a1<<" "<<b1<<" "<<c1<<endl;    //此时 a1、b1、
c1 已排好序
  return 0;
}
void Sort(int &i,int &j,int &k)    //对 i、j、k 3 个数排序
{
  void change(int &,int &);        //函数声明、形参是引用类型
  if (i>j) change (i,j);           //使 i<=j
  if (i>k) change (i,k);           //使 i<=k
  if (j>k) change (j,k);           //使 j<=k
}
void change (int &x,int &y)        //使 x 和 y 互换
{
  int temp;
  temp=x;
  x=y;
  y=temp;
}
```

运行情况：

```
Please enter 3 integers:23 12 -345↙
sorted order is -345 12 23
```

可以看到：这个程序很容易理解，不易出错。由于在调用 Sort()函数时虚实结合使形参 i、j、k 成为实参 a1、b1、c1 的引用，因此通过调用函数 Sort(a1，b1，c1)既实现了对 i、j、k 排序，也就同时实现了对 a1、b1、c1 排序。同样，执行 change (i，j)函数，可以实现对实参 i 和 j 的互换。

引用不仅可以用于变量，也可以用于对象。例如实参可以是一个对象名，在虚实结合时传递对象的起始地址。这会在以后介绍。

当看到 &a 这样的形式时，当 &a 的前面有类型符时（如 int &a），它必然是对引用的声明；如果前面无类型符（如 cout<<&a），则是取变量的地址。

6.2.3 指针参数

函数的参数不但可以是整型、实型、字符型等基本类型的数据，还可以是指针类型的数据。指针作为函数参数的作用是将主调函数中的变量地址传递到被调函数中，即实现地址

传递。

地址传递的特点是形参并不存在存储空间，编译系统不为形参数组分配内存。数组名或指针就是一组连续空间的首地址。因此在数组名或指针作为函数参数时所进行的传送只是地址传送，这种方式使用数组名或者指针作为函数参数，传递的是该数组的首地址或指针的值，而形参接收到的是地址，即指向实参的存储单元，形参和实参占用相同的存储单元，这种传递方式称为"参数的地址传递"。形参在取得该首地址之后，与实参共同拥有一段内存空间，形参的变化也就是实参的变化。

下面是一个调用示例，在被调函数中，通过指针形参间接引用并交换主调函数中两个变量的值。

```c
void Swap(int * px, int * py)
{
    int tmp;
    tmp = * px;
    * px = * py;
    * py = tmp;
    printf("* px = % d, * py = % d\n", * px, * py);
}
int main(void)
{
    int a=10;
    int b=20;
    Swap(&a, &b);
    printf("a = % d, b = % d\n", a, b);
    return 0;
}
```

在上面的示例代码中，函数 void Swap(int * px, int * py) 中的参数 px、py 都是指针类型，在 main() 函数中使用语句 "Swap(&a,&b)" 进行调用，该调用语句将 a 的地址(&a)代入 px，b 的地址(&b)代入 py。很显然，这里的函数调用有两个隐含操作：将 &a 的值赋值给参数 px，将 &b 的值赋值给参数 py，如下面的代码所示：

```c
px = &a;
py = &b;
```

这里与值传递方式存在区别。在值传递方式中，传的是变量 a 和 b 的内容（即在上面的值传递示例代码中，将 a 和 b 的内容传递给参数 x 和 y）；而这里的地址传递方式则是将变量 a 和 b 的地址值（&a 和 &b）传递给参数 px 和 py。因此，整个 Swap() 函数调用是按照如下顺序执行的：

```c
//将 &a 的值赋值给 px（隐含动作）
px = &a;
```

```
//将 &b 的值赋值给 py (隐含动作)
py = &b;
int tmp;
tmp = *px;
*px = *py;
*py = tmp;
printf("*px = %d, *py = %d\n", *px, *py);
```

这样，有了前两行的隐含赋值操作，指针变量 px 和 py 的值已经分别是变量 a 和 b 的地址值（&a 和 &b）。接下来，对"*px"和"*py"的操作当然也就是对 a 和 b 变量本身的操作了。所以 Swap() 函数中的交换操作就是对 a 和 b 值进行交换，这就是所谓的地址传递，程序的运行结果为：

```
*px = 20, *py = 10
a = 20, b = 10
```

源程序：

```
#include "stdio.h"
void swap(int *pa,int *pb)
{
        int temp;
        temp = *pa;
        *pa = *pb;
        *pb = temp;
        return;
}
main()
{
        int a,b;
        a = 3;
        b = 5;
        Swap(&a,&b);
        printf("a = %d,b = %d\n",a,b);
}
```

程序的运行结果：

```
a = 5,b = 3
```

可见，该程序成功地实现了在被调函数中交换主调函数中两个变量的值。其实现原理是，首先将主调函数中变量的地址传递到被调函数中，然后在被调函数中对主调函数中的变量进行间接引用。

Swap( )函数的交换过程如图 6.2 所示。

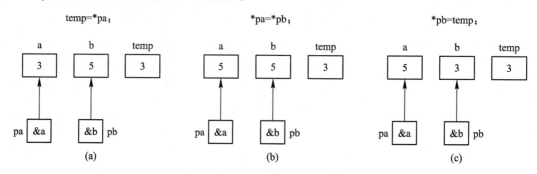

图 6.2　Swap( )函数的交换过程

由此，总结出通过指针形参实现间接引用的一般步骤为：

① 根据主调函数中待引用变量的数量和类型，在被调函数中定义相应的指针形参。

② 在主调函数中以待引用变量的地址作为对应的实参。

③ 在被调函数中通过指针形参间接引用主调函数中的对应变量。

【例 6.9】 编写求三个数中最大数和最小数的函数，要求不能用 return 语句或全局变量将求得的最大数和最小数传回到主调函数中。

问题分析：

由于限定不能用 return 语句或全局变量将求得的最大值和最小值传回到主调函数中，因此可以通过指针形参间接引用的方式，将最大值和最小值赋给主调函数中的变量。

源程序：

```
void Max_Min(int a,int b,int c,int *p,int *q)
{
  int m,n;
  if(a>b)
  {
      m=a;
      n=b;
  }
  else
  {
      m=b;
      n=a;
  }
  if(c>m)
      m=c;
  if(c<n)
      n=c;
```

```
    *p=m;                //间接引用变量 Max
    *q=n;                //间接引用变量 Min
}
main()
{
  int x,y,z,Max,Min;
  printf("请输入三个整数：");
  scanf("% d% d% d",&x,&y,&z);
  Max_Min(x,y,z,&Max,&Min);
  printf("最大数=% d,最小数=% d\n",Max,Min);
}
```

由此可见，利用指针形参的间接引用，可以从被调函数中向主调函数同时传递多个值。

6.2.4　数组参数

1.　一维数组名作为函数参数

根据前述内容可知，若想在被调函数中，对主调函数中某个数组的元素进行间接引用，则必须将该数组元素的地址传递到被调函数中。

那么，如果要对一个一维数组的所有元素进行间接引用，是不是要将每个元素的地址都传递到被调函数中呢？实际上并不需要。因为一个一维数组所有元素的地址是连续有序的，因此只需要将该数组的首地址传递到被调函数中即可。

即以数组名为实参，以指针变量作为对应的形参。由于数组名只是一个地址，并未包含数组的长度信息，因此通常设置另一个参数，用来专门传递数组的长度。

【例 6.10】编程序，实现在被调函数中将主调函数中的整型数组的内容前后倒置。

问题分析：

① 欲在被调函数中改变主调函数中数组元素的值，须能够间接引用主调函数中的数组元素。因此，可在被调函数中以指针变量作为形参，并在主调函数中以数组名作为相应的实参。

② 假设实参数组 a 中有 n 个元素，要实现倒置，就是将 a[0] 与 a[n-1] 交换，再将 a[1] 与 a[n-2] 交换……直到将 a[n/2-1] 与 a[(n+1)/2] 交换。

一维数组的倒置如图 6.3 所示。

图 6.3　一维数组的倒置

算法设计：

① 定义两个整型变量 i 和 j，分别存储相交换的两个数组元素的下标值。

② 首先令 i=0、j=n-1。

③ 若 i<j，则循环执行第④至⑤步；否则，结束循环。

④ 将 a[i] 与 a[j] 的值相交换。

⑤ 令 i++、j--。

源程序：

```c
#include "stdio.h"
void inv(int *r,int n)
{
    int i,j,t;
    for(i=0,j=n-1;i<j;i++,j--)
    {
     t=*(r+i);
     *(r+i)=*(r+j);
     *(r+j)=t;
    }
    return;
}
main()
{
    int i;
    int a[10]={3,7,9,11,0,6,5,4,26,2};
    printf("原数组:");
    for(i=0;i<10;i++)
      printf("%d ",a[i]);
    printf("\n");
    inv(a,10);
    printf("倒置后数组:");
    for(i=0;i<10;i++)
      printf("%d ",a[i]);
    printf("\n");
}
```

程序的运行结果：

原数组：3 7 9 11 0 6 5 4 26 2

倒置后的数组：2 26 4 5 6 0 11 9 7 3

由于指针引用形式的 *(r+i) 也可以表示为数组元素形式的 r[i]，因此为了使得被调函数更直观，可将被调函数中的指针引用形式（包括函数头中的指针形参）改写为数组形式。

```
void inv(int r[],int n)
{
    int i,j,t;
    for(i=0,j=n-1;i<j;i++,j--)
    {
    t=r[i];
    r[i]= r[i+1];
    r[i+1]=t;
    }
    return;
}
```

形参数组与实参数组的对应关系如图 6.4 所示。

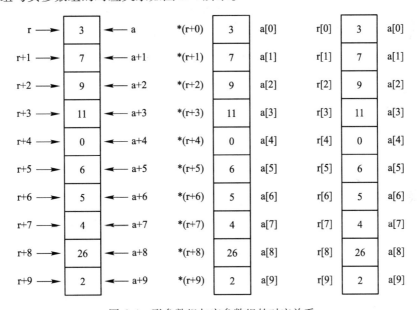

图 6.4　形参数组与实参数组的对应关系

【例 6.11】编写一个实现两个字符串相连接的被调函数及相应的主函数。

问题分析：

欲实现两个字符串的连接，只需先找到第一个字符串中'\0'的位置，再将第二个字符串中的字符逐个复制到第一个字符串之后，最后添加上'\0'即可。

算法设计：

① 首先在主函数中，输入两个字符串并存入到两个字符数组中。

② 将两个字符数组的首地址传递给被调函数中的两个字符指针形参。

③ 先通过第一个指针形参找到第一个字符串中'\0'的位置。

④ 将第二个指针形参所指向的字符串中的字符逐个复制到第一个字符串的末尾，直至'\0'

为止。

源程序:

```
#include "stdio.h"
void scat(char *p,char *q)
{
    while(*p!='\0')
      p++;                      //找到第一个字符串中'\0'的位置
    while(*q!='\0')
    {
      *p=*q;                    //复制第二个字符串中的字符
      p++;
      q++;
    }
    *p='\0';                    //在新字符串末尾添加'\0'
}
main()
{
    char a[80],b[80];
    printf("请输入两个字符串: \n");
    gets(a);
    gets(b);
    scat(a,b);
    printf("合并后的字符串是: \n");
    puts(a);
}
```

2. 二维数组名作为函数参数

若想在被调函数中,对主调函数中的某个二维数组的元素进行间接引用,则必须将该二维数组的元素地址传递到被调函数中。

为了能够在被调函数中求得二维数组所有元素的地址,可以将二维数组的数组名(即二维数组的首地址)作为实参传递到被调函数中。因为二维数组的数组名实际上是一个行指针,因此被调函数中对应的形参也应该是一个行指针变量。

【例6.12】编写程序,实现在被调函数中将主调函数中的方阵转置。

问题分析:

① 该程序属于在被调函数中对主调函数中的二维数组元素进行间接引用。因此,可以该数组的数组名作为实参,以相同类型的行指针变量作为形参。

② 将方阵转置就是以主对角线为对称轴,将对应元素的值相互交换。即a[1][0]与a[0]

[1]互换，a[2][0]与a[0][2]互换，a[2][1]与a[1][2]互换，依次类推，如图6.5所示。

1	2	3
7	8	9
4	5	6

1	7	4
2	8	5
3	9	6

图6.5 转置前和转置后的方阵

源程序：

```
#include "stdio.h"
#define N 3
void convert(int (*p)[N])              //p 为行指针变量
{
    int i,j,t;
    for(i=1;i<N;i++)                   //1 到 N-1 行
        for(j=0;j<i;j++)               //0 到 i-1 列
        {
            t=*(*(p+i)+j);
            *(*(p+i)+j)=*(*(p+j)+i);
            *(*(p+j)+i)=t;
        }
}
main()
{
    int a[N][N],i,j;
    printf("请输入二维数组元素的值：\n");
    for(i=0;i<N;i++)
      for(j=0;j<N;j++)
        scanf("% d",&a[i][j]);
    printf("原数组：\n");
    for(i=0;i<N;i++)
    {
        for(j=0;j<N;j++)
            printf("% 6d",a[i][j]);
        printf("\n");
    }
    convert(a);
    printf("转置后数组：\n");
```

```
for(i=0;i<N;i++)
{
    for(j=0;j<N;j++)
        printf("%6d",a[i][j]);
    printf("\n");
}
}
```

由于指针引用形式的＊(＊(p+i)+j)也可以表示为数组元素形式的p[i][j]，因此为了使得被调函数更直观，可将被调函数中的指针引用形式（包括函数头中的指针形参）改写为数组形式。

```
void convert(int p[][N])
{
    int i,j,t;
    for(i=1;i<N;i++)
        for(j=0;j<i;j++)
        {
            t=p[i][j];
            p[i][j]=p[j][i];
            p[j][i]=t;
        }
}
```

6.3 函数的递归调用

6.3.1 什么是递归

递归，在计算机科学中是指一种通过重复将问题分解为同类的子问题而解决问题的方法。在程序设计语言中，递归表现为函数调用函数本身。对于递归有个通俗的解释就是"大事化小，小事化了"。

知乎有一个比喻递归的例子，就是查词典。使用词典的过程，就是一个递归。为了明晰一个词的意义，需要更多的词来解释。当查找一个词的时候，可能会发现这个词的解释中存在某个词仍然不懂，于是需要继续查第二个词，可惜，第二个词里可能仍然有不懂的词，于是继续查找第三个词，依次这样查找下去，直到有一个词的解释是完全能看懂的，那么递归就走到了尽头，然后开始回退，逐个明白之前查过的每一个词，最终，明白了最开始那个词的意思。

在定义某一事物的时候，又直接或间接地用到了该事物本身，则称之为**递归定义**。

例如，将 n 的阶乘定义为 n-1 的阶乘乘以 n，就是一个递归定义。同样地，如果在定义一个函数时，又直接或间接地调用了该函数自身，则称之为递归函数。

那么这个递归定义会不会是一个无限循环呢？答案是否定的。因为 n!＝n＊(n-1)!＝n＊(n-1)＊(n-2)!＝…＝n＊(n-1)＊(n-2)＊…＊1!，而 1! 等于 1。

可见，递归的思想是将一个复杂的问题 P0 转换为类似的更简单的问题 P1，再将 P1 转换为类似的更简单的问题 P2，依此类推，直到得到的问题 Pn 足够简单，可以立即求得答案为止。然后再反向推出 Pn-1,Pn-2,…,P1,P0 的解。

总而言之，递归需要满足以下三个条件。

① 一个问题的解可以分解为若干个子问题的解。

子问题就是数据规模更小的问题。比如，上面查字典的例子，要查第一个词的问题，可以分解为"第二个词、第三个词的解释是什么"这样的子问题。

② 原问题与分解之后的子问题，数据规模不同，但求解思路相同。

如查字典的例子，查第一个词和查第二个、第三词其思路是一模一样的。

③ 存在递归终止条件。

依然是查字典的例子，不能一直查下去，一定要存在全部都理解的词，这个就是终止条件。

6.3.2 函数递归示例

动画演示：
递归

下面来看一下函数的递归问题。

【例 6.13】用递归法求阶乘。

问题分析：

根据阶乘的递归定义 n!＝n＊(n-1)!，可以得到求 n! 的递归函数的编程思路：若定义求 n! 的函数首部为 float Fac(int n)，那么如果 n 的值为 1，则其阶乘的值为 1。否则，n 的阶乘就可以表示为 n＊Fac(n-1)。其中的 Fac(n-1) 是以 n-1 为实参对 Fac( ) 函数的递归调用，故其函数值为 n-1 的阶乘。

由此可以得出如下递归函数及相应的主函数。

源程序：

```c
#include <stdio.h>
float Fac(int n)
{
    float f;
    if(n==1)
        f=1;
    else
        f = n * Fac(n-1);
    return(f);
}
main()
```

```
{
    float y;
    int m;
    printf("请输入一个正整数：");
    scanf("% d",&m);
    y = Fac(m);
    printf("% d!=% .0f \n",m,y);
}
```

该程序真的能求出 m 的阶乘吗？其中递归函数的调用与返回过程是怎样的呢？下面以 m 取值 3 为例来分析。为便于分析，将其中的被调函数重写了三遍。

主函数：

```
main()
{
    float y;
    int m;
    printf("请输入一个正整数：");
    scanf("% d",&m);
    y = Fac(m);
    printf("% d!=% .0f \n",m,y);
}
```

Fac( )函数的第一次调用：

```
float Fac(int n)
{
    float f;
    if(n = =1)
        f = 1;
    else
        f = n * Fac(n-1);
    return(f);
}
```

Fac( )函数的第二次调用：

```
float Fac(int n)
{
    float f;
    if(n = =1)
        f = 1;
```

```
    else
        f = n * Fac(n-1);
    return(f);
}
```

Fac( )函数的第三次调用：

```
float Fac(int n)
{
    float f;
    if(n==1)
        f=1;
    else
        f = n * Fac(n-1);
    return(f);
}
```

该程序从主函数开始执行，假定输入 m 的值为 3。当执行到 y=Fac(m)时，转入 Fac( )函数的第一次调用。将实参 3 赋给形参 n，再执行函数体中 if 语句的 else 子句 f=3 * Fac(2);。此时产生 Fac( )函数的第二次调用。将实参 2 赋给形参 n，再执行函数体中 if 语句的 else 子句 f=2 * Fac(1);。此时产生 Fac( )函数的第三次调用。将实参 1 赋给形参 n，再执行函数体中 if 语句的 if 子句 f=1;。然后执行 return(f);将第三次调用的返回值传回到第二次调用中，作为 Fac(1)的函数值。进而求出第二次调用的 f 值为 2。然后执行 return(f);将第二次调用的返回值传回到第一次调用中，作为 Fac(2)的函数值。进而求出第一次调用的 f 值为 6。然后执行 return(f);将第一次调用的返回值传回到主函数中，作为 Fac(3)的函数值。至此完成 Fac( )函数的递归调用过程。

可以看出，函数的调用次序是 main( )→Fac(3)→Fac(2)→Fac(1)，而函数的返回次序则是 Fac(1)→Fac(2)→Fac(3)→main( )。

从递归程序的执行过程可以发现，递归程序的执行效率并不高。但是，有的问题特别适合用递归方法编程，有的问题甚至于只能用递归方法编程，这就是递归程序存在的理由。

【例6.14】用递归法求出斐波那契数列的前 40 项。

问题分析：

斐波那契数列的变化规律是：fib(1)=1，fib(2)=1，…，fib(n)=fib(n-2)+fib(n-1)。可见，该问题适合于采用递归的方法编程序求解。

由上述规律可得到求斐波那契数列第 n 项的递归函数的编程思路如下：

若定义求斐波那契数列第 n 项的函数首部为 long fib(int n)，那么如果 n 的值为 1 或 2，则该函数值为 1；否则，该函数值就可以表示为 fib(n-2)+fib(n-1)。其中的 fib(n-2)与 fib(n-1)分别是以 n-2 与 n-1 为实参对 fib( )函数的递归调用，故其函数值分别为斐波那契数列的第 n-2 项与第 n-1 项。

由此可以得出如下递归函数及相应的主函数。

源程序:

```
#include <stdio.h>
long fib(int n)
{
    long f;
    if(n==1 || n==2)
      f=1;
    else
      f=fib(n-2)+fib(n-1);
    return(f);
}
main()
{
int i;
for(i=1;i<=40;i++)
    printf("%16ld",fib(i));
}
```

运行该程序时,将会发现后面几项的输出速度相当慢。那么,请计算一下,在求第 40 项时,总共进行了多少次递归调用。

6.4 变量的作用域和存储方式

6.4.1 变量的作用域

程序中定义的变量,只有在一定的范围之内才是有效的,这个范围称为该变量的作用域。

1. 局部变量

凡是在函数内部定义的变量,都是局部变量。局部变量的作用域为从定义点开始直至函数体或复合语句的末尾。

特别要注意,在函数首部中定义的形参也是局部变量,只能在本函数的函数体中引用。

例如,以下是例 6.3 的源程序:

```
#include <stdio.h>
long Fac(int k)
{
    long p;
    int i;
```

```
    p=1;
    for(i=1;i<=k;i++)
      p=p*i;
    return p;
}
main()
{
    int m,n;
    long c;
    printf("请输入m与n的值\n");
    scanf("%d%d",&m,&n);
    c=Fac(m)/(Fac(n)*Fac(m-n));
    printf("m中取n的组合数为%ld\n",c);
}
```

在该程序中，被调函数 Fac( )中定义的变量 p 和 i 以及形参 k 均为局部变量，故不能直接在主函数中对变量 p 和 i 以及形参 k 进行操作。

【例6.15】局部变量示例。

```
#include <stdio.h>
main()
{
    int a,b;
    scanf("%d%d",&a,&b);
    {
        int t;
        t=a;
        a=b;
        b=t;
    }
    printf("t=%d\n",t);
    printf("a=%d,b=%d\n",a,b);
}
```

该程序编译时，将会提示语法错误。这是因为该程序中定义的变量 a、b、t 均为局部变量。局部变量 a、b 的作用域是整个函数体，而局部变量 t 的作用域是定义它的复合语句。

若将该程序做如下修正，则可以正确运行。

```
#include <stdio.h>
main()
```

```
{
    int a,b;
    scanf("% d% d",&a,&b);
    {
        int t;
        t = a;
        a = b;
        b = t;
        printf("t = % d \n",t);
    }
    printf("a = % d,b = % d \n",a,b);
}
```

2. 全局变量

前面所介绍的程序，都只有一个程序文件。实际上，一个 C/C++语言程序可以包括若干个程序文件。

在 C/C++语言程序中，凡是在函数外部定义的变量，都是全局变量。全局变量的作用域，是从其定义点开始直至本程序文件的末尾。

【例6.16】编写一个求圆的面积的被调函数以及调用它求圆环的面积的主函数。限定不能使用函数参数和返回值在函数之间传递数据。

问题分析：

由于限定不能使用函数参数和返回值传递数据，故可借助于全局变量在函数之间传递数据。

源程序：

```
#include <stdio.h>
float r,s;
void area()
{
    s = 3.14159 * r * r;
    return;
}
main()
{
    float r1,r2,s1,s2,s0;
    printf("请输入圆环的外圆半径和内圆半径:");
    scanf("% f% f",&r1,&r2);
    r = r1;
```

```
    area();
    s1 = s;
    r = r2;
    area();
    s2 = s;
    s0 = s1 - s2;
    printf("圆环面积 = % f \n",s0);
}
```

在该程序中，因为变量 r、s 为全局变量，故在被调函数和主函数中均可引用。可见，除了利用函数参数和函数返回值之外，还可以利用全局变量来实现函数之间的数据传递。

利用被调函数的返回值，只能将一个数据传回到主调函数中。而利用多个全局变量，则可以将多个数据传回到主调函数中。不过，使用全局变量增加了函数之间的耦合性（即函数之间的相互影响性），故应尽量少用全局变量。

在 C/C++语言中，允许具有不同作用域的两个变量重名。当全局变量与局部变量重名时，在该局部变量的作用域内，同名的全局变量将被屏蔽。

【例 6.17】同名变量的屏蔽。

```
#include <stdio.h>
int a = 100;
main()
{
    {
        int a;
        a = 200;
        printf("内层的 a = % d \n",a);
    }
    printf("外层的 a = % d \n",a);
}
```

程序的运行结果：

```
内层的 a = 200
外层的 a = 100
```

6.4.2 变量的存储方式

在 C/C++语言程序中定义的变量，按照其存储方式不同，具有不同的生存周期。静态存储方式的变量，在整个程序运行期间，将始终占据内存空间。动态存储方式的变量，在程序运行期间，将动态地分配与回收内存空间。

变量的存储方式是通过定义其存储类别来指定的。C/C++语言中的变量共有 4 种存储类

程序设计语言基础(C&C++)

别，即 auto、register、static 和 extern。本节只介绍局部变量的存储类别，而全局变量的存储类别将在下一节中介绍。

局部变量既可以采用动态存储方式，也可以采用静态存储方式。具体来说，局部变量有以下三种存储类别。

1. auto 变量（自动变量）

该类变量，在所在函数被调用时，由系统自动分配内存空间；而在该函数返回时，由系统自动释放内存空间。未经赋值的自动变量，其值是不确定的。

自动变量的定义形式为

```
auto 类型说明符 变量名;
```

例如：

```
auto int a,b;
```

对于未作特别说明的局部变量，系统默认其存储类别为自动存储类别。例如，例 6.3 中的局部变量 k、p、i、m、n、c 均为自动变量。

2. register 变量（寄存器变量）

寄存器变量是存储于 CPU 寄存器中的局部变量，其生存周期与 auto 变量相同。

寄存器变量的定义形式为

```
register 类型说明符 变量名;
```

例如：

```
register int a,b;
```

由于新型的 C/C++语言编译系统能够自动地优化寄存器的分配，故定义寄存器变量已无必要。

3. static 局部变量（静态局部变量）

该类局部变量占用的内存空间，在所在函数返回时并不释放，而要一直保持到整个程序运行结束为止。此外，静态局部变量只在程序被编译时进行一次初始化，而在程序运行过程中不再进行初始化。

定义静态局部变量的一般形式为

```
static 类型说明符 变量名;
```

例如：

```
static int a,b;
```

【例 6.18】 利用静态局部变量求 1！~5！。

```
#include <stdio.h>
int Fact(int n)
```

```
{
    static int f = 1;              //f 是静态局部变量,只在编译时进行一次初始化
    f=f*n;
    return(f);
}
main()
{
    int i;
    for(i=1; i<=5; i++)
        printf("% d!=% d\n", i,Fact(i));
}
```

在该程序中,对 Fac() 函数进行了 5 次调用。在每次调用中,变量 n 和 f 的值的变化过程如下:

调用次数	n 的取值	函数调用时 f 的值	函数返回时 f 的值
第 1 次调用	1	1	1
第 2 次调用	2	1	2
第 3 次调用	3	2	6
第 4 次调用	4	6	24
第 5 次调用	5	24	120

可见,在 Fac() 函数返回时,静态变量 f 占用的内存空间并不释放(即函数返回时,变量 f 的值保留了下来),直至整个程序运行结束时才释放。

虽然,利用静态局部变量的特性也可以求得阶乘,但是该程序的可读性不好。

未赋值的静态局部变量,在程序被编译时将自动初始化为 0。

6.5 函数的参数缺省

在 C++中,定义函数时可以给形参指定一个默认值,这样调用函数时如果没有给这个形参赋值(没有对应的实参,即实参缺省),那么就使用这个默认的值。也就是说,调用函数时可以省略有默认值的参数。如果程序员指定了参数的值,那么就使用程序员指定的值,否则使用参数的默认值。

所谓默认参数,指的是当函数调用中实参缺省时自动使用的一个值,这个值就是给形参指定的默认值。

下面是一个简单的示例:

【例 6.19】参数缺省举例。

```
#include<iostream>
using namespace std;
//带默认参数的函数
```

```
void func(int n, float b=1.2, char c='@'){
    cout<<n<<", "<<b<<", "<<c<<endl;
}
int main(){
    //为所有参数传值
    func(10, 3.5, '#');
    //为 n 和 b 传值, 相当于调用 func(20, 9.8, '@')
    func(20, 9.8);
    //只为 n 传值, 相当于调用 func(30, 1.2, '@')
    func(30);
    return 0;
}
```

程序的运行结果:

```
10, 3.5, #
20, 9.8, @
30, 1.2, @
```

上述程序中定义了一个带有默认参数的函数 func( ), 并在 main( ) 函数中进行了不同形式的调用。为参数指定默认值非常简单, 直接在形参列表中赋值即可, 与定义普通变量的形式类似。

指定了默认参数后, 调用函数时就可以省略对应的实参了。

默认参数不仅可以使用数值常量指定, 还可以使用表达式指定, 例如:

```
float d = 10.8;
void func(int n, float b=d+2.9, char c='@'){
    cout<<n<<", "<<b<<", "<<c<<endl;
}
```

C++规定, 默认参数只能放在形参列表的最后, 而且一旦为某个形参指定了默认值, 那么它后面的所有形参都必须有默认值。实参和形参的传值是从左到右依次匹配的, 默认参数的连续性是保证正确传参的前提。

下面定义默认参数的方法是正确的:

```
void func(int a, int b=10, int c=20){}
void func(int a, int b, int c=20){}
```

但如下定义默认参数的方法是错误的:

```
void func(int a, int b=10, int c=20, int d){}
void func(int a, int b=10, int c, int d=20){}
```

默认参数并非编程方面的重大突破, 而只是提供了一种便捷的方式。在设计类时将发现, 通过使用默认参数, 可以减少要定义的析构函数、方法以及方法重载的数量。

6.6 函数重载

6.6.1 函数重载概述

在程序开发中，有时需要实现几个功能类似的函数，只是有些细节不同。例如希望交换两个变量的值，这两个变量有多种类型，可以是 int、float、char 和 bool 等，需要通过参数把变量的地址传入函数内部。在 C/C++语言中，程序员往往需要分别设计出多个不同名的函数，其函数原型与下面类似。

```
void Swap1(int *a, int *b);       //交换 int 型变量的值
void Swap2(float *a, float *b);   //交换 float 型变量的值
void Swap3(char *a, char *b);     //交换 char 型变量的值
void Swap4(bool *a, bool *b);     //交换 bool 型变量的值
```

C++中对此进行了优化，允许多个函数拥有相同的名字，只要它们的参数列表不同就可以，这就是函数的重载（function overloading）。参数列表包括参数的类型、参数的个数和参数的顺序，只要有一个不同就可以认为是参数列表不同。借助重载，一个函数名可以有多种功能。

【例 6.20】借助函数重载交换不同类型的变量的值。

```cpp
#include <iostream>
using namespace std;
//交换 int 型变量的值
void Swap(int *a, int *b){
    int temp = *a;
    *a = *b;
    *b = temp;
}
//交换 float 型变量的值
void Swap(float *a, float *b){
    float temp = *a;
    *a = *b;
    *b = temp;
}
//交换 char 型变量的值
void Swap(char *a, char *b){
    char temp = *a;
    *a = *b;
```

```
    *b = temp;
}
//交换 bool 型变量的值
void Swap(bool *a, bool *b){
    char temp = *a;
    *a = *b;
    *b = temp;
}
int main(){
    //交换 int 型变量的值
    int n1 = 100, n2 = 200;
    Swap(&n1, &n2);
    cout<<n1<<", "<<n2<<endl;

    //交换 float 型变量的值
    float f1 = 11.11, f2 = 22.22;
    Swap(&f1, &f2);
    cout<<f1<<", "<<f2<<endl;

    //交换 char 型变量的值
    char c1 = 'A', c2 = 'B';
    Swap(&c1, &c2);
    cout<<c1<<", "<<c2<<endl;

    //交换 bool 型变量的值
    bool b1 = false, b2 = true;
    Swap(&b1, &b2);
    cout<<b1<<", "<<b2<<endl;
    return 0;
}
```

程序的运行结果：

```
200,100
22.22,11.11
B, A
1, 0
```

通过本例可以发现，重载就是在一个作用范围内（同一个类、同一个命名空间等）有多个名称相同但参数不同的函数。重载的结果是让一个函数名拥有了多种用途。

6.6.2　函数重载的规则

在使用重载函数时，同名函数的功能应当相同或相近，不要用同一函数名去实现完全不相干的功能，虽然程序也能运行，但可读性不好，不伦不类。

参数列表不同包括参数的个数不同、参数的类型不同或参数的顺序不同。注意，仅仅参数名称不同是不可以的。函数返回值也不能作为重载的依据。

函数的重载的规则如下：
① 函数名称必须相同。
② 参数列表必须不同（个数不同、类型不同、参数排列顺序不同等）。
③ 函数的返回类型可以相同也可以不相同。
④ 仅仅返回类型不同不足以成为函数的重载。

6.6.3　函数重载的实现

C++程序在编译时会根据参数列表对函数进行重命名，例如 void Swap（int a，int b），会被重命名为_Swap_int_int；void Swap（float x，float y）会被重命名为_Swap_float_float。当发生函数调用时，编译器会根据传入的实参去逐个匹配，以选择对应的函数，如果匹配失败，编译器就会报错，这称为重载决议（overload resolution）。

不同的 C++编译器所采用的重命名方式不同，上述的命名方式仅仅是一个示例，也可能采用其他的命名方式。故而从这个角度讲，函数重载是发生在语法层面的，本质上它们还是不同的函数，占用不同的内存，入口地址也不同。

6.7　函数模板

6.7.1　什么是函数模板

值（value）和类型（type）是数据的两个主要特征，它们在 C++中都可以被参数化。数据的值可以通过函数参数传递，在函数定义时数据的值是未知的，只有等到函数调用时接收了实参才能确定其值，这就是数据的值的参数化。

在 C++中，数据的类型也可以通过参数来传递，在函数定义时可以不指明具体的数据类型，当发生函数调用时，编译器可以根据传入的实参自动推断数据类型，这就是数据的类型的参数化。

所谓函数模板，实际上就是建立一个通用函数，它所用到的数据类型，包括返回值类型、形参类型和局部变量类型，可以不具体指定，而是用一个虚拟的类型来代替（可以理解为一个占位标识符），等发生函数调用时再根据传入的实参来逆推出真正的数据类型。这个通用函数就称为函数模板（function template）。凡是函数体相同的函数都可以用这个模板来取代模板中的虚拟类型,从而实现了不同函数的功能。

在 6.6 节所述的函数重载虽然在调用时方便了一些,但从本质上说还是定义了三个功能和函数体都相同的函数,只是数据的类型不同而已,这样其实还是有点浪费代码。借助函数模板,能把它们压缩成一个函数。

在函数模板中,数据的值和类型都被参数化了,发生函数调用时编译器会根据传入的实参来推演形参的值和类型。换个角度说,函数模板除了支持值的参数化,还支持类型的参数化。

一旦定义了函数模板,就可以将类型参数用于函数定义和函数声明了。说得直白一点,原来使用 int、float、char 等内置类型的地方,都可以用类型参数来代替。

6.7.2 函数模板应用实例

下面看一下函数模板的例子,将例 6.20 中的 4 个 Swap()函数压缩为一个函数模板的形式。

【例 6.21】函数模板示例(一)。

```cpp
#include <iostream>
using namespace std;
template<typename T> void Swap(T * a, T * b)
{
    T temp = *a;
    *a = *b;
    *b = temp;
}
int main()
{
    //交换 int 型变量的值
    int n1 = 100, n2 = 200;
    Swap(&n1, &n2);
    cout<<n1<<", "<<n2<<endl;
    //交换 float 型变量的值
    float f1 = 11.11, f2 = 22.22;
    Swap(&f1, &f2);
    cout<<f1<<", "<<f2<<endl;
    //交换 char 型变量的值
    char c1 = 'A', c2 = 'B';
    Swap(&c1, &c2);
    cout<<c1<<", "<<c2<<endl;
    //交换 bool 型变量的值
```

```
    bool b1 = false, b2 = true;
    Swap(&b1, &b2);
    cout<<b1<<", "<<b2<<endl;
    return 0;
}
```

程序的运行结果：

```
200, 100
22.22, 11.11
B, A
1, 0
```

template 是定义函数模板的关键字，它后面紧跟尖括号 "<>"，尖括号里的是类型参数（也可以说是虚拟的类型，或者类型占位符）。typename 是另外一个关键字，用来声明具体的类型参数，这里的类型参数就是 T。

从整体上看，template<typename T>被称为模板头。模板头中包含的类型参数可以用在函数定义的各个位置，包括返回值、形参列表和函数体；本例在形参列表和函数体中使用了类型参数 T。

类型参数的命名规则跟其他标识符的命名规则一样，不过使用 T、T1、T2、Type 等已经成为了一种惯例。

定义了函数模板后，就可以像调用普通函数一样来调用它们了。

使用引用重新实现 Swap( )这个函数模板。

【例 6.22】函数模板示例（二）。

```
#include <iostream>
using namespace std;
template<typename T> void Swap(T &a, T &b)
{
    T temp = a;
    a = b;
    b = temp;
}
int main()
{
    //交换 int 型变量的值
    int n1 = 100, n2 = 200;
    Swap(n1, n2);
    cout<<n1<<", "<<n2<<endl;
    //交换 float 型变量的值
    float f1 = 11.11, f2 = 22.22;
```

```
    Swap(f1, f2);
    cout<<f1<<", "<<f2<<endl;
    //交换 char 型变量的值
    char c1 = 'A', c2 = 'B';
    Swap(c1, c2);
    cout<<c1<<", "<<c2<<endl;
    //交换 bool 型变量的值
    bool b1 = false, b2 = true;
    Swap(b1, b2);
    cout<<b1<<", "<<b2<<endl;
    return 0;
}
```

函数模板不但使函数定义简洁明了，也使调用函数更加方便。整体来看，函数模板的使用使得编码更加有效和规范。

6.7.3 模板函数的定义

定义模板函数的语法如下：

```
template <typename 类型参数 1,typename 类型参数 2,…> 返回值类型    函数名(形
参列表)
{
    //在函数体中可以使用类型参数
}
```

其中，typename 表明其后面的符号是一种数据类型；类型参数可以有多个，它们之间以逗号","分隔，通常用大写字母表示，其中的一个参数名是一个标识符，该参数名对应的实参可以是系统预定义类型，如 int、float 等，也可以是用户定义类型。类型参数列表以"<>"包围，形式参数列表以"( )"包围。函数定义部分与一般函数定义格式一样。

typename 关键字也可以使用 class 关键字代替，它们没有任何区别。C++早期版本对模板的支持并不严谨，没有引入新的关键字，而是用 class 来指明类型参数，但是 class 关键字本来已经用在类的定义中了，这样做显得不太友好，所以后来 C++又引入了一个新的关键字 typename，专门用来定义类型参数。不过至今仍然有很多代码在使用 class 关键字，包括 C++标准库和一些开源程序等。

更改上面的 Swap( )函数，使用 class 来指明类型参数。

```
template<class T> void Swap(T &a, T &b)
{
    T temp = a;
    a = b;
```

```
        b = temp;
}
```

除了将 typename 替换为 class，其他部分没有区别。

为了加深对函数模板的理解，再来看一个求三个数的最大值的例子。

【例 6.23】 求三个数中的最大值的函数模板示例。

```cpp
#include <iostream>
using namespace std;
//声明函数模板
template<typename T> T Max(T a, T b, T c);
int main()
{
    //求三个整数中的最大值
    int i1, i2, i3, i_Max;
    cin >> i1 >> i2 >> i3;
    i_Max = Max(i1,i2,i3);
    cout << "i_Max=" << i_Max << endl;
    //求三个双精度数中的最大值
    double d1, d2, d3, d_Max;
    cin >> d1 >> d2 >> d3;
    d_Max = Max(d1,d2,d3);
    cout << "d_Max=" << d_Max << endl;
    //求三个长整型数中的最大值
    long g1, g2, g3, g_Max;
    cin >> g1 >> g2 >> g3;
    g_Max = Max(g1,g2,g3);
    cout << "g_Max=" << g_Max << endl;
    return 0;
}
//定义函数模板
template<typename T>                    //模板头
T Max(T a, T b, T c)                    //函数头
{
    T Max_num = a;
    if(b>Max_num)
        Max_num = b;
    if(c>Max_num)
        Max_num = c;
```

```
        return Max_num;
}
```

程序的运行结果：

```
12  34  56↙
i_Max=56
3.14  2.72  6.66↙
d_Max=6.66
1314  988  1000↙
g_Max=1314
```

函数模板也可以提前声明，不过声明时需要带上模板头，并且模板头和函数定义（声明）是一个不可分割的整体，它们可以换行，但中间不能有分号。

扩展阅读：
C++中的标
准模板库STL

总结：

① 函数模板可以像一般函数那样来直接使用，程序员只需要给出具体的实参，而系统则根据实参信息确定给出函数模板的各"参数名"所对应的具体类型，从而将其实例化为一个具体的函数，而后再去调用执行。

② 系统处理函数模板和同名函数调用的过程（以 Max(m,n)为例）。

a. 首先搜索程序说明中是否有参数表恰好与 Max(m,n)的参数表完全相同的同名函数；如果有，则调用此函数代码执行，否则执行下一步。

b. 检查是否有函数模板，且可以经过实例化成为参数匹配的同名函数；如果有，则调用此实例化的函数模板代码执行，否则执行下一步。

c. 检查是否有同名函数，可经过参数的自动转换后实现参数匹配；如果有，则调用该函数代码执行。

d. 如果这三种情况都未找到匹配函数，则按出错处理。

值得注意的是，调用函数模板时，不同于一般函数，它不允许类型的转换。也就是说，调用函数的实参表在类型上必须和某一实例化的模板函数的函数形参表完全匹配。相反，对一般的函数定义，系统将进行实参到形参类型的自动转换。

习题6

习题6答案

一、判断题

1. 被调函数传递给主调函数的数据，称为被调函数的返回值。（   ）

2. 无返回值的函数，调用时只能作为语句，而不能出现在表达式中。（   ）

3. 无参函数没有返回值，有参函数有返回值。（   ）

4. 实参与形参的类型必须相同。（   ）

5. 不同作用域中的局部变量可以同名，且相互独立。（   ）

6. 全局变量的作用域是定义该变量的整个程序。(   )

7. 未做特别说明的全局变量都是静态全局变量。(   )

8. 用指针作为函数参数时，能够更改主调函数中变量的值。因此，此时的参数是双向传递。(   )

9. 可以对形参数组名进行赋值。(   )

10. 一个函数的函数名代表了该函数的代码在内存中的首地址。(   )

11. 对于形参数组元素的任何更改，都会影响到对应的实参数组元素。(   )

12. 二维数组名作为函数实参时，需要通过另一个实参向被调函数传递该数组的列数。(   )

二、填空题

1. 实参与形参的类型，必须具有_____或_____的关系。

2. 参数传递时，只能将_____的值传给_____，反之不可以。

3. 函数的一次调用，最多有_____个返回值，最少有_____个返回值。

4. 若有函数 char f( ) {return 100;}，则其返回值为_____。

5. 按作用域划分，形参属于_____变量。

6. 静态局部变量的内存分配和初始化是在程序_____之前完成的。

7. 一维数组名作为函数实参时，其对应的形参是_____。此时，通常需要设置另一个实参，用于传递_____。

8. 若主函数中有二维数组 int a[5][6]，当以数组名 a 作为实参时，对应的形参 p 的定义形式为_____。此时，通常需要设置另一个实参，用于传递_____。

9. 返回指针的函数的返回值，不能是在本函数中定义的_____变量的地址值。

10. 若有函数原型 float fun(float x)；，则指向该函数的指针变量 p 的定义形式为_____。

三、单选题

1. C/C++语言中的三角函数的参数的单位是_____。
   A. 度　　　　　　　　B. 弧度　　　　　　　C. 度和弧度　　　　　D. 无

2. 计算 x 的常用对数的正确表达式是_____。
   A. y = double log(double x)　　　　　B. y = log(x)
   C. y = double log10(double x)　　　　D. y = log10(x)

3. 关于函数参数的描述正确的是_____。
   A. 实参只能是变量　　　　　　　　　B. 实参不能是常量或表达式
   C. 形参只能是变量　　　　　　　　　D. 形参不能是常量或表达式

4. 若有以下程序：

```
#include <stdio.h>
int fun(int a,int b,int c)
{
   c=a*b;
```

```
    return;
}
int main(void)
{
    int c;
    fun(2,3,c);
    printf("% d\n",c);
    return 0;
}
```

则程序的输出结果是_____。

    A. 0   B. 1   C. 6   D. 无定值

5. 能够正确地表示代数式 $\sqrt{\left| n^x + e^x \right|}$ （其中 e 是自然对数的底数）的 C/C++语言表达式是

_____。

    A. sqrt(fabs(pow(n,x)+exp(x)))   B. sqrt(fabs(pow(n,x)+ pow(e,x)))

    C. sqrt(abs(n^x+e^x))   D. sqrt(fabs(pow(x,n)+exp(x)))

6. 若有以下程序：

```
#include <stdio.h>
void fun(int a,int b){
    int t;
    t=a;
    a=b;
    b=t;
    return;
}
int main(void)
{
    int s[10]={1,2,3,4,5,6,7,8,9,0},i;
    for(i=0;i<10;i+=2)
        fun(s[i],s[i+1]);
        for(i=0;i<10;i++)
          printf("% d,",s[i]);
        return 0;
}
```

则程序的输出结果是_____。

    A. 2,1,4,3,6,5,8,7,0,9,   B. 1,2,3,4,5,6,7,8,9,0,

    C. 0,9,8,7,6,5,4,3,2,1,   D. 6,7,8,9,0,1,2,3,4,5,

7. 形参数组与实参数组，在内存空间中是_____的。

A. 相互独立   B. 完全重叠   C. 部分重叠   D. 随机存储

8. 不能通过指针型函数返回其地址的变量是_____。

     A. 全局变量   B. 静态局部变量

     C. 自动变量   D. 主调函数中定义的变量

9. 若有以下程序：

```c
#include <stdio.h>
void f(int *q,int n)
{
    int i;
    for(i = 0;i<n;i++)
    (*q)++;
    return;
}
int main(void)
{
    int a[5]={1,2,3,4,5},i;
    f(a,5);
    for(i = 0;i<5;i++)
        printf("% d,",a[i]);
    return 0;
}
```

则程序的输出结果是_____。

     A. 2,3,4,5,6,   B. 2,2,3,4,5,

     C. 6,2,3,4,5,   D. 1,2,3,4,5,

10. 若有以下程序：

```c
#include <stdio.h>
void fun(int a[][4],int b[],int m)
{
    int i,j;
    for(i = 0;i<m;i++)
    {
        b[i]=a[i][0];
        for(j=0;j<4;j++)
            if(a[i][j]>b[i])
                b[i]=a[i][j];
    }
    return;
```

```
}
int main(void)
{
    int x[3][4]={{1,2,33,4},{50,600,7,8},{99,10,11,120}},y[3],i;
    fun(x,y,3);
    for(i=0;i<3;i++)
        printf("% d,",y[i]);
    return 0;
}
```

则程序的输出结果是_____。

    A. 1,50,99,   B. 33,600,120,

    C. 1,7,10,   D. 4,8,120,

11. 若有以下程序：

```
#include <stdio.h>
int * fun(int * s,int * t)
{
    if(* s<* t)
        s=t;
    return s;
}
int main(void)
{
    int a=3,b=6, * p=&a, * q=&b, * r;
    r=fun(p,q);
    printf("% d,% d,% d\n",* p,* q,* r);
    return 0;
}
```

则程序的输出结果是_____。

    A. 3,3,6   B. 3,6,6   C. 6,3,3   D. 6,6,3

12. 若有以下程序段：

```
#include <stdio.h>
#include <math.h>
int main(void)
{
    double (* pf)(double,double);
    pf=pow;
```

```
......
    return 0;
}
```

则以下用于计算 x 的 y 次方的函数调用形式中错误的是_____。

    A. pow(x,y)   B. pf(x,y)   C.（＊pf）(x,y)   D. ＊pf(x,y)

13. 若有以下程序：

```
#include <stdio.h>
void convert(char ch)
{
    if(ch<'X')
        convert(ch+1);
    printf("% c",ch);
    return;
}
int main(void)
{
    convert('W');
    return 0;
}
```

则程序的输出结果是_____。

    A. WX   B. VW   C. XX   D. XW

14. 若有以下程序：

```
#include <stdio.h>
int fun(int x)
{
    if(x>10)
    {printf("% d-",x% 10);
     fun(x/10);
    }
    else
    printf("% d",x);
    return;
}
int main(void)
{
    int z=123456;
```

223

```
    fun(z);
    return 0;
}
```

则程序的输出结果是_____。

A. 1-2-3-4-5-6-   B. 1-2-3-4-5-6

C. 6-5-4-3-2-1-   D. 6-5-4-3-2-1

四、程序改错题

1. 程序功能：利用函数求两个数中的最大数（限定不使用全局变量）。

```c
#include <stdio.h>
void max(int x,y,z)
{
    if(x>y)
        z=x;
    else
        z=y;
    return;
}
int main(void)
{
    int a,b,m;
    scanf("%d%d",&a,&b);
    max(a,b,m);
    printf("最大数=%d\n",m);
    return 0;
}
```

2. 编写求两个整数最大公约数的函数，并调用此函数求两个整数的最大公约数（限定不使用全局变量）。

```c
#include <stdio.h>
void gcd()
{
    int m,n,r;
    while(1)
    {
        r=m%n;
        if(r==0)
```

```
            break;
        m=n;
        n=r;
    }
    return;
}
int main(void)
{
    int a,b,g;
    scanf("% d% d",&a,&b);
    m=a;
    n=b;
    gcd();
    g=n;
    printf("最大公约数=% d\n",g);
    return 0;
}
```

3. 程序功能：在被调函数中将三个整数按升序排序。（限定不能使用全局变量）

```
#include<stdio.h>
void swap(int pa,int pb)
{
    int temp;
    temp=pa;
    pa=pb;
    pb=temp;
    return;
}
void sort(int p,int q,int r)
{
    if(p>q)
        swap(p,q);
    if(p>r)
        swap(p,r);
    if(q>r)
        swap(q,r);
    return;
}
```

```c
int main(void)
{
    int a,b,c;
    printf("请输入三个整数:\n");
    scanf("%d%d%d",&a,&b,&c);
    sort(a,b,c);
    printf("排序之后的结果:\n");
    printf("a=%d,b=%d,c=%d\n",a,b,c);
    return 0;
}
```

4. 程序功能:在被调函数中求出 n 个数中的最大数及最小数。(限定不能使用全局变量)

```c
#include<stdio.h>
#define N 20
float max_min(float a[],int n,float pmin)
{
    float max,min;
    int i;
    max=min=a[0];
    for(i=1;i<=n-1;i++)
    {
        if(a[i]>max)
            max=a[i];
        if(a[i]<min)   /*或 else if(a[i]<min)*/
            min=a[i];
    }
    pmin=min;
    return(max);
}
int main(void)
{
    float x[N],max,min;
    int i;
    printf("请输入%d个整数:\n",N);
    for(i=0;i<N;i++)
        scanf("%f",&x[i]);
    max=max_min(x[N],N,min);
    printf("max=%f,min=%f\n",max,min);
```

```
    return 0;
}
```

五、写出下列程序的运行结果

1. 下面程序的运行结果是_____。

```c
#include <stdio.h>
int fun(int a,int b)
{
    int c;
    printf("a=%d,b=%d\n",a,b);
    c=a-b;
    return c;
}
int main(void)
{
    int x=2,y;
    y=fun(x,x=x+1);
    printf("y=%d\n",y);
    return 0;
}
```

2. 下面程序的运行结果是_____。

```c
#include <stdio.h>
int f(int k)
{
    int s=0;
    int i;
    for(i=1;i<=k;i++)
        s=s+i;
    return(s);
}
int main(void)
{
    int s=0;
    int i,m=5;
    for(i=0;i<m;i++)
    {
```

```
        s = s+f (i);
        printf ("s = % d \n",s);
    }
    return 0 ;
}
```

3. 下面程序的运行结果是_____。

```
#include <stdio.h>
int fun (int n)
{
    int k = 1;
    do
    {
        k * = n% 10 ;
        n = n /10 ;
    }
    while (n);
    return (k);
}
int main (void)
{
    int n = 456 ;
    printf ("% d \n",fun (n));
    return 0 ;
}
```

4. 下面程序的运行结果是_____。

```
#include <stdio.h>
int f (int a)
{
    return (a% 2 );
}
int main (void)
{
    int s[10]={1,3,5,7,9,2,4,6,8,10},i,d = 0;
    for (i = 0;f (s [i]);i ++)
        d+ = s [i];
    printf ("% d \n",d);
```

```
    return 0;
}
```

5. 下面程序的运行结果是_____。

```
#include <stdio.h>
void fun2(char a,char b)
{
    printf("%c %c ",a,b);
    return;
}
char a='A',b='B';
void fun1()
{
    a='C';
    b='D';
    return;
}
int main(void)
{
    fun1();
    printf("%c %c ",a,b);
    fun2('E','F');
    return 0;
}
```

6. 下面程序的运行结果是_____。

```
#include <stdio.h>
int fun(int n)
{
    static int f = 1;
    int i;
    for(i=1; i<=n; i++)
        f=f*i;
    return(f);
}
int main(void)
{
    int i;
```

```
    for(i=2; i<=4; i++)
        printf("% d \n",fun(i));
    return 0;
}
```

7. 下面程序的运行结果是_____。

```
#include  <stdio.h>
void swap(int  * pa,int pb)
{
        int temp;
        temp= * pa;
         * pa=pb;
        pb=temp;
        return;
}
int main(void)
{
        int a,b;
        a=123;
        b=456;
        swap(&a,b);
        printf("a=% d,b=% d \n",a,b);
        return 0;
}
```

8. 下面程序的运行结果是_____。

```
#include <stdio.h>
void inv(int  * r,int n)
{
    int i,j,t;
    for(i=0,j=n-1;i<j;i+=2,j-=2)
    {t= * (r+i);
     * (r+i)= * (r+j);
     * (r+j)=t;
    }
    return;
}
int main(void)
```

```
{
        int a[10]={1,2,3,4,5,6,7,8,9,10},i;
        inv(a,10);
        for(i=0;i<10;i++)
        printf("% d ",a[i]);
        return 0;
}
```

9. 下面程序的运行结果是_____。

```
#include<stdio.h>
void tran(char a[])
{
        char t;
        int i,j;
        for(j=0,i=0;a[i];i++)
          if(a[i]>='a'&&a[i]<='z')
          a[j++]=a[i]-32;
        a[j]=0;
        return;
}
int main(void)
{
        char s[100]="ab123c6de8gHK";
        tran(s);
        puts(s);
        return 0;
}
```

10. 下面程序的运行结果是_____。

```
#include <stdio.h>
int fun(int n)
{
        int f;
        if(n==1)
            f=1;
        else if(n==2)
            f=2;
        else
```

```
        f = fun (n-2) * fun (n-1);
      return(f);
}
int main (void)
{
    int y;
    y = fun (6);
    printf ("y = % d \n",y);
    return 0;
}
```

六、补足下列程序

1. 程序功能：找出能被 3 整除且至少有一位是 5 的两位正整数，在被调函数中输出符合条件的整数并统计其个数。

```
#include <stdio.h>
int cnt (int k)
{
    static int n = 0;
    int d0,d1;
    d0 = k% 10;
    d1 = k / 10;
    if (k% 3 = = 0 && (     【1】     ))
    {
        printf ("% d \n",k);
            【2】      ;
     }
    return n;
}
int main (void)
{
    int c = 0,k;
    for (k = 10;k< = 99;k++)
        c =     【3】     ;
    printf ("符合条件的整数个数 = % d \n",c);
    return 0;
}
```

2. 对 4~1 000 之间的偶数，验证哥德巴赫猜想。

```c
#include <stdio.h>
int isprime(int m)
{
    int i;
    for(i=2;i<=m-1;i++)
    {
        if(m%i==0)
            return(0);
    }
 return(1);
}
int main(void)
{
    int n,i;
    for(n=4;n<=1000;n+=2)
    {
        for(i=2;____【1】____;i++)
            if(____【2】____)
                {
                    printf("%d=%d+%d\n",n,i,n-i);
                    ____【3】____;
                }
    }
    return 0;
}
```

3. 如果一个正整数的真因子之和与其本身恰好相等，则称之为完全数。编写判断完全数的函数，然后在主函数中调用它求出 10 000 以内的所有完全数。

```c
#include <stdio.h>
int iscomp(int n)
{
    int sum,i;
    sum=0;
    for(i=1;____【1】____;i++)
    {
        if(____【2】____)
            sum+=i;
    }
```

```
        if(sum==n)
            return      【3】      ;
        else
          return      【4】      ;
    }
int main(void)
{
    int i;
    printf("10000 以内的完全数:\n");
    for(i=1;i<=10000;i++)
        if(iscomp(i))
    printf("%d\n",i);
    return 0;
}
```

4. 整数倒置函数。

```
#include <stdio.h>
long rev(long a)
{
    long r=0;
    short d;
    while(      【1】      )
    {
        d=a%10;
        r=      【2】      ;
        a=      【3】      ;
    }
    return(r);
}
int main(void)
{
    long x,r;
    printf("请输入一个正整数:");
    scanf("%ld",&x);
    r=rev(x);
    printf("倒置之后的整数=%ld\n",r);
    return 0;
}
```

5. 程序功能：从数组中删除指定的元素。

```c
#include<stdio.h>
#define N 10
int serch(int a[],int n,int x)
{
    int i,j;
    for(i=0;i<n;i++)
    {
        if(a[i]==x)
            ____【1】____ ;
    }
    if(i<n)
    {
        for(j=i;j<n-1;j++)
            ____【2】____ ;
        n--;
    }
    return(n);
}
int main(void)
{
    int d[N],x;
    int i,m;
    printf("请输入%d个整数：\n",N);
    for(i=0;i<N;i++)
        scanf("%d",&d[i]);
    printf("请输入要删除的数：\n");
    scanf("%d",&x);
    m=____【3】____ ;
    printf("删除之后的数据：\n");
    for(i=0;i<m;i++)
        printf("%d,",d[i]);
    return 0;
}
```

6. 程序功能：不调用库函数 strcmp( ) 比较两个字符串的大小。

```c
#include<stdio.h>
int scomp(char a[],char b[])
```

```c
{
    int i,r;
    i=0;
    while(a[i]!='\0'&&b[i]!='\0')        /*若遇到'\0',则停止比较*/
    {
        if(a[i]==b[i])
            【1】    ;
        else
            【2】    ;
    }
    r=    【3】    ;                      /*对应字符ASCII码之差,即比较结果*/
    return(r);
}
int main(void)
{
    char a[200],b[200];
    int d;
    printf("请输入两个字符串:\n");
    gets(a);
    gets(b);
    d=scomp(a,b);
    if(d>0)
        printf("字符串1大于字符串2.\n");
    else if(d<0)
        printf("字符串1小于字符串2.\n");
    else
        printf("字符串1等于字符串2.\n");
    return 0;
}
```

7. 将二维数组中的内容整体旋转 180°之后重新置入原数组中。

```c
#include <stdio.h>
#define M 5
#define N 6
void trans(int a[][N],int m)
{
    int t;
    int i,j,u,v;
```

```
    for(i=0,u=m-1;i<=u;i++,u--)
        for(j=0,v=N-1;j<N;j++,v--)
        {
            if(i==u&&j>=v)
                ____【1】____ ;
            t=a[i][j];
                ____【2】____ ;
            a[u][v]=t;
        }
    return;
}
int main(void)
{
    int g[M][N];
    int i,j;
    printf("请依次输入%d行%d列的整数：\n",M,N);
    for(i=0;i<M;i++)
    {
        for(j=0;j<N;j++)
        scanf("%d",&g[i][j]);
    }
    trans(____【3】____);
    printf("旋转之后的结果：\n");
    for(i=0;i<M;i++)
    {
        for(j=0;j<N;j++)
        printf("%6d",g[i][j]);
    printf("\n");
    }
    return 0;
}
```

七、编程题

说明：以下程序均限定不能使用全局变量在函数之间传递数据。

1. 在主调函数中输入一个字符 ch 和一个正整数 n，然后在被调函数中输出由 n 行字符 ch 构成的等腰三角形。例如，当 ch 取 '#'、n 取 5 时，输出图 6.6 所示的图形。

```
       #
      ###
     #####
    #######
   #########
```

图 6.6 等腰三角形

2. 编写求 n! 的函数，然后在主函数中调用它求出 1!+3!+5!+…+19!的值。

3. 在主调函数中输入一个正整数，然后在被调函数中求出其总位数，最后在主调函数中输出结果。

4. 编程序求出所有的水仙花数，其中判断某一个正整数是否是水仙花数在被调函数中完成。

5. 在主调函数中输入两个正整数，然后在被调函数中求出它们的最小公倍数，最后在主调函数中输出结果。

6. 在主调函数中输入一个日期的年、月、日的值，然后在被调函数中求出这一天是当年的第几天，最后在主调函数中输出结果。

7. 在主调函数中输入一个实数 x 和正整数 n，然后在被调函数中将实数 x 四舍五入到小数点后第 n 位（是指内部精度而非输出精度），最后在主调函数中输出结果。

8. 在主调函数中输入 30 个数，然后在被调函数中求其平均值，最后在主调函数中输出结果。

9. 首先编写对 n 个整数排序的函数，然后在主调函数中调用它对 20 个数排序。

10. 首先在主调函数中输入一个字符串，然后在被调函数中求出其长度，最后在主调函数中输出结果。（限定不能调用库函数 strlen( )）

11. 首先在主调函数中输入源字符串，然后在被调函数中将其复制到目标数组中，最后在主调函数中输出结果。（限定不能调用库函数 strcpy( )）

12. 首先在主调函数中输入一个字符串，然后在被调函数中将其前后倒置，最后在主调函数中输出结果。

13. 用递归程序求两个正整数的最大公约数。

本章导学

一、教学目标

① 掌握用户自定义函数的定义、调用、声明及返回。
② 掌握函数调用时的参数传递。
③ 掌握变量作用域与存储类别。
④ 掌握函数的递归调用。
⑤ 掌握函数的参数缺省、函数重载和函数模板。

二、学习方法

前面已对 C 语言常用结构进行了学习，掌握了 C 语言编程的基本方法和要素。而本章函数是为实现程序的模块化设计：即将一个大的、复杂的问题分解成若干个小而单一的问题，进行分而治之。所以本章重点是如何进行模块化，如何封装（即函数定义）；封装后如何被执行（即函数调用）；调用过程中参数如何传递以及调用后如何带回返回值。

① 函数定义即对一功能模块的封装，必须遵循一定格式。学习时注意先将以前学过的一些小程序进行封装，变成独立的功能模块（即自定义函数），从中体会函数的意义。

② 函数参数是与其他函数发生交互的接口，所以在函数定义时，有参还是无参需根据实际要求确定，同时注意形参需逐一定义。例如函数首部不能定义成 int max(int x,y)，而应定义为 int max(int x,int y)。

③ 函数调用时，注意实参到形参的值的单向传递，形参的任何变化不会影响实参，初学者在这点上尤其要注意。

④ 函数调用结束返回时，通过 return 只能带回一个值。如希望通过函数调用能改变多个值，需借助全局变量、数组名或指针变量作为函数参数（在后续章节中会有介绍）。

⑤ 上机验证自定义函数时，必须在源程序中通过 main() 主函数调用自定义函数，才能使其得以执行，不能直接运行。

三、内容提要

1. 用户函数的定义与调用

（1）函数定义的一般形式

格式：

> 类型标识符　函数名(形式参数表) /＊形式参数可以没有，称为无参函数＊/
> {　函数声明部分；
> 　　函数语句部分；
> }

一个函数即对应一定功能，如果程序中需要执行函数所完成的功能则需对函数进行调用，且可进行多次调用。若一个函数 A() 调用函数 B()，则称函数 A() 为主调函数，函数 B() 为被调函数。

（2）函数的调用

调用格式：函数名（实参列表）

调用方式：

① 独立函数语句：函数调用单独作为一个语句使用。

② 函数表达式：函数调用出现在一个表达式中，要求函数必须返回一个确定值。

③ 函数参数：函数调用作为另一个函数的实参，要求函数必须返回一个确定值。

2. 函数的参数和返回值

（1）函数参数

实参：是调用被调函数时所使用的参数。

形参：是定义被调函数时所使用的参数。

（2）实参与形参间的关系

① 实参可以是常量、变量或表达式；形参必须是变量。

② 实参与形参的类型、个数应一致，且一一对应。

③ 函数调用时，将实参值对应传递给形参，而形参有任何变化不会反传给实参。即值的单向传递。

（3）函数的返回值

函数的返回值是函数调用的结果，通过 return 语句带回主调函数。函数类型决定函数返回值的类型，如果没有返回值则函数类型应定义为空类型（viod）。函数返回时总是返回到主调函数的调用处。

3. 函数原型

C 和 C++语言规定在主调函数中要对被调函数进行声明，即函数原型。

【格式】函数类型 函数名（参数类型 1 参数名 1，参数类型 2 参数名 2，…）；

  或 函数类型 函数名（参数类型 1，参数类型 2，…）；

但以下 3 种情况允许在主调函数中省略对被调函数的声明。

① 被调函数位置在主调函数的前面。

② 被调函数的函数类型为 int 或 char。

③ 函数声明在所有函数之前。

4. 变量的作用域、生存周期和存储类别

（1）变量的作用域

局部变量：函数内部定义的变量，称为局部变量。仅在函数范围内有效。

全局变量：函数外部定义的变量，称为全局变量。从定义处开始，到程序结束有效。

> **注意：**
> 如果在函数中局部变量与全局变量重名则屏蔽全局变量，让局部变量起作用。

（2）变量的生存周期

C/C++语言程序中的变量，按照其存储方式的不同决定了其不同的生存周期。

自动局部变量与静态局部变量的区别如下：

① 分配存储空间不同：自动局部变量分配在动态存储区中，函数调用结束释放空间；静态局部变量分配在静态存储区中，函数调用结束空间不释放。

② 函数中自动局部变量初始化，则在每次调用函数时都重新分配空间且初始化；而静态局部变量初始化仅在程序编译时初始化一次，下次调用函数时保存上次调用结束时的值。

（3）全局变量的存储类别

① 用 extern 声明全局变量，扩展全局变量的作用域。

② 用 static 声明全局变量，限定全局变量的作用域。

本章重点与难点解析

1. 为什么在调用库函数时，要在程序中包含相应的头文件？

因为在头文件中，包含相应库函数原型的声明，以便于程序编译时检查库函数的调用形式是否正确。

2. 如何划分函数？

通常将一个程序中功能相对独立的程序段定义为一个单独的函数。但是也不宜划分得过于零散，比如，一般不需要将数组的输入或输出部分定义为单独的函数。

3. 是不是说无参函数都没有返回值，而有参函数都有返回值呢？

不是的。一个函数有没有返回值跟有没有参数没有必然联系。故无参函数和有参函数都可以根据需要有返回值或者没有返回值。

4. 何时应该定义无参函数，何时应该定义有参函数呢？

若主调函数不需要向被调函数传递数据，则被调函数应定义为无参函数；反之，应定义为有参函数。

5. 定义有参函数时，应该将哪些变量定义为形参呢？

在定义被调函数时，若需要从主调函数中接收数据，则应该将被调函数中用于接收数据的变量定义为形参。

6. 定义被调函数时，应当将哪个变量或表达式定义为返回值呢？

在定义被调函数时，应当将需要将其值从被调函数中传递到主调函数中的变量或表达式定义为被调函数的返回值。

7. 为什么 C/C++语言的参数传递，要设计为单向传递而不是双向传递呢？

因为按照软件工程的思想，函数之间的耦合度（即相互影响的程度）越低越好。而参数传递设计为单向传递，就是排除了形参发生改变时对实参的影响。

8. 如何确定一个被调函数有没有返回值，以及返回值的类型呢？

如果一个被调函数不需要向主调函数传递数据，具体表现为其返回语句为 return；这种形式，或者省略 return 语句，则该函数无返回值，其函数类型应定义为 void 类型。若被调函数需要将变量或表达式的值传递到主调函数中，则该函数应当有返回值。函数的类型一般与 return 之后的变量或表达式的类型相一致。

9. 哪种函数只能以语句方式调用，哪种函数的调用可以出现在表达式中呢？

若一个函数无返回值，即函数定义为 void 类型，则该函数的调用只能以语句的形式出现，即直接在函数调用之后加分号。若一个函数有返回值，则该函数的调用可以出现在表达式中，即函数调用作表达式。

10. 何时需要声明函数原型，声明函数原型的作用是什么？

在一个程序文件中，只要是被调函数在主调函数之后定义，则必须声明函数原型。其作用是便于编译系统对函数的调用形式进行正确性检查。

11. 全局变量是不是可以在整个程序中都能引用呢？

不是的。一个 C/C++语言的程序可以包括多个源程序文件，在默认情况下，全局变量的定义域仅限于定义它的程序文件，即从其定义点开始，直至这个程序文件的末尾。不过，可以通过声明外部全局变量，将其作用域扩展到其他程序文件中。

12. 看起来利用全局变量在函数之间传递数据很方便，既然如此，为什么还要利用函数的参数和返回值传递数据呢？

利用全局变量在函数之间传递数据的确很方便。但是，使用全局变量增加了函数之间的耦合度，这不符合软件工程的思想。因此，函数之间数据的传递应当尽量采用参数或返回值，而不是全局变量。

13. 何时需要使用指针参数？

当需要在被调函数中，对主调函数中定义的局部变量的值进行更改时，必须使用指针参数。

14. 指针参数的功能是什么？

指针作为函数参数，实际上实现了局部变量的跨函数间接引用。通常是在被调函数中间接引用主调函数中的局部变量，而极少会在主调函数中间接引用被调函数中的局部变量。

15. 如何实现局部变量的跨函数间接引用？

① 首先，将主调函数中定义的、需要在被调函数中进行更改的变量的地址作为实参。

② 然后，在被调函数中定义与地址实参的类型相一致的指针变量作为形参。

③ 最后，在被调函数中通过指针形参间接引用主调函数中对应的局部变量并进行更改。

16. 何时使用普通变量作为形参，何时使用指针变量作为形参？

若在被调函数中，只是引用主调函数中某个变量的值，而并不需要更改该变量的值，则应该定义为普通形参。若需要在被调函数中更改该变量的值，则必须以指针变量作为形参。

17. 为什么在被调函数中更改主调函数中数组的值时，不需要将每个元素的地址都定义为实参呢？

这是因为一维数组的元素的地址是连续的，因此只要将主调函数中数组的首地址传递到被调函数中，即可求出其他元素的地址，故不需要将每个元素的地址都定义为实参。

18. 为什么主调函数以数组名为实参调用被调函数时，还要将数组长度作为另一个单独的参数呢？

这是因为在主调函数中以一维数组名作为实参时，只是传递了数组的首地址，并不包含数组长度的信息。因此，需要用另一个参数专门传递一维数组的长度。

19. 为什么在有的程序中，并不需要在被调函数中更改主调函数中的数组元素的值，却仍然采用数组元素的地址作为被调函数的实参呢？

这是因为数组的元素数量较多，若将每个数组元素都定义为被调函数的参数，则导致程序烦琐。反之，若将数组的首地址定义为实参，则程序更加简洁、通用，而且空间与时间占用较少。因此，即使不需要在被调函数中更改主调函数中的数组元素的值，也仍然采用数组的首地址作为被调函数的实参。

20. 为什么可以对形参数组名进行赋值？

从本质上来说，形参数组并不是数组，而是指针变量。只是为了直观才表示成数组的形式，故其数组名可以赋值。

21. 既然 C/C++语言的参数都是单向传递的，为什么更改形参数组元素的值能够影响实参数组呢？

从本质上来说，形参数组并不存在。所谓形参数组的元素，不过是实参数组元素的间接引用形式；只是为了直观，才表示成数组元素的形式。因此，更改形参数组元素的值，实际上就是更改了实参数组元素的值。

22. 若希望在被调函数中间接引用主调函数中的二维数组的元素，应该以什么地址作为被调函数的实参呢？

若要在被调函数中间接引用主调函数中的二维数组的元素，应该以二维数组的首地址作为被调函数的实参。因为二维数组的首地址实际上是一个行指针，通过该行指针即可求出二维数组中每个元素的地址，进而对二维数组的元素进行间接引用。

23. 当以二维数组的首地址作为被调函数的实参时，为什么通常还要以二维数组的行数作为另一个实参呢？

这是因为二维数组的首地址实际上是一个行指针，在行指针中包含有二维数组列数的信息，但并不包含二维数组行数的信息。若要在被调函数中，表示出二维数组中所有元素的地址，必须知道二维数组的首地址以及行数与列数。因此，需要另外设置一个参数，用来传递二维数组的行数。

24. 如何在被调函数中，间接引用主调函数中的二维数组的元素呢？

首先在被调函数中定义两个形参，一个是行指针变量（如 int *p[N]）用于接收二维数组的首地址，一个是整型变量用于接收二维数组的行数（int m）。那么，主调函数中的二维数组中 i 行 j 列的元素，可以在被调函数中表示为 *(*(p+i)+j)。为了直观，也可以表示为二维数组元素形式的 p[i][j]。

25. 为什么返回指针的函数不允许返回本函数中自动变量或数组的地址？

因为这种变量或数组的存储空间将在当前函数返回时被释放，从而导致该地址指向未分配的内存空间。

26. 为什么指针可以指向函数呢？

因为程序运行时，一个函数的可执行代码是存储于内存中并占有一定内存单元的，所以让指针指向一个函数，实际上就是指向该函数所占内存区的首地址单元。

27. 指向函数的指针有何用途呢？

指向函数的指针最常见的用途，就是作为另一个函数的参数。

28. 哪类问题适合用递归程序解决呢？

如果一个问题的解决可以分解为特殊与一般两种情况，其中特殊情况能够很容易解决，而一般情况可以转化为类似而更简单的问题，并最终转化为前边的特殊情况予以解决；那么，这个问题适合用递归程序解决。

29. 如何编写递归函数？

一般采用选择结构实现，首先写出针对特殊情况的处理方式。然后写出非特殊情况下，如何通过调用函数自身，完成相应的处理。而这种反复调用，可以最终转化为已定义好的特殊情况。

第7章 文 件

在前面章节讲述的程序中，数据的存储是通过变量或数组来实现的。数据在程序运行时存储于内存中，随着程序运行结束，变量或数组中的数据将被全部释放，所以，每次运行程序，都需要重新输入数据。另外，程序运行的结果也没有被永久地保存下来。

在 C 和 C++语言中，文件操作提供了对存储在磁盘、U 盘等外存储器中的数据文件的打开、读写等一系列操作，可以实现程序运行时数据的批量输入、输出以及永久性保存。

7.1 文件概述

文件是存储在外存储器上的数据的有序集合。文件由文件名进行标识和区分。

在 C 和 C++语言中，将文件看作是由字节构成的序列，称为字节流。并以字节为单位对文件进行读写，所以称为"流式文件"。

根据文件内部数据的组织表示形式不同，文件分为文本文件和二进制文件。

1. 文本文件

文本文件是一种以文本形式存储的文件，其中的数据是以字符形式表示的。这些字符可以是字母、数字或各种符号。用 DOS 命令 TYPE 可显示文本文件的内容，该类文件的扩展名通常是".txt"，也可以用任何文本编辑器打开，如记事本等。文本文件通常用于存储文本数据，如代码、配置文件、日志文件等。

文本文件中的数据是以其 ASCII 码的形式在计算机内部存储的，所以也称为 ASCII 码文件。文本文件中的每一个字符都单独占用一个字节的存储空间，用于存放对应的 ASCII 码。例如，数 5678 的存储形式为

ASCII 码：　　00110101　　00110110　　00110111　　00111000
　　　　　　　　↓　　　　　↓　　　　　↓　　　　　↓
十进制码：　　　53　　　　54　　　　55　　　　56
　　　　　　　　↓　　　　　↓　　　　　↓　　　　　↓
字符：　　　　　5　　　　　6　　　　　7　　　　　8
共占用 4 个字节。

2. 二进制文件

二进制文件是以二进制形式存储的文件，其中的数据以二进制形式表示。二进制文件可以包含任何类型的数据，如图像、音频、视频、程序等。与文本文件不同，二进制文件不能用文

本编辑器打开，因为其中的数据不是以字符形式表示的，而是以二进制形式表示的。例如，数 5678 的存储形式为：0001 0110 0010 1110，只占 2 个字节。二进制文件虽然也可在屏幕上显示，但其内容无法读懂，不能用文本编辑软件直接显示。

7.2 文件的打开与关闭

在 C 语言中，文件的操作首先需要定义一个指向文件的指针，通过该指针可以对文件进行各种操作。

7.2.1 文件类型指针

FILE 类型，是在标准头文件 stdio.h 中预先定义好的一种结构体类型。该结构体类型的变量，用来存储文件的描述性信息，如文件名、文件状态和文件当前位置等。

其定义形式如下：

```
FILE * 标识符;
如 FILE   *fp;     //fp 是一个指向 FILE 类型结构体的文件指针变量
```

可以通过打开文件操作将 fp 指向某一个文件的结构体变量，从而通过该结构体变量中的文件信息能够访问该文件。

7.2.2 文件打开函数 fopen()

对文件进行读写操作首先要打开文件，读写完成之后则要关闭文件。

fopen() 函数用于在程序中打开一个文件，其调用方式为

```
FILE * fopen(char * filename, char * mode);
```

该函数的功能是，按指定方式打开指定的文件，并自动创建一个 FILE 类型的结构体变量。若文件打开成功，fp 指向 FILE 类型的结构体变量；否则，fp 为空指针 NULL。

在打开函数 fopen() 中：① 需要打开的文件名，也就是准备访问的文件的名字；文件名中可以包含文件的路径。否则默认为当前目录；② 使用文件的方式（"读"还是"写"等）；③ 让哪一个指针变量指向被打开的文件。

常见的文件打开方式及其功能如表 7.1（文本文件）和表 7.2（二进制文件）所示。

表 7.1　文本文件的打开方式

文件打开方式	功 能 含 义
"r"	以只读方式打开文本文件，文件必须已存在
"w"	以只写方式打开文本文件，若文件不存在，创建新文件；若文件已存在，则覆盖
"a"	以追加方式打开文本文件，只能写，不能读；向文本文件末尾增加数据

续表

文件打开方式	功 能 含 义
"r+"	以读写方式打开文本文件，文件必须已存在
"w+"	以文本读写方式打开文件；若文件不存在，则创建新文件；若文件已存在，则覆盖
"a+"	以文本读写方式打开文件；若文件不存在，则创建新文件；若文件已存在，则保留原有文件，在文件末尾增加新的数据

表 7.2　二进制文件的打开方式

文件打开方式	功 能 含 义
"rb"	以只读方式打开二进制文件
"wb"	以只写方式打开二进制文件。若文件不存在，则创建新的文件；若文件已存在，则覆盖原有内容
"ab"	以追加方式打开二进制文件，只能写入，不能读出；若文件不存在，则创建新文件；若文件已存在，则在文件末尾增加数据
"rb+"	以读写方式打开二进制文件，既可读出或改写任意位置的已有数据，也可在文件末尾增加数据
"wb+"	以读写方式打开二进制文件，若文件不存在，则创建新文件；若文件已存在，则覆盖原有内容，既可写入新的数据，也可读出已有数据
"ab+"	以读写方式打开二进制文件，若文件不存在，则创建新文件；若文件已存在，则保留原有内容；既可读出已有数据，也可在文件末尾增加新的数据

【例 7.1】 文件的打开示例。

```
FILE  *fp;
fp= fopen("test.txt", "r");
```

表示以"只读"方式打开当前目录下的 test. txt 文件，并使 fp 指向该文件。可以通过文件指针 fp 来操作 test. txt 文件。

打开一个文件时，有可能会失败，因此通常在程序中增加判断打开文件是否成功的 if 语句。

```
FILE  *fp;
fp=fopen("test.txt","r");
if(fp= =NULL)
{
  printf("文件打开失败!\n");
  exit(0);
}
```

如果 fopen( )的返回值为 NULL，那么 fp 的值也为 NULL，此时 if 的判断条件成立，表示文件打开失败。其中的 exit( )函数用于退出当前程序的执行。

7.2.3 文件关闭函数 fclose()

文件读写完毕之后，应该用 fclose() 函数把文件关闭，避免数据丢失。

文件关闭函数的原型为

```
intfclose(FILE * fp)
```

该函数的功能是，关闭文件指针 fp 所指向的文件，释放相应的 FILE 类型结构体变量。

文件正常关闭时，fclose() 的返回值为 0，如果返回非零值则表示有错误发生。

【例 7.2】在 D 盘根目录中，关闭文本文件 test. txt。

```c
#include<stdio.h>
#include<stdlib.h>
main() {
    FILE *fp;
    fp=fopen("d:\\test.txt","w");
    if(fp==NULL) {
        printf("Failed!\n");
        exit(0);
    }
    fclose(fp);
}
```

该程序运行之后可以从 D 盘根目录中找到这个空文件。如果程序运行之前就存在文件 test. txt，则程序运行之后，该文件的原有内容会被覆盖，成为内容为空的文件。

7.3 文件的读写

文件打开之后，可以对文件进行输入和输出操作。在 C 语言中，读写文件比较灵活，既可以每次读写一个字符，也可以读写一个字符串，还可以读写任意字节的数据（数据块）。C 语言提供了多对用于文件读写的库函数，需要注意文件的读写方式必须与其打开方式相一致。

7.3.1 文本文件的读写

可以使用 fscanf()、fgetc() 和 fgets() 等函数读取文本文件；可以使用 fprintf()、fputc() 和 fputs() 等函数创建、写入文本文件。

1. fprintf() 函数 和 fscanf() 函数

fscanf() 和 fprintf() 函数与前面章节使用的标准格式化输入输出函数 scanf() 和 printf() 功能相似，都是格式化读写函数，两者的区别在于 fscanf() 和 fprintf() 的读写对象不是键盘和显示器，而是磁盘文件。

fscanf( )函数用于以指定格式从文件中读出数据，fprintf( )函数用于以指定格式向文件中写入数据。其一般形式为

> fprintf(文件指针,格式字符串,输出项);

该函数的功能是，按指定格式将数据写入到指定的文件中。如果写入成功，则返回实际写入的数据个数；否则，返回 EOF。EOF 是在头文件 stdio.h 中定义的宏，其值通常为-1。

> fscanf(文件指针,格式字符串,变量地址项);

该函数的功能是：从指定文件中，按指定格式读取数据并存入到对应的变量中。如果读取成功，则返回实际读出的数据个数；否则，返回 EOF。其格式和用法都与 scanf( )函数很相似。

【例 7.3】 格式化文件输入输出函数的使用。

```
#include<stdio.h>
#include<stdlib.h>
main() {
    FILE  * fp;
    int a=100,b=200,m,n;
    fp=fopen("d:\\test.txt","w");
    fprintf(fp,"% d,% d",a,b);   /*数据之间要有分隔符,以免将多个数据连成一体*/
    fclose(fp);
    fp=fopen("d:\\test.txt","r");
    fscanf(fp,"% d,% d",&m,&n);          /*读出时要跳过数据之间的分隔符*/
    printf("% d % d ",m,n);
    fclose(fp);
}
```

程序运行结果分析：程序会打开 D 盘的 test.txt 文件，如果文件不存在，则创建新文件。如果文件存在，则覆盖掉原有内容，写入变量 a 和变量 b 的值。接下来，从磁盘文件 test.txt 中读取值放入变量 m、n 中。可以看到，m 和 n 的值和变量 a 和 b 的值一致。

2. 设备文件

在 C 语言中，允许将外部设备当作文件来使用，并称之为设备文件。常用的设备文件有三种：标准输入文件、标准输出文件和标准错误文件。标准输入文件通常是指键盘，而标准输出文件和标准错误文件通常是指显示器。这三种设备文件的 FILE 类型指针分别是 stdin、stdout 和 stderr，使用设备文件时，不需要打开和关闭。

例如：

> fprintf(stdout,"% d,% d",a,b);

等价于

```
printf("% d,% d",a,b);
```

其功能是向标准输出设备输出 a、b 两个变量的值。

同理：

fscanf(stdin,"%d,%d",&m,&n);和语句 scanf("%d,%d",&m,&n);执行效果相同。其功能是从标准输入设备输入两个整数并赋给 a、b 两个变量。

【例 7.4】 从键盘上输入 10 个学生成绩，将其写入到 D 盘根目录中的 score. txt 文件中。

操作步骤分析：

① 以写方式打开 score. txt 文件，如果文件不存在，则创建一个文件；如果文件存在，则覆盖原有内容。

② 输入一个学生成绩，并写入到文件 score. txt 中。

③ 循环执行第②步，循环 10 次为止。

④ 关闭文件。

源程序：

```
#include<stdio.h>
#include<stdlib.h>
main() {
    FILE * fp;
    int a;
    fp=fopen("d:\\score.txt","w");
    printf("Please input the sores of students:\n");
    for(int i=0; i<10; i++) {
        scanf("% d",&a);
        fprintf(fp,"% d ",a);               /*数据之间以空格分隔*/
    }
    fclose(fp);
}
```

该程序编译运行后，可以发现在 D 盘根目录下，score. txt 文件被创建并写入相应数据。

【例 7.5】 将 score. txt 文件中的若干个整数成绩读取出来，并输出到显示器上。

操作步骤：

① 以读方式打开文件 score. txt。

② 从 score. txt 文件中读出一个数据，并原样显示到屏幕上。

③ 循环执行第②步，直至到达文件末尾为止。

④ 关闭文件。

> **说明：**
> 在 C 语言中提供了一个测试函数 feof()，其功能是判断 fp 所指向的文件是否到达文件末尾。若是，则返回非 0；否则，返回 0。该函数以文件指针作为参数。

```
#include<stdio.h>
#include<stdlib.h>
main(){
    FILE * fp;
    int a;
    if((fp=fopen("d:\\score.txt","r"))==NULL){
    /* 文件不存在,则打开失败 */
        printf("Error\n");
        exit(0);
    }
    while(!feof(fp)){            /* 等价于 while(feof(fp)==0)*/
        printf("% d ",a);
        fscanf(fp,"% d",&a);
    }
}
```

7.3.2 fgetc()函数和fputc()函数

当文本文件只包含字符型数据时,可以使用fgetc()函数和fputc()函数从文件中读出字符或向文件中写入字符。

1. 写入字符函数fputc()

其函数原型为

```
int fputc(char ch,FILE * fp)
```

该函数的功能是将ch中的字符写入到文件指针fp所指向的文件中。若成功,则返回该字符;否则,返回EOF。

2. 读出字符函数fgetc()

fgetc是file get char的缩写,其函数原型为

```
int fgetc(FILE * fp)
```

该函数的功能是从文件指针fp所指向的文件中读出一个字符。若成功,则返回该字符;否则,返回EOF。

【例7.6】从键盘上输入若干个字符(以@作为输入结束标志),将字符写入到D盘根目录中的文件demo.txt中。

操作步骤:

① 以写方式打开文件demo.txt。

② 从键盘上输入一个字符。

③ 将新字符写入到文件 demo. txt 中。

④ 循环执行第②至④步，直至输入@为止。

⑤ 关闭文件 demo. txt。

```
#include<stdio.h>
#include<stdlib.h>
main() {
    FILE *fp;
    char ch;
    if((fp=fopen("d:\\demo.txt","w"))==NULL) {
        printf("Error!\n");
        exit(0);
    }
    printf("Please end with @\n");
    ch=getchar();
    while(ch!='@') {
        fputc(ch,fp);
        ch=getchar();
    }
    printf("Finished!\n");
    fclose(fp);
}
```

【例 7.7】 将例 7.1 中创建的 demo. txt 文件中的所有字符读取出来，并输出到显示器上。

操作步骤：

① 以读方式打开文件 demo. txt。

② 从文件 demo. txt 中读出一个字符，并原样显示到屏幕上。

③ 循环执行第②步，直至到达文件末尾为止。

④ 关闭文件。

源程序：

```
#include<stdio.h>
#include<stdlib.h>
main() {
    FILE *fp;
    char ch;
    if((fp=fopen("d:\\demo.txt","r"))==NULL) {
        printf("Error!\n");
        exit(0);
    }
```

```
    ch=fgetc(fp);
    while(!feof(fp)){        /*也可以写作 while(ch!=EOF)*/
        putchar(ch);
        ch=fgetc(fp);
    }
    fclose(fp);
}
```

7.3.3 fgets( )函数和 fputs( )函数

fgetc( )函数和 fputc( )函数每次只能读写一个字符，速度较慢，C 语言提供了 fgets( )函数和 fputs( )函数专门用于从文件中读出字符串或向文件中写入字符串。

1. 写入字符串函数 fputs( )

其函数原型为

```
int fputs(char * str,FILE * fp)
```

该函数将指针 str 所指向的字符串写入到文件指针 fp 所指向的文件中（并不自动添加换行符）。若成功，则返回一个非负数；否则，返回 EOF。

2. 读出字符串函数 fgets( )

其函数原型为

```
int fgets(char * buf,int n,FILE * p)
```

该函数从文件指针 fp 所指向的文件中读出一个长度为 n−1 的字符串，若遇到换行符或文件末，则提前结束读操作，因此 fgets( )最多只能读取一行数据，不能跨行。

【例 7.8】从键盘上输入一篇文章（以空行作为输入结束标志），并将其内容写入到 D 盘根目录中的 demo. txt 文件中。

操作步骤：

① 以写方式打开文件 demo. txt。

② 从键盘上输入一个字符串。

③ 将该字符串以及换行符写入到文件 demo. txt 中。

④ 循环执行第②至③步，直至输入空行为止。

⑤ 关闭文件 demo. txt。

源程序：

```
#include <stdio.h>
#include <string.h>
#include <stdlib.h>
```

```
main() {
FILE *fp;
char s[80];
if((fp=fopen("d:\\demo.txt","w"))==NULL) {
    printf("Error!\n");
    exit(0);
}
printf("Please input the strings:\n");
gets(s);
while(strlen(s)!=0) {      /*也可以写为while(s[0]!='\0') */
    fputs(s,fp);
    fputs("\n",fp);        /*写入一个换行符,以免连成一体*/
    gets(s);
}
printf("Finished!\n");
fclose(fp);
}
```

【例 7.9】编程序读出 demo.txt 文件中的内容。

```
#include <stdio.h>
#include <stdlib.h>
#define N 100
int main(){
    FILE *fp;
    char str[N+1];
    if( (fp=fopen("d:\\demo.txt","rt")) == NULL ){
        puts("Fail to open file!");
        exit(0);
    }

    while(fgets(str, N, fp) != NULL){
        printf("% s", str);
    }
    fclose(fp);
    return 0;
}
```

7.3.4 fread( )函数和 fwrite( )函数

fread( )函数和 fwrite( )函数是用于以块方式读写文件的函数。

1. 块写入函数 fwrite( )

其函数原型为

```
int fwrite(void *pt,unsigned size,unsigned n,FILE *fp)
```

该函数将指针 pt 所指向的连续 n 个长度为 size 字节的数据块, 写入到文件指针 fp 所指向的文件中。返回值是实际写入的数据块个数。

2. 块读出函数 fread( )

其函数原型为

```
int fread(void *pt,unsigned size,unsigned n,FILE *fp)
```

该函数的功能是从文件指针 fp 所指向的文件中, 读出连续 n 个长度为 size 字节的数据块, 存入到指针 pt 所指向的内存区中。返回值是实际读出的数据块个数。

【例 7.10】 使用块读文件内容至数组 b[10]中。

```
#include <stdio.h>
#include <stdlib.h>
int main() {
    FILE *fp;
    int i,a[10]= {1,3,5,7,9,2,4,6,8,10},b[10];
    fp=fopen("d:\\a1.txt","wb");
    fwrite(a,sizeof(int),10,fp);      //将数组 a[10]的内容写入 a1.txt 中
    fclose(fp);
    fp=fopen("d:\\a1.txt","rb");
    fread(b,sizeof(int),10,fp);
    for(i=0; i<10; i++)
        printf("%d ",b[i]);
    fclose(fp);
    return 0;
}
```

需要注意的是, 这里打开文件和写文件的方式是二进制块的方式, 尽管文件后缀是 txt 文件, 但是无法用记事本正常显示文件内容。

7.4 C++的文件操作

7.4.1 文件流类与文件流对象

文件流是以外存文件为输入输出对象的数据流。若要对磁盘文件输入输出，就必须通过文件流来实现。输出文件流是从内存流向外存文件的数据，输入文件流是从外存文件流向内存的数据。每一个文件流都有一个内存缓冲区与之对应。

在 C++的 I/O 类库中定义了专门用于对磁盘文件的输入输出操作的文件类。

① ifstream 类，用来支持从磁盘文件的输入，它是从 istream 类派生的。

② ofstream 类，用来支持向磁盘文件的输出，它是从 ostream 类派生的。

③ fstream 类，用来支持对磁盘文件的输入输出，它是从 iostream 类派生的。

同 <iostream> 头文件中定义有 ostream 和 istream 类的对象 cin 和 cout 不同，<fstream> 头文件中并没有定义可直接使用的 fstream、ifstream 和 ofstream 类对象。因此，如果想要以磁盘文件进行输入输出，需要创建一个文件流类的对象，然后通过文件流对象将数据从内存写入磁盘文件，或者通过文件流对象从磁盘文件将数据读入到内存。

可以用下面的方法建立一个输出文件流对象：

```
ofstream outfile;        // outfile 为输出文件流对象
```

7.4.2 文件的打开与关闭

无论是读取文件中的数据，还是向文件中写入数据，最先要做的就是调用 open( )成员方法打开文件。同时在操作文件结束后，还必须要调用 close( )成员方法关闭文件。

1. 文件的打开

C++中文件的打开有以下两个目的：

① 通过指定文件名，建立起文件和文件流对象的关联，以后要对文件进行操作时，就可以通过与之关联的流对象来进行。

② 指明文件的使用方式。使用方式有只读、只写、既读又写、在文件末尾添加数据、以文本方式使用、以二进制方式使用等多种。

调用打开函数的一般形式：

```
文件流对象.open(磁盘文件名,输入输出方式);
```

ios::binary 可以和其他模式标记组合使用，例如：

ios::in | ios::binary 表示用二进制模式，以读取的方式打开文件。

ios::out | ios::binary 表示用二进制模式，以写入的方式打开文件。

文件的打开示例 1：

```
fstream fw;
fw.open("test.txt");
```

创建一个 fstream 类对象，并将 test.txt 文件和 fw 文件流关联。

每个文件流类型都定义了一个默认的文件模式，当未指定文件模式时，就使用此默认模式。与 ifstream 关联的文件默认以 in 模式打开；与 ofstream 关联的文件默认以 out 模式打开；与 fstream 关联的文件默认以 in 和 out 模式打开。常见的文件模式如表 7.3 所示。

表 7.3　常用的文件模式

模式标记	适用对象	作　　用
ios::in	ifstream fstream	打开文件用于读取数据。如果文件不存在，则打开出错
ios::out	ofstream fstream	打开文件用于写入数据。如果文件不存在，则新建该文件；如果文件原来就存在，则打开时清除原来的内容
ios::app	ofstream fstream	打开文件，用于在其尾部添加数据。如果文件不存在，则新建该文件
ios::ate	ifstream	打开一个已有的文件，并将文件读指针指向文件末尾，如果文件不存在，则打开出错
ios::trunc	ofstream	打开一个文件，若文件存在，则删除其全部数据；若不存在，则建立新文件。单独使用时与 ios::out 相同
ios::binary	ifstream ofstream fstream	以二进制方式打开文件。若不指定此模式，则以文本模式打开
ios::in | ios::out	fstream	打开已存在的文件，既可读取其内容，也可向其写入数据。文件刚打开时，原有内容保持不变。如果文件不存在，则打开出错
ios::in | ios::out	ofstream	打开已存在的文件，可以向其写入数据。文件刚打开时，原有内容保持不变。如果文件不存在，则打开出错
ios::in | ios::out | ios::trunc	fstream	打开文件，既可读取其内容，也可向其写入数据。如果文件本来就存在，则打开时清除原来的内容；如果文件不存在，则新建该文件

文件的打开示例 2：

```
ifstream infile("f1.txt",ios::in|ios::nocreate);
```

建立文件流对象同时以输入方式打开磁盘文件 f1.txt；若不存在，则打开失败；ios::nocreate 的意思是不建立新的文件；

文件的打开示例 3：

```
ofstream outfile ("file1.txt", ios::binary);
```

建立输出文件流对象 outfile，以二进制方式打开磁盘文件 file1.txt（如果此文件不存在，则建立新文件，如果已有同名文件，则将原有内容删除，以便写入新数据）。

2. 文件的关闭

调用 close( )方法关闭已打开的文件，可以理解为是切断文件流对象和文件之间的关联。

7.4.3 文件的读写

C++ 标准库中，提供了多种读写文件的方法组合。

① 使用 read( )方法 和 write( )方法读写文件。

② 使用>>和<<读写文件。

③ 使用 get( )方法和 put( )方法向指定文件中读写入单个字符。

④ 使用 getline( )方法从指定文件中读取一行字符串。

【例 7.11】使用 write( )方法写文件及通过 read( )方法读取文件内容。

```cpp
#include <iostream>
#include <fstream>
using namespace std;
int main() {
    const char * char1 = "hello";
    char char2[5];
    int i;
    fstream fw;                         //创建一个 fstream 类对象
    fw.open("d:\\test.txt");            //将 test.txt 文件和 fs 文件流关联
    fw.write(char1, 5);                 //向 test.txt 文件中写入 url 字符
串，字符串的长度为 5
    fw.close();
    fw.open("d:\\test.txt", ios::in);   //将 test.txt 文件和 fs 文件流关联
    fw.read((char *)&char2[0],sizeof(char2));
    for(i = 0; i<5; i++)
        cout<<char2[i]<<endl;
    return 0;
}
```

程序运行结果分析，打开 D 盘根目录下的 test.txt 文件，通过调用 write( )方法往文件中写入字符串"hello"；关闭文件。接下来，重新使用 open( )方法打开文件，使用 read( )方法读取文件内容至字符数组 char2 中，读取长度为字符数组的长度。最后，通过 cout 输出字符数组 char2 的内容。

【例 7.12】通过<<输出流运算符向文件中写入字符（或字符串）示例。

```cpp
#include <fstream>
#include <iostream>
```

```
using namespace std;
int main ( ) {
    int a[10];
    ofstream outfile("d:\\f1.txt",ios::out); //打开磁盘文件"f1.txt"
    if(!outfile) {                           //如果打开失败,outfile返回值
        cout<<"open error!"<<endl;
        exit(1);
    }
    cout<<"enter 10 integer numbers:"<<endl;
    for(int i=0; i<10; i++) {
        cin>>a[i];
        outfile<<a[i]<<" ";
    }                                        //向磁盘文件"f1.txt"输出数据
    outfile.close();                         //关闭磁盘文件"f1.txt"
    return 0;
}
```

程序运行后,如果文件"f1.txt"不存在,可以发现,在当前程序文件目录下创建了文件"f1.txt"。

【例7.13】打开例7.12创建的文件,使用>>输入流运算符,读取文件数据,并输出最大值和最小值。

```
#include <fstream>
#include <iostream>
using namespace std;
int main ( ) {
    int a[10],max,i,order;
    ifstream infile("d:\\f1.txt");
    //定义输入文件流对象,以输入方式打开磁盘文件 f1.txt
    if(!infile) {
        cerr<<"open error!"<<endl;
        exit(1);
    }
    for(i=0; i<10; i++) {
        infile>>a[i];    //从磁盘文件读入整数,顺序存放在 a 数组中
        cout<<a[i]<<" ";
    }                    //在显示器上顺序显示个数
    cout<<endl;
    max=a[0];
```

```
    order = 0;
    for(i =1 ; i<10 ; i++)
        if(a[i]>max) {
            max = a[i];            //将当前最大值放在 max 中
            order = i;             //将当前最大值的元素序号放在 order 中
        }
    cout<<"max = "<<max<<endl<<"order = "<<order<<endl;
    infile.close();
    return 0;
}
```

【例 7.14】 使用输入流运算符（>>）和输出流运算符（<<）操作文件。

```
#include <fstream>
using namespace std;
int main() {
    int x,mul =1;
    ifstream srcFile("d:\\in.txt", ios::in);      //以文本模式打开 in.txt
    if (!srcFile) {                               //打开失败
        cout << "error opening source file." << endl;
        return 0;
    }
    ofstream destFile("d:\\out.txt", ios::out); //以文本模式打开 out.txt
备写
    if (!destFile) {
        srcFile.close();          //程序结束前不能忘记关闭以前打开过的文件
        cout << "error opening destination file." << endl;
        return 0;
    }
    //使用 ifstream 对象读文件内容
    while (srcFile >> x) {
        mul *= x;

        destFile << x << " ";     //使用 ofstream 对象写文件
    }
    cout << "mul:" << mul << endl;
    destFile.close();
    srcFile.close();
    return 0;
}
```

程序运行结果分析：如果 in. txt 文件不存在，则打开失败。如果该文件的内容为 1 2 3，则输出这几个数的乘积 6。

【例 7. 15】 使用 put( )方法将字符序列写入文件。

```cpp
#include <iostream>
#include <fstream>
using namespace std;
int main() {
    char c;
    ofstream outFile("d:\\out.txt", ios::out );
    if (!outFile) {
        cout << "error" << endl;        //如果文件不存在，则打开失败
        return 0;
    }
    while (cin >> c) {
        outFile.put(c);                 //将字符 c 写入 out.txt 文件
    }
    outFile.close();
    return 0;
}
```

文件执行结果分析：运行该程序，通过键盘输入若干字符，以^Z 结束字符输入。可以发现，out. txt 文件中被写入了字符。注意，out. txt 中原有文件内容会被覆盖。如果想在 out. txt 文件末尾添加字符，可以将打开语句替换成 ofstream outFile("d:\\out. txt" , ios::app);修改打开模式即可。

【例 7. 16】 使用 get( )方法从文件中读取字符并输出，直到文件结束。

```cpp
#include <iostream>
#include <fstream>
using namespace std;
int main() {
    char c;

    ifstream inFile("d:\\out.txt", ios::out);
    if (!inFile) {
        cout << "error" << endl;
        return 0;
    }
    while ( (c=inFile.get())&&c!=EOF ) {
        cout << c;
```

```
    }
    inFile.close();
    return 0;
}
```

【例 7.17】 使用 getline( ) 方法从文件中读取字符串并输出。

```
#include <iostream>
#include <fstream>
using namespace std;
int main() {
    char c[40];
    ifstream inFile("d:\\out.txt");

    if (!inFile) {
        cout << "error" << endl;        //如果文件不存在,则打开失败
        return 0;
    }
    //从 in.txt 文件中读取一行字符串,存入数组 c 中,长度不超过 39
    inFile.getline(c, 40);
    cout << c ;
    inFile.close();
    return 0;
}
```

习题 7

一、单选题

1. C 语言中,能识别处理的文件为_____。
   A. 文本文件和数据块文件　　　　　B. 文本文件和二进制文件
   C. 流文件和文本文件　　　　　　　D. 数据文件和二进制文件

习题 7 答案

2. 下列关于 C 语言数据文件的叙述中正确的是_____。
   A. C 语言只能读写文本文件
   B. C 语言只能读写二进制文件
   C. 文件由字符序列组成,可按数据的存放形式分为二进制文件和文本文件
   D. 文件由二进制数据序列组成

3. 由系统分配和控制的标准输出文件为_____。
   A. 键盘　　　　　B. 磁盘　　　　　C. 打印机　　　　　D. 显示器

4. 若 fp 是指向某文件的指针，且已读到文件末尾，则函数 feof(fp)的返回值是_____。

    A. EOF   B. -1   C. 1   D. NULL

5. fscanf( )函数的正确调用形式是_____。

    A. fscanf(fp,格式字符串,输出表列);

    B. fscanf(格式字符串,输出表列,fp);

    C. fscanf(格式字符串,文件指针,输出表列);

    D. fscanf(文件指针,格式字符串,输入表列);

6. 当顺利执行了文件关闭操作时，fclose( )函数的返回值是_____。

    A. -1   B. TRUE   C. 0   D. 1

7. 使用 fgetc( )函数，则打开文件的方式必须是_____。

    A. 只写   B. 追加   C. 读或读/写   D. 选项 B 和 C 都正确

8. 以下程序企图把从终端输入的字符输出到名为 abc.txt 的文件中，直到从终端读入字符 #号时结束输入和输出操作，但程序有错。出错的原因是_____。

```
#include <stdio.h>
main()
{ FILE *fout;
  char ch;
fout=fopen('abc.txt','w');
ch=fgetc(stdin);
while(ch!='#')
{fputc(ch,fout);
  ch=fgetc(stdin);
}
fclose(fout);
}
```

    A. 函数 fopen( )调用形式有误   B. 输入文件没有关闭

    C. 函数 fgetc( )调用形式有误   D. 文件指针 stdin 没有定义

9. 在 C 语言中，对文件的存取以_____为单位。

    A. 记录   B. 字节   C. 元素   D. 簇

10. 设文件 file1.c 已存在，且有如下程序段：

```
#include <stdio.h>
FILE *fp1;
fp1=fopen("file1.c","r");
while(!feof(fp1)) putchar(getc(fp1));
```

该程序段的功能是_____。

    A. 将文件 file1.c 的内容输出到屏幕

    B. 将文件 file1.c 的内容输出到文件

C. 将文件 file1. c 的第一个字符输出到屏幕

11. 下面程序的主要功能是_____。

```
#include "stdio.h"
  int main()
{FILE * fp;
 float x[4]={-12.1,12.2,-12.3,12.4};
 int i;
 fp=fopen("data1.dat","wb")
 for(i=0;i<4;i++)
 {fwrite(&x[i],4,1,fp);fclose(fp);}
}
```

  A. 创建空文档 data1. dat

  B. 创建文本文件 data1. dat

  C. 将数组 x 中的 4 个实数写入文件 data1. dat 中

  D. 定义数组 x

12. 如果要将存放在双精度型数组 a[10]中的 10 个双精度型实数写入文件型指针 fp1 指向的文件中，正确的语句是_____。

  A. for(i=0;i<80;i++) fputc(a[i],fp1);

  B. for(i=0;i<10;i++) fputc(&a[i],fp1);

  C. for(i=0;i<10;i++) fwrite(&a[i],8,1,fp1);

  D. fwrite(fp1,8,10,a);

二、填空题

1. 下面程序把从终端读入的文本（用#作为文本结束标志）输出到一个名为 test. txt 的新文件中，请填空。

```
#include "stdio.h"
FILE * fp;
{ char ch;
if((fp=fopen(_____))==NULL)exit(0);
while((ch=getchar())!='#')fputc(ch,fp);
fclose(fp);}
```

2. 在对文件操作的过程中，若要求文件的位置指针回到文件的开始处，应当调用的函数是_____。

3. 以下程序实现将一个文件的内容复制到另一个文件中，两个文件的文件名在命令行中给出。请补足程序。

```
#include "stdio.h"
main(int argc, char * argv[ ] )
```

```
{   FILE * f1,f2;
    char ch;
    f1 = fopen(argv[1],"r");
    f2 = fopen(argv[2],"w");
    while(_____) fputc(fgetc(f1),_____);
    _____; _____;
}
```

4. 以下程序用来统计文件中字符的个数。请补足程序。

```
#include "stdio.h"
main()
{   FILE * fp ; long num = 0;
    if((fp = fopen("fname.dat",_____) = NULL)
        {printf("Open error \n"); exit(0); }
    while _____
        { _____; num++;}
    printf("num = % d \n",num);
    fclose(fp);
}
```

三、编程题

1. 从键盘输入一个字符串，将其中的大写字母全部转换成小写字母，然后输出到一个磁盘文件 "test. txt" 中保存，输入的字符串以 " * " 结束。

2. 有两个磁盘文件 "a1" 和 "b1"，各存放一行字母，现要求把这两个文件中的信息合并（按照字母顺序排列），并输出到一个新文件 "c1" 中去。

第 8 章　C++面向对象编程基础

C++既可以用于面向过程的结构化程序设计，又完全支持面向对象的程序设计。

面向过程（procedure-oriented programming，POP）的编程模型，由一系列要执行的计算步骤组成，通常采用自上而下、顺序执行的方式。以"把大象装进冰箱只需三步（全世界最简单的成功学）"为例，面向过程的编程模式分为有序的三步：① 打开冰箱；② 把大象放进冰箱；③ 关闭冰箱。

面向对象编程（object-oriented programming，OOP）的编程模型，围绕数据或对象而不是功能和逻辑来组织软件设计，专注于对象与对象之间的交互，对象涉及的方法和属性都在对象内部。面向对象开发有以下四大特性。

① 封装：封装是将数据和方法组合在一起，对外部隐藏实现细节，只公开对外提供的接口。这样可以提高安全性、可靠性和灵活性。

② 继承：继承是从已有类中派生出新类，新类具有已有类的属性和方法，并且可以扩展或修改这些属性和方法。这样可以提高代码的复用性和可扩展性。

③ 多态：多态是指同一种操作作用于不同的对象，可以有不同的解释和实现。它可以通过接口或继承实现，可以提高代码的灵活性和可读性。

④ 抽象：抽象是从具体的实例中提取共同的特征，形成抽象类或接口，以便于代码的复用和扩展。抽象类和接口可以让程序员专注于高层次的设计和业务逻辑，而不必关注底层的实现细节。

说得更底层一点就是面向对象是一种依赖于类和对象概念的编程方式。面向对象编程把现实中的事务都抽象成为程序设计中的"对象"，其基本思想是一切皆对象，如图 8.1 所示。类是 C++中十分重要的概念，它是实现面向对象程序设计的基础。

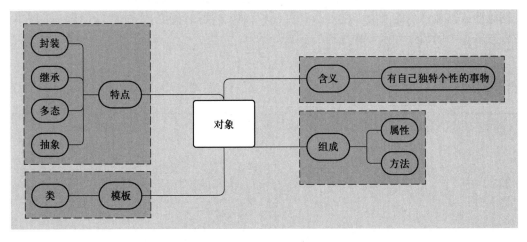

图 8.1　类和对象

本章将介绍面向对象程序设计中类和对象等基本概念，然后介绍面向对象程序设计的重要特征继承和派生，最后介绍多态性。

8.1 类和对象

在 C++中，类（class）是支持数据封装的工具，对象则是数据封装的实现。类和对象的关系和结构体类型与结构体变量类似。需要先声明一个类的类型，然后使用该类型去定义多个同类的对象。从这个角度看，类是对象的一个模板，它描述一类对象的行为和状态。对象可以认为是某个类类型的变量或者说对象是类的一个实例，可以定义一个"汽车"类，有颜色、品牌、车系信息（属性）。某辆具体的汽车则是一个对象，如图 8.2 所示。

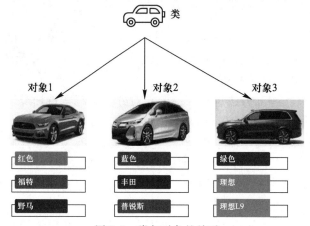

图 8.2 类与对象的关系

8.1.1 类的概念和操作

在 C++中，类可以认为是用户创建的新的数据类型的说明，其包含的数据元素可以是基本数据类型或其他用户定义类型的变量。类还可以包含通过访问类内的数据元素来处理本类对象的函数。类中的数据和函数称为类的成员。

1. 类的定义

使用关键字 class 定义。

```
class Box                    //声明类 Box
{
    private :                //声明以下数据为私有的
        double m_Length;
        double m_Width;
        double m_Height;
```

```
    public:
    double  Volume()              //计算盒子体积的函数
    {
    return  m_Length * m_Width * m_Height;
    }
};
```

　　class 关键字后面的 Box 是类的名称，类中相继定义了 3 个数据成员，数据成员的定义使用大家熟悉的声明语句。所有类成员的名称都是该类的局部变量。方法 Volume ( ) 是计算体积的成员函数。类的定义以分号结束。

2. 类的访问控制

　　数据成员和成员函数定义前的 public、private 关键字是对这些成员的访问属性说明。将数据成员定义为 public，说明在这些成员的类对象的作用域内任何位置都可以访问它们。除了 public（公有的）和 private（私有的）之外，还可以将成员访问指定为 protected（被保护的）。其中 private 是成员默认属性。在类的内部（定义类的代码内部），无论成员被声明为 public、protected 还是 private，都是可以互相访问的，不受访问权限的限制。

　　在类的外部（定义类的代码之外），只能通过对象访问成员，并且通过对象只能访问 public 属性的成员，不能访问 private、protected 属性的成员。

　　private 关键字定义私有成员的作用在于更好地隐藏类的内部实现。protected 定义的保护成员和私有成员不同的是允许该类的派生类的成员函数引用。

8.1.2　类的对象

类的对象可以看作是类的实例。每个对象都是由数据和函数这两部分组成的。

1. 类的对象的声明

在 C++中，声明类的对象的方式有两种。
（1）在声明类的同时定义对象

```
class Box                        //声明类
{
     private:                    //声明以下数据为私有的
          double m_Length;
          double m_Width;
          double m_Height;

     public:
      double  Volume();          //计算盒子体积的函数原型声明
}box1;                           //定义了 Box 类的一个对象
```

267

在声明类 Box 的同时，定义了对象 box1。

（2）单独定义对象

格式：类名　对象名;
Box box1;　　// 定义类 Box 的一个对象 box1

对象 box1 包括 3 个数据成员 m_Length、m_Width 和 m_Height。分别描述对象 box1 的长、宽和高三个属性。

2. 对象的数据成员的引用

对象的数据成员可以通过成员运算符"．"来引用。

【例 8.1】输出对象 box1 的尺寸信息。

```
#include <iostream>
using namespace std;
class Box {                              //声明类
    public:                              //声明以下数据为公有的
        double m_Length;
        double m_Width;
        double m_Height;
    };
    int main() {
        Box box1;
        cin>>box1.m_Length;              //输入对象 box1 的长度
        cin>>box1. m_Width;             //输入对象 box1 的宽度
        cin>>box1. m_Height;           //输入对象 box1 的高度
        cout<< box1. m_Length<<" "<< box1. m_Width<<" "<< box1.m_Height
<<endl;
        return 0;
}
```

运行结果：

```
10.2   12.6   5.0 (输入)
10.2   12.6   5.0   (输出)
```

需要注意的是，类的定义中，数据成员被定义为 public（公用），这样才可以在类的外面对这些数据成员进行操作。也可以通过赋值语句来完成对象数据成员的设置。例如：box1. m_Length = 15.6;

如果把类的数据成员的访问属性改为"private"或者"protected"：

```
class Box {                   //声明类
  private:                    //声明以下数据为私有的
```

```
        double m_Length;
        double m_Width;
        double m_Height;
};
```

或者

```
class Box {                    //声明类
    protected:                 //声明以下数据为保护的
        double m_Length;
        double m_Width;
        double m_Height;
};
```

则编译器会提示出错，原因是私有成员和保护成员的访问不能在类外进行，只能在类的内部通过成员函数访问。

8.1.3 类的成员函数

类的成员函数是其定义或原型在类内定义的函数，它们可以处理本类内的任何对象，可以看到，类 Box 内部定义的 Volume() 函数和一般函数一样有返回值和函数类型。区别是它是属于类的成员。类的成员函数可以体现对象的行为。在成员函数中，可以访问或操作本类中任何成员，且可以引用在本作用域内一切有效数据。

类的成员函数也可以在类外，通过作用域限定符号 "::" 定义。例如：

```
class Box {                            //声明类

    private:                           //声明以下数据为私有的
        double m_Length;
        double m_Width;
        double m_Height;

    public:
        double  Volume();              //计算盒子体积的函数原型声明
};
double  Box::Volume(){
    return  m_Length * m_Width * m_Height;
}
```

当成员函数在类外定义时，需要在函数名前注明类名。"::" 是作用域限定符号，Box:: Volume() 表示 Box 类作用域中的 Volume() 函数，或者说该函数属于类 Box，通过给函数名加上类名作为前缀，这样虽然函数在类的外部定义，但是在调用成员函数时，编译器会根据类的声明的函数原型找到函数的定义，从而执行该函数。

【例8.2】使用成员函数。

```cpp
#include <iostream>
using namespace std;
class Box {                      //声明类

    public:                      //声明以下数据为公有的
        double m_Length;
        double m_Width;
        double m_Height;

    public:
        double  Volume();    //计算盒子体积的函数原型声明
};
double  Box :: Volume() {
    return m_Length * m_Width * m_Height;
}
int main ( ) {
    Box box1;
    double boxVolume;
    box1.m_Length = 14.2;
    box1. m_Width = 5.6;
    box1. m_Height = 8.2;
    boxVolume = box1.Volume ( );
    cout << box1.Volume() ;
    return 0;
}
```

8.1.4 类的构造函数和析构函数

类的构造函数（constructor）是类的特殊函数。与其他成员函数不同，不需要用户来调用构造函数，它的执行是在对象建立时自动被执行的。在 C++中使用构造函数来处理对象的初始化工作。

在前面的例子中，可以使用赋值语句完成对象数据成员的初始化，但是对于不是 public 属性的类数据成员，不能以这样的方式从类外部访问这些数据成员。通常，在创建新的类的对象调用类的构造函数来完成对象数据成员的初始化工作。类可以有多个不同的构造函数，从而允许以不同的方式创建对象。

270

1. 构造函数的定义

构造函数的名称不能任意命名，它必须与类的名称相同，这样编译器才能识别并调用它完成对象的数据成员的初始化工作。因此，构造函数没有返回值。如果不慎给构造函数指定返回类型，将导致编译器报错。

【例8.3】构造函数的定义。

```cpp
#include <iostream>
using namespace std;
class Box {                              //声明类
 private:                               //声明以下数据为私有的
     double m_Length;
     double m_Width;
     double m_Height;
 public:

     Box (double l,double w,double h) { //类 Box 的构造函数

         m_Length=l;
         m_Width=w;
         m_Height=h;
     }

 public:
     double  Volume();                  //计算盒子体积的函数原型声明
};
double  Box :: Volume(){
 return  m_Length*m_Width * m_Height;
}
int main ( ) {
     Box box1(12,15,36);               //声明且初始化对象 box1;
     double boxVolume;

     boxVolume=box1.Volume( );
     cout<< box1.Volume() ;
     return 0;
}
```

程序运行结果：6480

在以上的例子中，构造函数的定义非常简单，只是通过实参完成对应数据成员的赋值。在main()函数中，声明对象 box1 时，系统自动调用构造函数 Box()，对 box1 中的数据成员赋值。然后调用类的成员函数 Volume()计算 box1 的体积。

也可以使用参数初始化列表对数据成员进行初始化。例 8.3 构造函数的定义语句可以修改为

```
Box (double l,double w,double h):m_Length(l),m_Width(w),m_Height(h)
    //参数初始化列表
{
}
类名::构造函数名(参数列表):成员初始化列表
```

2. 默认构造函数

如果在定义类的时候，没有定义构造函数，则编译器会隐式地创建默认的构造函数。例如例 8.2 代码所示。这个默认的构造函数不初始化类的数据成员。

当然，程序员也可以自己构建默认的构造函数。在下例中，定义了一个不接收任何实参的构造函数，这样可以执行程序员指定的其他初始化操作。

【例 8.4】 用户自定义默认构造函数。

```cpp
#include <iostream>
using namespace std;
class Box {                               //声明类
private:                                  //声明以下数据为私有的
    double m_Length;
    double m_Width;
    double m_Height;
public:
    Box (double l,double w,double h) {    //类 Box 的构造函数
        cout<<endl<<"Constructor called.";   //测试该构造函数何时被调用
        m_Length=l;
        m_Width=w;
        m_Height=h;
    }
    Box() {                               //用户自定义的默认构造函数
        cout<<endl<<"Default constructor called.";   //测试该构造函数
何时被调用
    }
};
int main () {
Box box1(12,15,36);                       //声明且初始化对象 box1
```

```
Box box2;                              //声明对象box2
return 0;
}
```

运行结果：Constructor called.

Default constructor called.

程序分析：在例 8.4 中，对象 box1 的初始化是由带参数的构造函数完成的；对象 box2 定义的时候，系统调用的构造函数是不带参数的构造函数。

可以在类中定义多个构造函数，提供不同的对象初始化方式，这些构造函数的名称相同，参数和参数的个数不同，这称为构造函数的重载。

综上所述，构造函数是特殊的成员函数，主要有如下特征：

① 构造函数的函数名和类名是相同的。

② 构造函数无返回值。

③ 构造函数可以重载。

3. 析构函数

析构函数用于销毁不再需要或超出其作用域的对象。当对象超出其作用域时，程序将自动调用类的析构函数，销毁对象，释放该对象的数据成员占用的内存。和类的构造函数一样，类的析构函数和类同名，只是类名前需要加波形符号"~"。同样，类的析构函数也不返回任何值，也没有定义的形参。一个类只能有一个析构函数。如果不定义类的析构函数，编译器会自动创建一个默认的析构函数。

【例 8.5】析构函数的调用。

```
#include <iostream>
using namespace std;
class Box {                            //声明类
private:                               //声明以下数据为私有的
    double m_Length;
    double m_Width;
    double m_Height;
public:
    Box() {                            //用户自定义的默认构造函数
        cout<<endl<<"Default constructor called."<<endl;    //构造函
数何时被调用
    }
    ~Box() {
        cout<<"Destructor called."<<endl;
    }
};
```

```
int main ( ) {
Box box1,box2;                                  //声明对象 box1,box2
return 0;
}
```

程序运行结果:

```
Default constructor called.
Default constructor called.
Destructor called.
Destructor called.
```

通过析构函数˜Box( )的定义,该析构函数仅仅显示一条被调用的信息。当程序结束时,
每个对象都要调用一次析构函数。

8.1.5 对象的赋值和复制

如果一个类定义了多个对象,这些同类对象之间可以像普通的变量一样通过赋值语句,使
得不同对象拥有相同的数据成员值。

【例8.6】对象的赋值。

```
#include <iostream>
using namespace std;
class Box {                                  //声明类
    public:                                  //声明以下数据为公有的
        double m_Length;
        double m_Width;
        double m_Height;
};
int main ( ) {
    Box box1,box2;
    cin>>box1.m_Length;                      //输入对象 box1 的长度
    cin>>box1.m_Width;                       //输入对象 box1 的宽度
    cin>>box1.m_Height;                      //输入对象 box1 的高度
    cout<< box1. m_Length<<" "<< box1. m_Width<<" "<< box1.m_Height
<<endl;
    box2 =box1;                              //对象的赋值
    cout<< box2. m_Length<<" "<< box2. m_Width<<" "<< box2. m_Height
<<endl;
    return 0;
}
```

和普通的变量不同的是，当需要多个完全相同的对象时，C++提供了一种对象复制方法。允许从无到有地复制一个对象。

其格式为 类名   对象 2(对象 1);

【例 8.7】对象的复制。

```cpp
#include <iostream>
using namespace std;
class Box {                        //声明类
    public:                        //声明以下数据为公有的
        double m_Length;
        double m_Width;
        double m_Height;
};
int main ( ) {
    Box box1;
    cin>>box1. m_Length;           //输入对象 box1 的长度
    cin>>box1. m_Width;            //输入对象 box1 的宽度
    cin>>box1. m_Height;           //输入对象 box1 的高度
    cout<< box1. m_Length<<" "<< box1. m_Width<<" "<< box1. m_Height<<
endl;
    Box box2(box1);                //对象的复制
    cout<< box2.m_Length<<" "<< box2. m_Width<<" "<< box2. m_Height<<
endl;
    return 0;
}
```

8.2 继承与派生

C++最重要的性能之一是代码重用。C++通过提供继承（inheritance）机制实现代码的可重用性。通过继承可以利用一个已有的类建立新的类。被继承的已有类称为基类（base class）或者父类，派生出的新类称为派生类（derived class）或子类。一个基类具有所有由它派生出来的类型所共有的特性和行为。而派生类是在基类的基础上修改及增加一些属性和行为。

8.2.1 继承与派生概述

继承的目的：实现设计与代码的重用。
派生的目的：当新的问题出现，原有程序无法解决时，对原有的程序进行改造。

派生类的定义

声明派生类的一般形式:

```
class  派生类的类名 :(继承方式) 基类名称
{
 派生类的类体;  //可以增加或修改数据成员和成员函数
}
```

【例 8.8】以 Box 类为基类, 定义 PencilBox 类。

```cpp
#include <iostream>
using namespace std;
class Box {                      //声明基类 Box
    private:                     //声明以下数据为私有的
        double m_Length;
        double m_Width;
        double m_Height;
    public:
        void get_value() {       //输入基类数据成员的成员函数
            cin>>m_Length>>m_Width>>m_Height;
        }
        void display() {
            cout<<m_Length<<" "<<m_Width<<" "<<m_Height;
        }
};
class  PencilBox : public  Box {  //以 public 方式声明派生类 PencilBox
    private:
        double price;            //新增加的数据成员
    public:
        void display_price() {   //新增加的成员函数
            cout<<" "<<price<<endl;
        }
        void get_value_1() {     //新增加的成员函数,输入派生类的数据成员
            cin>>price;
        }
};
int main() {
        PencilBox pbox1;         //定义 PencilBox 类的对象 pbox1
        pbox1.get_value();
```

```
        pbox1.get_value_1();
        pbox1.display();
        pbox1.display_price();
}
```

程序输入：1 2 3 4

程序输出：1 2 3 4

在例 8.8 中，定义了类 PencilBox，该类以公用继承方式继承了类 Box。同时，PencilBox 类对原有的基类 Box 做了修改，如：添加了一个新的私有数据成员 price；添加了两个新的成员函数 display_price( ) 和 get_value_1( )。

通过例 8.8 可以看出，PencilBox 类的对象 pbox1 自动地具有 Box 类全部的数据成员和成员函数，可以调用 get_value( ) 函数来读取数据成员的值。同时，对象 pbox1 又具有 PencilBox 类中数据成员 price、成员函数 get_value_1( ) 和成员函数 display_price( )。

【例 8.9】在派生类的成员函数中访问基类的访问属性为保护（protected）的数据成员。

```
#include <iostream>
using namespace std;
class Box {                        //声明基类 Box
    protected:                     //声明以下数据为保护的
        double m_Length;
        double m_Width;
        double m_Height;
    public:
        void get_value() {         //输入基类数据成员的成员函数
            cin>>m_Length>>m_Width>>m_Height;
        }
};
class  PencilBox : public  Box {  //以 public 方式声明派生类 PencilBox
    private:
        double price;              //新增加的数据成员
    public:
        void get_value_1() {       //新增加的成员函数,输入派生类的数据成员
            cin>>price;
        }
        void display() {           //在派生类的成员函数中访问基类的保护数据成员
            cout<<" "<<m_Length<<" "<<m_Width<<" "<<m_Height<<" "<<price;
        }
};
int main() {
```

```
    PencilBox pbox1;                    //定义 PencilBox 类的对象 pbox1

    pbox1.get_value();
    pbox1.get_value_1();
    pbox1.display();
}
```

通过例 8.9 可以看出，和私有数据成员不一样，基类的保护成员虽然不可以在类外被访问，但是可以在派生类中访问这些保护成员。

8.2.2 继承机制下的访问控制

在定义派生类时，对基类有 3 种不同的继承方式，分别为 public（公有的）、private（私有的）和 protected（保护的）3 种。不同的继承方式会影响基类成员在派生类中的访问权限。具体如表 8.1 所示。

表 8.1 继 承 方 式

继承方式	基类成员		
	public 成员	**protected 成员**	**private 成员**
public 继承	public	protected	不可见
protected 继承	protected	protected	不可见
private 继承	private	private	不可见

1. 公有继承

公有继承是最常用的继承方式。基类的 public 和 protected 成员：访问属性在派生类中保持不变；在派生类内部，比如派生类中的成员函数，可以直接访问基类中的 public 和 protected 成员，但不能直接访问基类的 private 成员。基类的 private 成员：不可以直接被访问（仅可以通过基类的公有访问接口，即公有函数成员进行访问）。在派生类的外部，通过派生类对象，只能访问其 public 成员。

【例 8.10】派生类的公有继承定义示例。

```
#include <iostream>
using namespace std;

class vehicle {                        //汽车类
    private:
        int wheels;                    //车轮数
        double weight;                 //重量
    public:
```

```cpp
        vehicle(int a,double b);
        void show();
};
vehicle::vehicle(int a, double b) {
    wheels = a;
    weight = b;
}
void vehicle::show() {
    cout << "wheels = " << wheels << endl;
    cout << "weigh = " << weight << endl;
}


class truck :public vehicle {              //卡车类
    private:
        int passenger;                     //载人数
        double payload;                    //载重
    public:
        truck(int wheels1, double weight1, int passenger1,double pay-
load1);
        void show();
};
truck::truck(int wheels1, double weight1, int passenger1, double pay-
load1):vehicle(wheels1, weight1) {
    passenger = passenger1;
    payload = payload1;
}
void truck::show() {
    cout << "truck" << endl;
    vehicle::show();
    cout << "passenger = " << passenger << endl;
    cout << "payloat = " << payload << endl;
}


int main() {

    truck b(6, 500, 2, 300);
    b.show();
```

```
        return 0;
    }
```

程序的执行结果:

```
truck
wheels = 6
weigh = 500
passenger = 2
payloat = 300
```

可以看到，由于基类定义的数据成员是私有的（private），虽然它们也是派生类的数据成员，但是由于基类的封装性，在派生类中添加的成员函数不能访问这些数据成员，它们在派生类中仍然是基类私有的。只能通过基类的公用成员函数来引用基类的私有数据成员。也可以在派生类中通过定义同名的数据成员来覆盖基类的数据成员。同理，如果派生类和基类拥有相同名称和参数列表的成员函数，则派生类的成员函数会取代基类的成员函数。

在例 8.10 中，定义了类车（vehicle），从该类中派生了卡车（truck）类。卡车类中添加了人数和载重数据成员。在派生类中也定义了构造函数，如：truck（int wheels1, double weight1, int passenger1, double payload1），因为构造函数和析构函数是不能从基类中继承的。完整的构造函数的定义语句是 truck::truck（int wheels1, double weight1, int passenger1, double payload1）:vehicle（wheels1, weight1）。因为派生类虽然继承了基类的私有成员，但是没有访问权限，只能由基类的构造函数完成初始化派生类对象的基类部分的数据。通过初始化列表中的 wheels1 和 weight1 显式地调用了基类的构造函数。在卡车（truck）类中定义了同名的成员函数 show()，该函数会覆盖基类的同名成员函数。

2. 保护继承

在类的定义中，关键词"protected"和"public"及"private"一样是用来声明成员的访问权限的。如果希望基类的成员既不向外暴露（不能通过对象访问），还能在派生类中使用，那么只能声明为 protected。

如果派生类的继承方式为保护继承，则基类中的所有 public 成员在派生类中均为 protected 属性；基类中的所有 protected 成员在派生类中均为 protected 属性；基类中的所有 private 成员在派生类中不能使用。

【例 8.11】保护继承的派生类。

```
#include <iostream>
using namespace std;

class vehicle {                    //汽车类
    public:
        int wheels;                //车轮数
        double weight;             //重量
```

```
    public:
        vehicle(int a,double b);
        void show();
};
vehicle::vehicle(int a, double b) {
    wheels = a;
    weight = b;
}
void vehicle::show() {
    cout << "wheels = " << wheels << endl;
    cout << "weigh = " << weight << endl;
}


class truck :protected vehicle {                 //卡车类
    private:
        int passenger;                           //载人数
        double payload;                          //载重
    public:
        truck(int wheels1, double weight1, int passenger1,double pay-
load1);
        void show1();
};
truck::truck(int wheels1, double weight1, int passenger1, double pay-
load1):vehicle(wheels1, weight1) {
    passenger = passenger1;
    payload = payload1;
}
void truck::show1() {
    cout << "truck" << endl;

    cout << "passenger = " << passenger << endl;
    cout << "payloat = " << payload << endl;
}

int main() {
    truck b(6, 500, 2, 300);
    b.show();
```

281

```
    b.show1();
    return 0;
}
```

程序在编译中会出现错误提示信息。因为派生类卡车是保护继承的基类车辆(class truck : protected vehicle)，基类的公有成员和公有成员函数在派生类中的属性是"被保护的"，外界不能调用，派生类对象是不能调用show()函数的。可以将例8.11中的"protected"改为"public"，则程序能够正常运行。

3. 私有（private）继承

当声明派生类的继承方式为私有（private）时，基类中的所有 public 成员在派生类中均为 private 属性；基类中的所有 protected 成员在派生类中均为 private 属性；基类中的所有 private 成员在派生类中不能使用。

【例8.12】私有继承的派生类。

```
#include <iostream>
using namespace std;

class vehicle {                              //汽车类
    private:
        int wheels;                          //车轮数
        double weight;                       //重量
    public:
        vehicle(int a,double b);
        void show();
};
vehicle::vehicle(int a, double b) {
    wheels = a;
    weight = b;
}
void vehicle::show() {
    cout << "wheels = " << wheels << endl;
    cout << "weigh = " << weight << endl;
}

class truck :private vehicle {               //卡车类
    private:
        int passenger;                       //载人数
        double payload;                      //载重
```

```
    public:
        truck(int wheels1, double weight1, int passenger1,double pay-
load1);
        void show1();
};
truck::truck(int wheels1, double weight1, int passenger1, double pay-
load1):vehicle(wheels1, weight1) {
    passenger = passenger1;
    payload = payload1;
}
void truck::show1() {
    cout << "truck" << endl;
    show();
    cout << "passenger = " << passenger << endl;
    cout << "payloat = " << payload << endl;
}


int main() {
    truck b(6, 500, 2, 300);
    b.show1();
    return 0;
}
```

在例 8.12 中，虽然不能通过派生类的对象调用私有基类的公有成员函数，但是可以在派生类的成员函数（show1( )）中调用私有基类的公有成员函数 show( )。因为，派生类私有继承了基类的公有成员函数。

8.2.3 多重继承

在前面的例子中，派生类都只有一个基类，称为单继承（single inheritance）。除此之外，C++也支持多继承（multiple inheritance），即一个派生类可以有两个或多个基类。比如说留学生研究生类可以从学生类和研究生类中继承。

例如已声明了类 A、类 B 和类 C，那么可以这样来声明派生类 D：

```
class D: public A, private B, protected C{
    //类 D 新增加的成员
    }
```

其中，派生类 D 是多继承形式的派生类，它以公有的方式继承 A 类，以私有的方式继承 B 类，以保护的方式继承 C 类。派生类 D 根据不同的继承方式获取 A、B、C 中的成员，确定它们在派生类中的访问权限。

多重继承形式下的构造函数和单继承形式基本相同，在派生类的构造函数中调用多个基类的构造函数。以上面的 A、B、C、D 类为例，D 类构造函数的写法为

```
D(形参列表):A(实参列表),B(实参列表),C(实参列表){
    //其他操作
    }
```

多继承容易让代码逻辑复杂，当基类中有同名成员时，容易引起二义性，中小型项目中较少使用。

8.2.4　虚继承

为了解决多继承时的命名冲突和冗余数据问题，C++ 提出了虚继承，使得在派生类中只保留一份间接基类的成员。

【例 8.13】虚继承示例。

```
class A {                          //间接基类 A
    protected:
        int m_a;
};
//直接基类 B
class B: virtual public A {        //虚继承
    protected:
        int m_b;
};

//直接基类 C
class C: virtual public A {        //虚继承
    protected:
        int m_c;
};

//派生类 D
class D: public B, public C {
    public:
        void seta(int a) {
            m_a = a;               //正确
        }
        void setb(int b) {
            m_b = b;               //正确
```

```
    }
    void setc(int c) {
        m_c = c;              //正确
    }
    void setd(int d) {
        m_d = d;              //正确
    }
private:
    int m_d;
};
```

在上例中，派生类 D 直接继承了类 B 和类 C，而类 B 和类 C 都是间接基类 A 的派生类。但是在声明派生类时，将关键字 virtual 加到相应的继承方式前面，这样该派生类 D 只继承类 A 一次，基类 A 成员只保留一次。

> **学而思：**
>
> "每一种文明都延续着一个国家和民族的精神血脉，既需要薪火相传、代代守护，更需要与时俱进、勇于创新。中华文明传承五千多年绵延不绝，"连续性"和"创新性"是其守正创新的精神特质，"统一性"与"包容性"体现中华民族多元一体格局，"和平性"则彰显"中正平和"的价值理念。我们要坚持守正创新，高擎中华文明火炬，走好优秀传统文化创造性转化、创新性发展的道路。

8.3　多态

在 C++中，所谓多态性（polymorphism）是指：由继承而产生的相关的不同的类，其对象对同一消息会做出不同的响应，即类中同一函数名对应多个具有相似功能的不同函数，可以使用相同的调用方式来调用这些具有不同功能的同名函数。前面章节介绍的函数重载就是多态性的一种形式。

从系统实现的角度看，多态性分为两种：静态多态性和动态多态性。

① 静态多态性又称编译时多态性。函数重载（overload）就属于静态多态性，编译系统根据函数参数的个数和类型的不同去匹配不同的函数，因此需要在程序编译时就绑定。

② 动态多态性又称运行时多态性，是指在函数具体调用时，要调用的是哪个类对象的函数。动态多态性是通过虚函数来实现的。

8.3.1　虚函数的定义

1. 虚函数

虚函数（virtual function）是以 virtual 关键字声明的基类函数。该虚函数在一个或多个派生类中重新定义。

【例8.14】虚函数的定义。

```cpp
#include <iostream>
using namespace std;
class A{
public:
    A(){};
    virtual void show(void)    //定义虚函数
        {
            cout<<"I am A!"<<endl;
        }
};
class B:public A{
public:
    B(){};
    void show(void){
        cout<<"I am B!"<<endl;
    }
};
int main(){
    A atr, *ptr;                //声明类A的对象atr及指向A类对象的指针*ptr
    B btr;
    ptr = &atr;                 //令ptr指向类A的对象atr
    ptr->show();
    ptr = &btr;                 //令ptr指向类B的对象btr
    ptr->show();
    system("pause>nul");
}
```

程序运行结果：

```
I am A!
I am B!
```

在例8.14中，基类A中定义了一个虚函数show()，类B是基类A的派生类，该类中定义了同名函数show。在主程序中，声明指向基类对象的指针ptr，当ptr指向基类对象atr时，ptr->show()调用的是基类的成员函数，输出I am A!；当ptr指向派生类对象btr时，ptr->show()，输出I am B!。这就是多态性，对同一函数调用，不同对象有不同的方式。

【例 8.15】 虚函数的使用。

```cpp
#include<iostream>
using namespace std;
class Shape {
    public:
        virtual float printArea() const {
            return 0.0;
        };
};
class Circle:public Shape {
    public:
        Circle(float =0);
        virtual float printArea() const {
            return 3.14159 * radius * radius;
        }
    protected:
        float radius;
};
Circle::Circle(float r):radius(r) {
}
class Rectangle:public Shape {
    public:
        Rectangle(float =0,float =0);
        virtual float printArea() const;
    protected:
        float height;
        float width;
};
Rectangle::Rectangle(float w,float h):width(w),height(h) {
}
float Rectangle::printArea()const {
    return width * height;
}
class Triangle:public Shape {
    public:
        Triangle(float =0,float =0);
        virtual float printArea() const;
```

```
    protected:
        float height;
        float width;
};
Triangle::Triangle(float w,float h):width(w),height(h) {
}
float Triangle::printArea()const {
    return 0.5 * width * height;
}
void printArea(const Shape&s) {        //定义输出面积函数
    cout<<s.printArea()<<endl;
}
int main() {
    Circle circle(12.6);
    cout<<"area of circle = ";
    printArea(circle);                 //调用圆形的输出面积函数
    Rectangle rectangle(4.5,8.4);
    cout<<"area of rectangle = ";
    printArea(rectangle);              //调用矩形的输出面积函数
    Triangle triangle(4.5,8.4);
    cout<<"area of triangle = ";
    printArea(triangle);               //调用三角形的输出面积函数
}
```

2. 虚函数的作用及使用注意事项

虚函数的作用是允许在派生类中重新定义与基类同名的函数，并且可以通过基类指针或引用来访问基类和派生类的同名函数。基类的指针是指向基类对象的，如果用它指向派生类对象，且不使用虚函数，则该指针指向派生类对象中的基类部分。无法通过该指针去调用派生类对象中的非虚函数。

通过定义虚函数，在运行阶段把虚函数和类对象绑定，从而在运行阶段，使用指针指向不同的类对象，调用同一类族中的不同类的虚函数。通过虚函数和指向基类对象的指针变量的配合使用，只要使指针指向同一类族的不同对象，就能实现类成员函数的动态多态性。换句话说，基类指针可以按照基类的方式来做事，也可以按照派生类的方式来做事，函数的调用有多种形态。

注意事项：

① 当一个成员函数声明为虚函数后，则其派生类中的同名函数会自动成为虚函数。

② 派生类中重新定义的函数，函数名称、函数类型和函数的参数个数和类型必须与基类

的虚函数相同,函数体不同。同理,当成员函数被声明为虚函数后,在同一类族中的类就不允许再定义非虚的且和该函数有相同参数和返回值的同名函数。

8.3.2 纯虚函数和抽象类

随着类抽象化程度的提高,基类中有些虚成员函数是没有具体内容的。为了更好地实现多态性,可以将这样的虚函数定义为纯虚函数。

在 C++中,可以将虚函数声明为纯虚函数,语法格式为

virtual 返回值类型 函数名 (函数参数) = 0;

纯虚函数没有函数体,只有函数声明,在虚函数声明的结尾加上" = 0",表明此函数为纯虚函数。纯虚函数的实现可以在派生类中完成。

包含纯虚函数的类称为抽象类(abstract class)。之所以说它抽象,是因为它无法实例化,也就是无法创建对象。抽象类一般是作为一个类族的公共基类,为其所有派生子类提供统一的接口。可以定义指向抽象类的指针或引用,当该指针指向派生类对象时,可以实现多态性。

【例 8.16】抽象类的定义和应用。

```cpp
#include <iostream>
using namespace std;
//抽象类 Line
class Line {
    public:
        Line(float len);
        virtual float area() = 0;      //纯虚函数
    protected:
        float m_len;
};
Line::Line(float len): m_len(len) { }
//矩形
class Rec: public Line {
    public:
        Rec(float len, float width);
        float area();
    protected:
        float m_width;
};
Rec::Rec(float len, float width): Line(len), m_width(width) { }
float Rec::area() {
```

```
        return m_len * m_width;
}
//长方体
class Cuboid: public Rec {
    public:
        Cuboid(float len, float width, float height);
        float area();

    protected:
        float m_height;
};
Cuboid::Cuboid(float len, float width, float height):Rec(len, width),
m_height(height) { }
float Cuboid::area() {
    return 2 * ( m_len * m_width + m_len * m_height + m_width * m_
height);
}


int main() {
    Line *p;
    Rec  myRec(15,13);
    p = & myRec;
    cout<<"The area of Rec is "<<p->area()<<endl;
    Cuboid  myCuboid(15,13,30);
    p =& myCuboid;
    cout<<"The area of Cuboid is "<<p->area()<<endl;
    return 0;
}
```

运行结果：The area of Rec is 195

The area of Cuboid is 2070

在例 8.16 中，抽象类 Line 中定义了纯虚函数 area( )，因为 Line 类对象是没有面积计算的，再接下来定义了矩形类和长方体类。可以看到，派生类中重新定义了 area( )函数。当基类指针 p 指向矩形类对象 myRec 时，调用 area( )函数的矩形派生类版本；当基类指针 p 指向长方体类对象 myCuboid 时，调用 area( )函数的长方体派生类版本。

需要注意，在派生类中必须对基类的所有纯虚函数重新定义，否则，该派生类仍然是抽象类，不能用来声明对象。

习题 8

一、选择题

1. 下面选项中，不能使 B 隐式转换为 A 的是_____。
   A. class B:publicA{}
   B. classA : public B{}
   C. class B {operator A();}
   D. class A{A(const B&);}

2. 以下描述中，正确的是_____。
   A. 虚函数是可以内联的，可以减少函数调用的开销，提高效率
   B. 类里面可以同时存在函数名和参数都一样的虚函数和静态函数
   C. 父类的析构函数是非虚的，但是子类的析构函数是虚的，delete 子类对象指针会调用父类的析构函数
   D. 以上选项均不正确

3. 以下选项中，不正确或者应该极力避免的是_____。（多选）
   A. 构造函数声明为虚函数
   B. 派生关系中的基类析构函数声明为虚函数
   C. 构造函数调用虚函数
   D. 析构函数调用虚函数

4. 一般情况下，以下操作会导致执行失败的是_____。（多选）

```cpp
class A{
    public:
    string a;
    void f1(){
        printf("Hello World");}
    void f2 () {
        a = "Hello World";
        printf ("% s", a.c_str());
    }
    virtual void f3(){
        printf("Hello World");
    }
    virtual void f4(){
        a = "Hello World";
        printf("% s", a.c_str());
    }
};
```

A. ＊aptr ＝ NULL；aptr->f1( )；

B. A ＊aptr ＝ NULL；aptr->f2( )；

C. A ＊aptr ＝ NULL；aptr->f3( )；

D. A ＊aptr ＝ NULL；aptr->f4( )；

5. 下列叙述中，错误的是_____。

　　A. 基类定义的 public 成员在公有继承的派生类中可见，也能在类外被访问

　　B. 基类定义的 public 和 protected 成员在私有继承的派生类中可见，在类外可以被访问

　　C. 基类定义的 public 和 protected 成员在保护继承的派生类中不可见

　　D. 基类定义的 protected 成员在 protected 继承的派生类中可见，也能在类外被访问

6. 在面向对象的技术中，多态性是指_____。

　　A. 一个类可以派生出多个类

　　B. 一个对象在不同的运行环境中可以有不同的变体

　　C. 针对同一消息，不同对象可以以适合自身的方式加以响应

　　D. 一个对象可以由多个其他对象组成

7. 下列代码的输出结果为_____。

```cpp
#include <iostream>
using namespace std;
class CParent{
    public:
    virtual void Intro(){
    printf("I'm a Parent, ");
    Hobby();
    }
    virtual void Hobby ()
    {printf (" I like football!");}
};
class CChild:public CParent{
    public:
    virtual void Intro(){
        printf("I'm a Child, ");
        Hobby();
    }
    virtual void Hobby ()
    {printf("I like basketball!\n");}
};
int main(void){
    CChild *pChild=new CChild();
    CParent * pParent = (CParent * ) pChild;
```

```
        pParent->Intro();
        delete pChild;
        return 0;
}
```

    A. I'm a Child,I like football!

    B. I'm a Child,I like basketball!

    C. I'm a Parent, I like football!

    D. I'm a Parent, I like basketball!

二、填空题

1. 以下代码的输出结果是_____。

```
#include <iostream>
using namespace std;
class B{
    public:
        B() {
            cout<<"B constructor,";
            s = "B";
        }
        void f()
        {cout<<s;}
    private:
        string s;
};
class D:public B{
    public:
        D() :B() {
            cout<<"D constructor, ";
            s = "D";
        }
        void f() {cout<<s;} private:
            string s;
};
int main(void){
    B *b=new D();
    b->f ();
    ((D* )b)->f ();
    delete b;
```

```
    return 0;
}
```

2. 以下代码的输出结果是_____。

```cpp
#include <iostream>
using namespace std;

class A{
public:
virtual void Fun(int number=10){
std::cout << "A: :Fun with number " <<number<<endl;
}
};
class B: public A{
public:
virtual void Fun(int number=20){
std:: cout <<"B:: Fun with number" <<number<<endl;
}
};
int main(){
B b;
A &a=b;
a.Fun();
return 0;
}
```

3. 以下代码的输出结果是_____。

```cpp
#include <iostream>
using namespace std;

class A{
public:
A() {
a=1;
b=2;}
private: int a; int b;
};
class B{
public:
```

```
B() {c=3;}
void print(){cout<<c;}
private: int c;
};
int main(int argc, char *argv[]){
A a;
B *pb=(B *)(&a);
pb->print();
return 0;
}
```

三、简答题

1. C 和 C++有什么不同？

2. 构造函数为什么不能为虚函数？

3. 画出下列类 A、B、C、D 的对象的虚函数表。

```
class A{
public:
virtual void a() {cout << "a() in A"<< endl;}
virtual void b(){cout << " b() in A" << endl;}
virtual void c() {cout << "c() in A" << endl;}
virtual void d(){cout << "d() in A" << endl;}
};
class B : public A{
public:
void a () {cout << "a() in B" << endl;}
void b () { cout <<"b() in B" << endl;}
};
class C : public A{
public:
void a() {cout <<"a() in C" << endl;}
void b() {cout <<"b() in C"<< endl;}
};
class D : public B, public C{
public:
void a(){cout << "a() in D" << endl;}
void d() {cout <<"d() in D" << endl;}
};
```

4. 为什么不能实例化抽象类？

附录 A C 和 C++语言编程典型错误集锦

A.1 入门级典型错误

1. 关键字或预定义标识符拼写错误

若关键字或预定义标识符拼写不正确，则 C 语言编译器将视为用户标识符。例如：

```
mian()
```

将导致找不到主函数错误"undefined reference to 'WinMain'"，或导致语法错误"［Error］ ld returned 1 exit status"。正确的写法应该是：

```
main()
```

2. 函数头多余分号

函数头多余分号将导致函数结束不正常。例如：

```
main();
```

将会导致语法错误"［Error］expected unqualified-id before '｛' token："。正确的写法应该是：

```
main()
```

3. 函数头缺少括号

函数头缺少括号将导致语法错误"［Error］expected ',' or ';' at end of input"。例如：

```
main
```

是错误的，正确的写法应该是：

```
main()
```

4．标识符之间缺少分隔符（空格）

标识符之间缺少分隔符，会导致误将多个标识符视为一个标识符。例如：

```
inta,b;
```

会导致误将 inta 作为一个标识符，导致语法错误"［Error］'inta' was not declared in this scope"。正确的写法应该是：

```
int a,b;
```

5. 数据之间缺少逗号

数据之间缺少逗号将导致语法错误。例如：

```
int a b;
```

是错误的，导致语法错误"［Error］expected initializer before 'b'"，正确的写法应该是

```
int a,b;
```

6. 语句缺少分号

语句缺少分号将导致语句不完整错误。例如：

```
printf("Hello!")
```

由于语句不完整，导致语法错误"［Error］expected ';' before '¦' token"。正确的写法应该是

```
printf("Hello!");
```

7. 误将零（0）写作字母 o

例如：

```
float x=o.1;
```

将导致误将字母 o 看作标识符，导致逻辑错误，正确的写法应该是

```
float x=0.1;
```

8. 字符型常量缺少单引号

字符型常量缺少单引号会导致将字符型常量视为标识符。例如：

```
if(ch>=a) ch=ch-32;
```

将导致误将 a 看作标识符，可能导致语法错误［Error］'a' was not declared in this scope，正确的写法应该是

```
if(ch>='a'&&ch<='z') ch=ch-32;
```

9. 忘记包含库文件

使用系统函数时，需要包含对应的库文件。例如：

使用输出函数"printf("Hello world!")"，需要包含库文件"#include <stdio. h>"，否则会导致语法错误"［Error］'printf' was not declared in this scope"。

10. 忘记声明命名空间

例如，在使用"cout<<"hello"<<endl;"时没有声明命名空间"using namespace std;"，会导致语法错误"[Error] 'cout' was not declared in this scope"。

A.2 基本语法典型错误

1. 变量定义格式不正确

定义变量时，变量之间要用逗号分隔。若用分号分隔，则视为多条语句。例如：

```
int a=1;b=2;
```

将被视为三条语句，且提示变量 b 未定义语法错误"[Error] 'b' was not declared in this scope"，正确的写法应该是：

```
int a=1,b=2;
```

2. 字母大小写拼写错误

C/C++语言中严格区分字母的大小写，若关键字中字母的大小写拼写错误，则视为用户标识符。

例如，If 和 Else 将导致出现标识符未定义语法错误"[Error] 'If' was not declared in this scope"，正确的写法应该是 if 和 else。

3. 表达式中乘号误被省略

C 语言表达式中的乘号必须明确地写出来，不能省略不写。例如：

```
y=3x;
```

将导致误将 3x 看作一个整体，导致语法错误"[Error] invalid suffix "x" on integer constant"，正确的写法应该是：

```
y=3*x;
```

4. 除号误用 \

C/C++语言中除号运算符是正斜杠"/"，而不是反斜杠"\"。例如：

```
y=x\2;
```

将导致存在非法字符错误，从而产生语法错误"[Error] stray '\' in program"，正确的写法应该是：

```
y=x/2;
```

5. 将实除误用作整除

C 和 C++语言中两个整数相除的结果也是一个整数。例如：

```
v=4/3*3.14159*r*r*r;
```

将导致因为4/3等于1而产生大误差，正确的写法应该是：

```
v=4.0/3*3.14159*r*r*r;
```

6. 将乘方误用作按位异或

C/C++语言中^是按位异或运算符，而求乘方必须使用 pow( )函数。例如：

```
y=x^2;
```

将导致按位异或运算，正确的写法应该是：

```
y=pow(x,2);
```

7. 赋值运算与自增（自减）运算相重复

因为自增（自减）运算本身就包含了赋值运算，故不必再进行赋值。例如：

```
a=a++;
```

存在多余运算，正确的写法应该是：

```
a++;或 a=a+1;
```

8. 表达式中误用方括号改变运算次序

在 C 程序中用于改变运算次序时，只能使用圆括号（方括号是数组的专用符号）。例如：

```
x1=[-b-sqrt(b*b-4*a*c)]/2/a;
```

将导致语法错误，正确的写法应该是：

```
x1=(-b-sqrt(b*b-4*a*c))/2/a;
```

9. 分母漏写圆括号

当分母是一个表达式时，必须用圆括号括起来。例如：

```
x1=(-b-sqrt(b*b-4*a*c))/2*a;
```

将导致 a 乘到分子上，正确的写法应该是：

```
x1=(-b-sqrt(b*b-4*a*c))/(2*a);
```

10. 用 p 代表圆周率

在 C 程序中不能使用希腊字母，更不能直接用 p 代表圆周率。例如：

```
s=p*r*r;
```

是错误的，正确的写法应该是：

```
s=3.14159*r*r;
```

11. 将数学符号误用作变量名

在 C/C++语言中，变量名必须符合标识符的命名规则，故有些数学符号不能直接用作变量名。例如：

```
long n!;
int c(m,n);
float f(x);
```

均是错误的，正确的写法应该是

```
long p;
int c;
float f;
```

12. define 命令中有多余等号

define 命令中宏名与替换文本之间要以空格隔开，而不能用等号连接起来。例如：

```
#define PI=3.14159
```

是错误的，正确的写法应该是

```
#define PI 3.14159
```

13. 求余数误用"/"

求余数的运算符是"%"，而不是"/"。例如：

```
if(i/j==0) break;
```

是错误的，正确的写法应该是

```
if(i%j==0) break;
```

A.3　输入输出语句典型错误

1. scanf( )函数中变量名之前缺少"&"

scanf( )函数中变量名之前缺少"&"，将导致数据输入错误。例如：

```
scanf("%f%f%f",a,b,c);
```

是错误的，正确的写法应该是：

```
scanf("% f% f% f",&a,&b,&c);
```

2. scanf( )函数中变量地址之间缺少逗号

例如:

```
scanf("% f% f% f",&a&b&c);
```

是错误的,将导致语法错误"〔Error〕invalid operands of types 'int ∗ ' and 'int' to binary 'operator&'",正确的写法应该是:

```
scanf("% f% f% f",&a,&b,&c);
```

3. scanf( )函数的格式串中有多余的"\n"

这类情况将导致数据输入之后难以正常退出。例如:

```
scanf("% f% f% f \n",&a,&b,&c);
```

是错误的,正确的写法应该是:

```
scanf("% f% f% f",&a,&b,&c);
```

4. scanf( )函数中指定小数位数

在 scanf( )函数中,可以指定输入数据的宽度,但不能指定小数位数。例如:

```
scanf("% 7.2f",&x);
```

是错误的,正确的写法应该是:

```
scanf("% f",&x);或 scanf("% 7f",&x);
```

5. 数据输入格式与 scanf( )函数中的格式要求不一致

这类情况将导致接收到的数据不正确。例如,执行语句"scanf("%f%f%f",&a,&b,&c);"时,若输入"10,20,30",将产生错误结果。应输入"10 20 30"。

再如,执行语句"scanf("%f,%f,%f",&a,&b,&c);"时,若输入"10 20 30",也会产生错误结果。应输入"10,20,30"。

6. scanf( )函数中的格式符与变量类型不一致

这类情况将导致接收到的数据不正确。例如:

```
float x,y;
scanf("% d% d",&x,&y);
```

是错误的,正确的写法应该是:

```
scanf("% f% f",&x,&y);
```

7. printf( )函数中格式符与变量类型不一致

这类情况将导致输出的数据结果不正确。例如：

```
float x,y;
printf("%d,%d\n",x,y);
```

是错误的，正确的写法应该是：

```
printf("%f,%f\n",x,y);
```

8. printf( )函数中输出数据之间无分隔符

这类情况将导致输出的多个数据连成一体。
例如，若有

```
int x,y;
x=100;
y=200;
printf("%d%d\n",x,y);
```

则输出结果为 100200
应改为

```
printf("%d,%d\n",x,y);
```

此时输出结果为 100，200
或改为

```
printf("%d  %d\n",x,y);
```

此时输出结果为 100   200

9. printf( )函数中有两个格式字符串

printf( )函数中只能有一个格式字符串，而不管有几个输出项。例如：

```
printf("%f","%f\n",x,y);
```

是错误的，将导致逻辑错误，正确的写法应该是：

```
printf("%f,%f\n",x,y);
```

10. getchar( )函数有多余参数

getchar( )函数为零参数函数，不能随意添加参数。例如：

```
getchar(ch);
```

是错误的，将导致产生语法错误"［Error］too many arguments to function 'int getchar( )'"，正确的写法应该是：

```
ch=getchar();
```

A.4 选择结构程序典型错误

1. if 语句中的条件缺少圆括号

if 语句中的条件要用圆括号括起来。

例如：

```
if x>0
y=1;
```

是错误的，将导致产生语法错误"［Error］expected '(' before 'x'"，正确的写法应该是：

```
if(x>0)
y=1;
```

2. if 语句中的条件之后有多余分号

if（表达式）只是 if 语句的一部分，而不是一条完整的语句，故不能加分号。若加上分号，则会将分号（空语句）看作是 if 子句。

例如：

```
if(x>0);
y=x;
```

是错误的，将导致产生逻辑错误，正确的写法应该是：

```
if(x>0)
y=x;
```

3. if 语句条件中的等号误用为赋值号

C/C++语言中表示相等必须用"＝＝"，单个"＝"则表示赋值。

例如：

```
if(x=0)
y=0;
```

是错误的，导致逻辑错误，正确的写法应该是：

```
if(x==0)
y=0;
```

因为 if(x=0) 中的条件总是假（先赋值后判断）。

4. if 语句中的复合条件误用为单一条件

C/C++语言中表示复合条件时，必须使用逻辑表达式。

例如：

```
if(0<x<10)
 y=x;
```

是错误的，将导致产生逻辑错误，正确的写法应该是：

```
if(x>0&&x<10)
 y=x;
```

因为不管 x 取何值，表达式 0<x<10 的结果总是为 1。

5. if 语句中误用逗号表示复合条件

C/C++语言中表示两个条件同时成立时，应使用逻辑与运算符 && 连接，而不能用逗号连接。

例如：

```
if(a>b,a>c)
max=a;
```

是错误的，将导致产生逻辑错误，正确的写法应该是：

```
if(a>b&&a>c)
max=a;
```

6. else 之后误加条件

因为 else 是对 if 条件的否定，故 else 之后不能直接写条件；但 else if 之后则可以写条件。

例如：

```
if(x>y)
  max=x;
else(x<=y)
  max=y;
```

是错误的，将导致产生语法错误"[Error] expected ';' before 'max'"，正确的写法应该是：

```
if(x>y)
  max=x;
else
  max=y;
```

也可以写为

```
if(x>y)
  max=x;
else if(x<=y)
  max=y;
```

7. if 子句与 else 子句缺少花括号

if 子句与 else 子句只能是单条语句，若有多条语句，则必须用花括号括起来，从而构成一条复合语句。

例如：

```
if(a<b)
  t=a;a=b;b=t;
```

是错误的，将导致产生逻辑错误，正确的写法应该是：

```
if(a<b)
  {t=a;a=b;b=t;}.
```

/* 三条赋值语句作为一个整体，要么都执行，要么都跳过 */

又例如：

```
if(a>b)
  max=a;
  printf("max=%d\n",max);
else
  max=b;
  printf("max=%d\n",max);
```

也是错误的，正确的写法应该是：

```
if(a>b)
  {
  max=a;
  printf("max=%d\n",max);
  }
else
  {
  max=b;
  printf("max=%d\n",max);
  }
```

也可以写为：

```
if(a>b)
     max=a;
else
     max=b;
printf("max=%d\n",max);
```

8. switch 语句中 case 之后误加条件

switch 语句中，case 之后只能是常量或常量表达式，而不能是变量或包含变量的表达式。
例如：

```
char ch;
switch(ch)
{
case ch = ='+':c =a+b;break;
    case ch = ='-':c =a-b;break;
    }
```

是错误的，将导致产生语法错误"［Error］'ch' cannot appear in a constant-expression"，正确的写法应该是：

```
char ch;
switch(ch)
{
    case  '+':c =a+b;break;
    case  '-':c =a-b;break;
}
```

9. switch 语句中 case 之后缺少空格

switch 语句中 case 与其后的常量或常量表达式之间必须有空格。
例如：

```
char ch;
switch(ch)
{
    case'+':c =a+b;break;
    case'-':c =a-b;break;
}
```

是错误的，正确的写法应该是：

```
char ch;
switch(ch)
{
    case  '+':c =a+b;break;
    case  '-':c =a-b;break;
}
```

A. 5　循环结构程序典型错误

1. 循环体缺少花括号

在 C/C++语言中，一个循环的循环体只能是语法意义上的单条语句，若有多条语句则必须用花括号括起来，从而构成一条复合语句。

例如：

```
i = 0;
while(i<9)
  printf("% d,",i);        /*此时的循环体只有这一条语句, 故为死循环*/
  i++;
```

是错误的，将导致死循环，应改为：

```
i = 0;
while(i<9)
{
printf("% d,",i);
i++;
}
```

又例如：

```
i = 0;
do
  printf("% d,",i);
  i++;
while(i<9);
```

也是错误的，将导致死循环，应改为：

```
i = 0;
do
{
printf("% d,",i);
i++;
}
while(i<9);
```

2. while 语句中 while（表达式）之后加分号

while（表达式）只是 while 语句的一部分，而不是一条完整的语句，故其后不能加分号。

否则，会导致认为这个分号（即空语句）就是循环体。

例如：

```
i=0;
while(i<9);        /*此时的循环体是空语句，故为死循环*/
{
printf("%d,",i);
i++;
}
```

是错误的，将导致死循环，应改为：

```
i=0;
while(i<9)
{
printf("%d,",i);
i++;
}
```

3. for 语句括号中三个表达式之间误用逗号分隔

for 语句括号中三个表达式之间要用分号分隔，而不能用逗号分隔。
例如：

```
for(i=0,i<9,i++)
  printf("%d,",i);
```

是错误的，导致语法错误[Error] expected ';' before ')' token，应改为

```
for(i=0;i<9;i++)
  printf("%d,",i);
```

4. for 语句括号中表达式之后加分号

for 语句括号中第三个表达式之后不需要分号。
例如：

```
for(i=0;i<9;i++;)
  printf("%d,",i);
```

是错误的，将导致语法错误"[Error] expected ')' before ';'token"，应改为：

```
for(i=0;i<9;i++)
  printf("%d,",i);
```

5. for 语句括号之后加分号

在 for 语句中，for(表达式1;表达式2;表达式3)只是 for 语句的一部分，而不是一条完整

的语句，故其后不能加分号。否则，会导致认为这个分号（即空语句）就是循环体。

例如：

```
for(i=0;i<9;i++);       /*此时循环体是空语句，但循环能正常结束*/
  printf("%d,",i);      /*该语句只执行一次*/
```

是错误的，应改为：

```
for(i=0;i<9;i++)
  printf("%d,",i);
```

6. for 语句中的循环条件不正确

for 语句中的循环条件，必须与循环变量赋初值及改变循环变量值的表达式相匹配。否则，有可能造成死循环。

例如：

```
for(i=9;i>=0;i++)
  printf("%d,",i);
```

为死循环。应改为：

```
for(i=9;i>=0;i--)
  printf("%d,",i);
```

7. 循环体边界错误

当循环体中有多条语句时，必须使用花括号括起来，构成一条复合语句。但是不应将循环语句的语句头也包括在内。例如：

```
i=0;
{
while(i<9)
  printf("%d,",i);
  i++;
}
```

是错误的。因为此时的循环体仍然是紧跟在 while 之后的单条语句"printf("%d,",i);"，故仍是死循环。应改为：

```
i=0;
while(i<9)
{
  printf("%d,",i);
  i++;
}
```

又例如:

```
{
for(i=0;i<2;i++)
  {
  for(j=0;j<3;j++)
    printf("% d,% d\n",i,j);
  }
  printf("***** \n");
}
```

也是错误的。应改为:

```
for(i=0;i<2;i++)
{
  for(j=0;j<3;j++)
  {
    printf("% d,% d\n",i,j);
  }
  printf("***** \n");
  }
```

即只需要将循环体括起来,而不应包括循环语句的语句头。

8. 累加(或累乘)赋值不正确

累加(或累乘)赋值语句中,赋值运算符两端必须有一个相同的变量。以此实现累积运算效果。例如求 10 的阶乘程序段如下:

```
p=1;
for(i=1;i<=10;i++)
  p=i * (i+1);
```

则该程序段不能实现累积运算效果,因为变量 p 的最终结果为 $10*(10+1)=110$,显然不是 10 的阶乘。应改为:

```
p=1;
for(i=1;i<=10;i++)
  p=p * i;
```

9. 误将双重循环作为单重循环

若希望两个循环变量所有的取值组合都能出现,则必须用双重循环,而不能用单重循环。例如:

```
for(i=0,j=0;i<2,j<3;i++,j++)
  printf("%d,%d\n",i,j);
```

是错误的。因为此时的循环条件是逗号表达式，实际上起作用的条件是j<3。故输出结果为

```
0,0
1,1
2,2
```

可见，并未输出变量i，j所有的取值组合。又例如：

```
for(i=0,j=0;i<2&&j<3;i++,j++)
  printf("%d,%d\n",i,j);
```

也是错误的。因为此时循环的条件是逻辑表达式，故输出结果为：

```
0,0
1,1
```

可见，也并未输出变量i，j所有的取值组合。故该双重循环应改为：

```
for(i=0;i<2;i++)
{
  for(j=0;j<3;j++)
  {
    printf("%d,%d\n",i,j);
  }
}
```

此时的输出结果为：

```
0,0
0,1
0,2
1,0
1,1
1,2
```

可见，此时输出了变量i，j所有的取值组合，符合双重循环的要求。

A.6   数组应用典型错误

1. 定义数组时，数组名与其他变量同名

在同一个作用域中，数组名不能与其他变量同名。例如：

```
int a,a[10];
```

将导致语法错误"［Error］conflicting declaration 'int a［10］'"。可改为：

```
int x,a[10];
```

2. 定义数组时，未指定数组的长度

定义数组时，必须指定数组的长度。否则，将导致编译系统无法为数组分配内存单元。只有在以下两种情况下可以不指定数组长度。

① 在定义数组的同时给数组赋初值，即初始化数组时。

② 数组名用作形参时。

例如：

```
int a[];
```

是错误的。导致语法错误"［Error］storage size of 'a' isn't known"，可改为：

```
int a[100];
```

3. 定义动态数组

在早期（C90）的 C 语言标准中，不允许定义动态数组。即数组的长度不能是变量（或含有变量的表达式）。例如：

```
int n=30;
int a[n];  /*表示数组长度的表达式中,不能包含变量*/
```

是错误的。应改为：

```
int a[30];
```

4. 数组元素下标越界

C/C++语言数组元素的下标是从 0 开始的，引用数组元素时不能出现下标越界。例如：

```
int a[10];  /*数组元素为 a[0],a[1]...a[9]*/
a[10]=60;
```

是错误的，将导致逻辑错误。应改为：

```
int a[11];
a[10]=60;
```

又例如：

```
int a[10],i;
for(i=1;i<=10;i++)
  scanf("%d",&a[i]);
```

也是错误的。应改为：

```
int a[10],i;
for(i=0;i<=9;i++)
  scanf("% d",&a[i]);
```

5. 给数组元素整体赋值

只能在初始化时给数组元素整体赋值，而不能在一般赋值语句中给数组元素整体赋值。例如：

```
int a[10];
a[10]={1,2,3,4,5,6,7,8,9,10};
```

是错误的。因为此处的 a[10] 被视为一个数组元素，同时也存在下标越界的问题。又例如：

```
int a[10];
a={1,2,3,4,5,6,7,8,9,10};
```

也是错误的。将导致语法错误 "[Error] assigning to an array from an initializer list"。因为按照 C 和 C++语言的语法规定，此处的数组名 a 是地址常量，故不能进行赋值。正确的写法应该是：

```
int a[10]={1,2,3,4,5,6,7,8,9,10};
```

6. 输入数组元素的值不正确

在 C 和 C++语言中，通常采用单重循环来输入一维数组元素的值。例如：

```
int a[10],i;
scanf("% d",&a[i]);
```

是错误的。因为此处的变量 i 未赋值，故运行时将会出错。不过，即使变量 i 已经赋值，也只能输入一个数组元素的值，而不会输入全部数组元素的值。又例如：

```
int a[10];
scanf("% d",a);
```

也是错误的。因为此处试图用一条 scanf 语句给整个数组输入数据，也是不可行的。正确的写法应该是：

```
int a[10],i;
for(i=0;i<10;i++)
  scanf("% d",&a[i]);
```

7. 输出数组元素不正确

在 C/C++语言中，通常采用单重循环来输出一维数组元素的值。例如：

```
int a[10]={1,2,3,4,5,6,7,8,9,10},i;
printf("% d ",a[i]);
```

是错误的。因为此处的变量i未赋值，故运行时将会出错。不过，即使变量i已经赋值，也只能输出一个数组元素的值，而不会输出全部数组元素的值。又例如：

```
int a[10]={1,2,3,4,5,6,7,8,9,10},i;
printf("% d ",a);
```

也是错误的。因为此处试图用一条printf语句将整个数组数据输出，也是不可行的。正确的写法应该是：

```
int a[10]={1,2,3,4,5,6,7,8,9,10},i;
for(i=0;i<10;i++)
  printf("% d ",a[i]);
```

8. 定义字符数组长度不足

因为字符串的末尾隐含一个"\0"字符，故相应字符数组的长度至少要比字符串中字符的个数多1。例如：

```
char a[5]="Hello";
```

是错误的。正确的写法应该是：

```
char a[6]="Hello";
```

也可以写作：

```
char a[]="Hello";
```

9. 用 scanf( ) 函数输入字符串时调用格式错误

用scanf( )函数输入字符串时，使用%s格式符，此时的输入项应为数组名。例如：

```
char a[30];
scanf("% s",&a);
```

是错误的。正确的写法应该是：

```
char a[30];
scanf("% s",a);
```

因为数组名本身就是一个地址，故不需要取地址运算符。

10. 用 printf( ) 函数输出字符串时调用格式错误

用printf函数输出字符串时，使用%s格式符，此时的输出项应为数组名。例如：

```
char a[30]="Hello World";
printf("% s",a[30]);
```

是错误的。因为此处的 a[30]看作是一个数组元素（当然其下标已越界），故与格式符%s 不匹配。正确的写法应该是

```
char a[30]="Hello World";
printf("% s",a);
```

11. 字符串赋值错误

不能通过整体赋值将一个字符串存入到一个字符数组中。例如：

```
char a[30],b[30]="Hello World";
a=b;
```

或者

```
a="Hello World";
```

都是错误的。因为数组名 a 是地址常量，故不能对其进行赋值。正确的写法应该是：

```
char a[30],b[30]="Hello World";
strcpy(a,b);
```

也可以用循环实现逐个字符复制。例如：

```
char a[30],b[30]="Hello World";
int i;
for(i=0;a[i]!='\0';i++)
  a[i]=b[i];
a[i]='\0';
```

或者

```
char a[30],b[30]="Hello World";
int i;
for(i=0;i<=strlen(b);i++)
  a[i]=b[i];
```

12. 字符串比较错误

一般情况下，不能通过关系运算符直接比较两个字符串的大小。例如：

```
char a[30]="abcd",b[30]="abdc";
if(a>b)
  puts(a);
else
  puts(b);
```

或者

```
if("abcd">"abdc")
  puts(a);
else
  puts(b);
```

都是错误的。因为数组名是地址常量，故 a>b 只是比较数组 a 和数组 b 的首地址的大小。而"abcd">"abdc"则是比较字符串"abcd"和字符串"abdc"的首地址大小。正确的写法应该是

```
if(strcmp(a,b)>0)
  puts(a);
else
  puts(b);
```

13. gets( )函数调用格式错误

一个 gets( )函数只能输入一个字符串，且 gets( )函数的参数中不需要格式字符。例如：

```
char a[80],b[80],c[80];
gets(a,b,c);
```

或者

```
gets("% s% s% s",a,b,c);
```

都是错误的。正确的写法应该是

```
char a[80],b[80],c[80];
gets(a);
gets(b);
gets(c);
```

A.7 函数应用典型错误

1. 定义有参函数时，未指定参数类型

定义有参函数时，必须为每个形式参数指定类型。例如：

```
float area(r)
```

是错误的，将导致语法错误"［Error］'r' was not declared in this scope"。正确的写法应该是：

```
float area(float r)
```

又例如：

```
int max(int x,y)
```

也是错误的。正确的写法应该是

```
int max(int x,int y)
```

2. 被调函数调用格式错误

调用被调函数时，只需给出被调函数名和相应的实参即可，而不需要给出实参的类型。例如：

```
y=double log(double x);
c=max(int a,int b);
```

都是错误的，将导致语法错误"［Error］expected primary-expression before 'int'"。其中的类型名均为多余。正确的写法应该是：

```
y=log(x);
c=max(a,b);
```

3. 形式参数定义错误

在被调函数中，只有需要从主调函数中接收数据的变量才能定义为形参。而其他变量应放在被调函数的函数体中定义。例如：

```
int max(int x,int y,int z)
{if(x>y)
    z=x;
else
    z=y;
return(z);
}
```

是错误的，因为此处只有变量 x，y 的值需要从主调函数中传递过来，而变量 z 的值则是根据变量 x，y 的值求得的，故变量 z 不需要定义为形参。正确的写法应该是：

```
int max(int x,int y)
    {int z;
    if(x>y)
      z=x;
    else
      z=y;
    return(z);
    }
```

4. 形式参数重复定义

在被调函数中，被定义为形参的变量在函数体中不能重复定义。例如：

```
int max(int x,int y)
    {int x,y,z;
     if(x>y)
       z=x;
     else
       z=y;
     return(z);
     }
```

是错误的，将导致语法错误"［Error］declaration of 'int x' shadows a parameter"。因为此处变量 x，y 已定义为形参，故在函数体中不能重复定义。正确的写法应该是：

```
int max(int x,int y)
    {int z;
     if(x>y)
       z=x;
     else
       z=y;
     return(z);
     }
```

5. 主调函数中的变量与被调函数名同名

主调函数中的变量与被调函数名不能同名。例如：

```
int max(int x,int y)
 {int z;
  if(x>y)
    z=x;
  else
    z=y;
  return(z);
  }
main()
{int a,b,max;     /*变量 max 与被调函数 max 同名*/
 scanf("%d%d",&a,&b);
 max=max(a,b);
 printf("max=%d\n",max);
 }
```

是错误的。因为变量 max 与被调函数 max 同名，将会导致语法错误"［Error］'max' cannot be used as a function"。正确的写法应该是：

```
int max(int x,int y)
   {int z;
    if(x>y)
      z=x;
    else
      z=y;
    return(z);
   }
 main()
 {int a,b,m;
  scanf("% d% d",&a,&b);
  m=max(a,b);
  printf("max=% d\n",m);
  }
```

不过，被调函数名与本函数中的变量同名是允许的。例如：

```
int max(int x,int y)
   {int max;
    if(x>y)
      max=x;
    else
      max=y;
    return(max);
   }
```

该函数编译时不会产生语法错误。

6. 函数返回值与函数类型不一致

定义被调函数时，函数类型与函数返回值应保持一致。例如：

```
void max(int x,int y)
   {int z;
    if(x>y)
      z=x;
    else
      z=y;
    return(z);
   }
```

是错误的。因为该函数的类型为 void，表示该函数没有返回值，故不能用 return 语句返回
函数值。正确的写法应该是：

```
int max(int x,int y)
   {int z;
    if(x>y)
      z=x;
    else
      z=y;
    return(z);
   }
```

可见，函数的类型一般应与 return 之后表达式的类型一致。

7. 缺少函数原型声明

当被调函数的定义位于主调函数之后时，必须为被调函数声明函数原型。虽然 int 型的被调函数可以不声明函数原型，但最好还是为其声明函数原型。例如：

```
main()
  {float a,b,m;
   scanf("% f% f",&a,&b);
   m=max(a,b);
   printf("max=% f \n",m);
  }
 float max(float x,float y)
   {float z;
    if(x>y)
      z=x;
    else
      z=y;
    return(z); }
```

该程序编译时将会产生语法错误。解决的方法是为被调函数添加函数原型声明语句，例如：

```
float max(float x,float y);   /*声明函数原型*/
main()
  {float a,b,m;
   scanf("% f% f",&a,&b);
   m=max(a,b);
   printf("max=% f \n",m);
  }
float max(float x,float y)
```

```
 {float z;
  if(x>y)
    z=x;
  else
    z=y;
  return(z); }
```

不过，若将被调函数的定义置于主调函数之前，则不必声明函数原型。

8. 试图用局部变量在函数之间传递数据（1）

从主调函数向被调函数传递数据的方式有两种，一是将实参的值传递给形参，二是使用全局变量。但不能使用局部变量从主调函数向被调函数传递数据。例如：

```
int max()
  {int z;
   if(a>b)
     z=a;
   else
     z=b;
   return(z);
   }
main()
 {int a,b,m;
  scanf("% d% d",&a,&b);
  m=max();
  printf("max=% d\n",m);
 }
```

是错误的。因为变量 a，b 是在 main() 函数中定义的局部变量，故只能在 main() 函数中引用它们，而不能在被调函数中引用。正确的写法应该是：

```
int a,b;
int max()
 {int z;
  if(a>b)
    z=a;
  else
    z=b;
  return(z);
  }
```

```
main()
 {int m;
 scanf("% d% d",&a,&b);
 m=max();
 printf("max=% d\n",m);
 }
```

此时，变量 a，b 是全局变量，既可以在 main( ) 函数中引用，又可以在被调函数中引用。不过，最好还是利用函数参数实现从主调函数向被调函数的数据传递，例如：

```
int max(int x,int y)
  {int z;
   if(x>y)
     z=x;
   else
     z=y;
   return(z);
  }
 main()
 {int a,b,m;
 scanf("% d% d",&a,&b);
 m=max(a,b);
 printf("max=% d\n",m);
 }
```

9. 试图用局部变量在函数之间传递数据（2）

从被调函数向主调函数传递数据的方式有三种：一是使用 return 语句作为函数返回值传回，二是使用全局变量传回，三是通过指针变量间接引用。但不能使用局部变量从被调函数向主调函数传递数据。例如：

```
void max(int x,int y)
   {int z;
    if(x>y)
      z=x;
    else
      z=y;
    return;
   }
  main()
```

```
{int a,b;
 scanf("% d% d",&a,&b);
 max(a,b);
 printf("max=% d\n",z);
 }
```

是错误的。因为变量 z 是在被调函数中定义的局部变量，故只能在被调函数中引用，而不能在 main( ) 函数中引用。正确的写法应该是：

```
int z;
void max(int x,int y)
  {if(x>y)
     z=x;
   else
     z=y;
   return;
   }
main()
  {int a,b;
   scanf("% d% d",&a,&b);
   max(a,b);
   printf("max=% d\n",z);
   }
```

此时，变量 z 是全局变量，既可以在 main( ) 函数中引用，又可以在被调函数中引用。最好还是使用 return 语句实现从被调函数向主调函数的数据传递，不过使用 return 语句只能传回一个数据。例如：

```
int max(int x,int y)
    {int z;
     if(x>y)
       z=x;
     else
       z=y;
     return(z);
     }
main()
  {int a,b,m;
   scanf("% d% d",&a,&b);
   m=max(a,b);
```

```
    printf("max=% d\n",m);
  }
```

若希望从被调函数向主调函数同时传递多个数据，除了使用全局变量之外，还可以通过指针变量来间接引用主调函数中的数据（参见指针部分相应内容）。

A.8 编译预处理命令典型错误

1. 宏定义命令中误用 " ="

宏定义命令中宏名与替换文本之间，要用空格符分隔，而不是用赋值运算符连接起来。例如：

```
#define PI = 3.14159
```

是错误的，导致逻辑错误，警告[Warning] missing whitespace after the macro name。正确的写法应该是：

```
#define PI 3.14159
```

2. 宏定义命令末尾误用分号

因为宏定义命令不属于C/C++语言的语句，故行末不应添加分号。否则会将该分号看作是替换文本的一部分。例如：

```
#define PI 3.14159;
```

是错误的，行末分号多余。正确的写法应该是

```
#define PI 3.14159
```

3. 宏定义展开错误

宏定义展开时，只能进行严格的替换，而不能随意添加括号。例如：

```
#define T 9
#define N T+1
#define M 2 * N
main()
{printf("% d\n",M);}
```

则 M 的展开式为 $2 * N \rightarrow 2 * T+1 \rightarrow 2 * 9+1$。而不能展开为 $2 * N \rightarrow 2 * (T+1) \rightarrow 2 * (9+1)$。因此，在进行宏定义时，应将非单项的替换文本用圆括号括起来。例如：

```
#define T 9
#define N (T+1)
```

```
#define M (2 * N)
main()
{printf("% d\n",M);}
```

则 M 的展开式为 $(2*N)\rightarrow(2*(T+1))\rightarrow(2*(9+1))$。此时，替换结果与我们的一般预期一致。

4. 带参数宏定义展开错误

带参数宏定义展开时，只能进行严格的替换，而不能随意添加括号。例如：

```
#define M(x,y) x * y
main()
{printf("% d\n",M(3+6,6+3);)}
```

则 M 的展开式为 $M(3+6,6+3)\rightarrow x*y\rightarrow 3+6*6+3\rightarrow 42$。而不能展开为 $M(3+6,6+3)\rightarrow x*y\rightarrow(3+6)*(6+3)\rightarrow 81$。因此，在进行带参数宏定义时，应将整个替换文本以及每个参数用圆括号括起来。例如：

```
#define M(x,y) ((x) * (y))
main()
{printf("% d\n",M(3+6,6+3);)}
```

则 M 的展开式为 $M(3+6,6+3)\rightarrow((x)*(y))\rightarrow((3+6)*(6+3))\rightarrow 81$。此时，替换结果与我们的一般预期一致。

5. 文件包含命令错误

每个 include 命令只能包含一个头文件，而不能同时包含多个头文件。例如：

```
#include <stdio.h>,<math.h>
```

是错误的。正确的写法应该是：

```
#include <stdio.h>
#include <math.h>
```

A.9　指针应用典型错误

1. 直接给指针变量赋常量值

通常只能将一个变量的地址值赋给指针变量，而不能直接将一个常量赋给指针变量。因为变量的地址应该由系统管理，而不应由用户管理。例如：

```
int * p;
p=1000;
* p=99;
```

是不安全的，有可能造成内存数据的破坏。正确的写法应该是：

```
int *p,a;
p=&a;
*p=99;    /*等价于a=99;*/
```

2. 指针变量引用错误

定义指针变量时，变量名之前的星号仅表示该变量的类型为指针变量。但星号不是变量名的一部分。例如：

```
int *p,*q,a,b;
*p=&a;
*q=&b;
```

是错误的。正确的写法应该是：

```
int *p,*q,a,b;
p=&a;
q=&b;
```

3. 给不确定的间接引用单元赋值

定义指针变量后，必须首先使得该指针变量指向明确的变量（或动态分配的内存单元），然后才能间接引用该指针变量所指向的变量（或动态分配的内存单元）。否则，有可能对原有内存数据造成破坏。例如：

```
int *p;
*p=100;
```

是不安全的，有可能造成内存数据的破坏。正确的写法应该是：

```
int *p,a;
p=&a;
*p=100;    /*等价于a=100;*/
```

也可以写成：

```
int *p;
p=(int *)malloc(sizeof(int));
*p=100;
```

4. 用字符型指针变量输入字符串

通过键盘输入字符串时，应首先开辟足够的内存空间（通常通过定义字符数组实现）来存放字符串。若直接用字符型指针变量输入字符串，则有可能造成内存数据的破坏。例如：

```
char *p;
scanf("% s",p);   /*或 gets(p);*/
```

是不安全的，有可能造成内存数据的破坏。正确的写法应该是：

```
char a[100];
scanf("% s",a);   /*或 gets(p);*/
```

也可以写成：

```
char a[100],*p;
p=a;
scanf("% s",p);   /*或 gets(p);*/
```

5. 试图将形参的值传递给实参

在 C/C++语言中，只能将实参的值传给对应的形参，而不能将形参的值传给对应的实参（单向参数传递）。例如，以下程序试图实现在被调函数中交换主调函数中两个变量的值。

```
void swap(int x,int y)
  {int t;
   t=x;
   x=y;
   y=t;
   printf("x=% d,y=% d\n",x,y);
   return;}
   main()
   {int a,b;
    a=100;
    b=200;
    swap(a,b);
    printf("a=% d,b=% d\n",a,b);}
```

但该程序的输出结果为：

```
x=200,y=100
a=100,b=200
```

说明并未实现主调函数中两个变量值的交换。因为被调函数返回时，并不将形参的值传回给实参，故形参 x、y 值的交换不影响实参 a、b 的值。正确的写法应该是：

```
void swap(int *p,int *q)
{int t;
  t=*p;
  *p=*q;
```

```
 *q=t;
 return;}
 main()
 {int a,b;
  a=100;
  b=200;
  swap(&a,&b);
  printf("a=%d,b=%d\n",a,b);}
```

在该程序中，首先将主函数中变量 a、b 的地址传递给被调函数中的指针变量 p、q，然后在被调函数中通过指针变量 p、q 来间接地访问变量 a、b，从而达到交换变量 a、b 值的目的。

A.10 结构体及其应用典型错误

1. 直接给结构体变量赋值

结构体变量可以用初始化的形式赋值（在定义的同时赋初值）。而结构体变量一旦定义完成，则不能再将一组值赋给一个结构体变量。例如：

```
struct STU
{char num[10];
char name[10];
float score;
}s1,s2;
s1={"0712109999","李飞",569};
```

是错误的。正确的写法应该是：

```
struct STU
{char num[10];
char name[10];
float score;
} s1={"0712109999","李飞",569},s2;
```

也可以写成：

```
struct STU
{char num[10];
char name[10];
float score;
}s1,s2;
strcpy(s1.num,"0712109999");
```

```
strcpy(s1.name,"李飞");
s1.score=569;
```

2. 结构体成员引用错误

必须通过结构体变量来引用其成员，而不能单独引用结构体成员。例如：

```
struct STU
{char num[10];
char name[10];
float score;
}s1,s2;
score=569;
```

是错误的。正确的写法应该是：

```
s1.score=569;
```

又例如：

```
struct STU
{char num[10];
char name[10];
float score;
}s1,s2;
STU.score=569;
```

也是错误的，因为 STU 为结构体类型名。正确的写法应该是：

```
s1. score=569;
```

3. 结构体的字符型数组成员赋值错误

若结构体的成员为字符型数组，则不能直接赋值，而必须使用专门的字符串处理函数赋值。例如：

```
struct STU
{char num[10];
char name[10];
float score;
}s1,s2;
s1.name="李飞";
```

是错误的。正确的写法应该是：

```
strcpy(s1.name,"李飞");
```

4. 结构体变量间接引用错误

间接引用结构体变量的成员时，要特别注意运算符的优先级。例如：

```
struct STU
{char num[10];
char name[10];
float score;
}s,*p;
p=&s;
*p.score=569;
```

是错误的，因为"."运算符的优先级高于"*"运算符，故 * p. score 等价于 * (p. score)。
正确的写法应该是：

```
(*p).score=569;
```

也可以写作：

```
p->score=569;
```

A. 11　文件及其应用典型错误

1. 文件打开函数格式错误（1）

在文件打开函数中，打开方式参数的类型应为字符串而非字符型。例如：

```
FILE *fp;
fp=fopen("abc.txt",'r');
```

是错误的。正确的写法应该是：

```
FILE *fp;
fp=fopen("abc.txt","r");
```

2. 文件打开函数格式错误（2）

在文件打开函数中，当文件名中出现反斜杠时，应该用两个连续的反斜杠来表示。例如：

```
FILE *fp;
fp=fopen("c:\abc.txt","r");
```

是错误的。正确的写法应该是：

```
FILE *fp;
fp=fopen("c:\\abc.txt","r");
```

3. 文件打开函数格式错误（3）

在判断文件打开是否成功时，要注意运算符的运算顺序。例如：

```
FILE *fp;
if(fp=fopen("c:\\abc.txt","r")==NULL)
{printf("Can't open this file!");
 exit(0);
}
```

是错误的。因为等于运算符的优先级高于赋值运算符，而此处应先赋值再判断相等。因此正确的写法应该是：

```
FILE *fp;
if((fp=fopen("c:\\abc.txt","r"))==NULL)
{printf("Can't open this file!");
 exit(0);
}
```

4. 文件写入格式不正确

向文件中写入数据时，要注意写入数据的格式正确。例如：

```
int a=100,b=200;
FILE *fp;
fp=fopen("c:\\abc.txt","w");
fprintf(fp,"%d%d",a,b);
```

是错误的。因为写入时将 a、b 的值连起来了，导致以后不能正确读出。正确的写法应该是：

```
int a=100,b=200;
FILE *fp;
fp=fopen("c:\\abc.txt","w");
fprintf(fp,"%d,%d",a,b);
```

或者

```
fprintf(fp,"%d  %d",a,b);
```

5. 文件读出格式不正确

对数据文件进行读出操作时，其读出格式必须与数据的写入格式相一致。例如：

```
int a=100,b=200,x,y;
FILE *fp;
```

```
fp=fopen("c:\\abc.txt","r");
fprintf(fp,"%d,%d",a,b);
fscanf(fp,"%d%d",&x,&y);
```

是错误的。因为写入时数据之间以逗号相分隔，因此读出时也应该跳过这些逗号。正确的写法应该是：

```
int a=100,b=200,x,y;
FILE *fp;
fp=fopen("c:\\abc.txt","r");
fprintf(fp,"%d,%d",a,b);
fscanf(fp,"%d,%d",&x,&y);
```

又例如：

```
int a=100,b=200;
FILE *fp;
fp=fopen("c:\\abc.txt","r");
fprintf(fp,"%d  %d",a,b);
fscanf(fp,"%d,%d",&x,&y);
```

也是错误的。因为写入时数据之间以空格相分隔，因此读出时格式符中不应该出现逗号。正确的写法应该是：

```
int a=100,b=200,x,y;
FILE *fp;
fp=fopen("c:\\abc.txt","r");
fprintf(fp,"%d  %d",a,b);
fscanf(fp,"%d%d",&x,&y);
```

附录 B C 语言常用函数

B.1 数学函数

调用数学函数（表 B.1）时，要求在源文件中包下以下命令行：

```
#include <math.h>
```

表 B.1 数 学 函 数

函数原型说明	功　　　能	返回值
int abs(int x)	求整数 x 的绝对值	计算结果
double fabs(double x)	求双精度实数 x 的绝对值	计算结果
double acos(double x)	计算 $\cos^{-1}(x)$ 的值，x 在 $-1\sim1$ 范围	计算结果
double asin(double x)	计算 $\sin^{-1}(x)$ 的值，x 在 $-1\sim1$ 范围	计算结果
double atan(double x)	计算 $\tan^{-1}(x)$ 的值	计算结果
double atan2(double x)	计算 $\tan^{-1}(x/y)$ 的值	计算结果
double cos(double x)	计算 $\cos(x)$ 的值，x 的单位为弧度	计算结果
double cosh(double x)	计算双曲余弦 $\cosh(x)$ 的值	计算结果
double exp(double x)	求 e 的 x 次方的值	计算结果
double fabs(double x)	求双精度实数 x 的绝对值	计算结果
double floor(double x)	求不大于双精度实数 x 的最大整数	
double fmod(double x,double y)	求 x/y 整除后的双精度余数	
double frexp(double val,int ∗ exp)	把双精度 val 分解尾数和以 2 为底的指数 n，即 $val = x∗2$ 的 n 次方，n 存放在 exp 所指的变量中	返回位数 x $0.5\leqslant x<1$
double log(double x)	求 ln x，x>0	计算结果
double log10(double x)	求 log10x，x>0	计算结果
double modf(double val,double ∗ip)	把双精度 val 分解成整数部分和小数部分，整数部分存放在 ip 所指的变量中	返回小数部分
double pow(double x,double y)	计算 x 的 y 次方的值	计算结果
double sin(double x)	计算 $\sin(x)$ 的值，x 的单位为弧度	计算结果
double sinh(double x)	计算 x 的双曲正弦函数 $\sinh(x)$ 的值	计算结果

续表

函数原型说明	功 能	返回值
double sqrt(double x)	计算 x 的开方，x≥0	计算结果
double tan(double x)	计算 tan(x)	计算结果
double tanh(double x)	计算 x 的双曲正切函数 tanh(x)的值	计算结果

B. 2 字符函数

调用字符串函数（表 B. 2）时，要求在源文件中包下以下命令行：

```
#include <ctype.h>
```

表 B. 2 字 符 函 数

函数原型说明	功 能	返 回 值
int isalnum(int ch)	检查 ch 是否为字母或数字	是，返回 1；否则返回 0
int isalpha(int ch)	检查 ch 是否为字母	是，返回 1；否则返回 0
int iscntrl(int ch)	检查 ch 是否为控制字符	是，返回 1；否则返回 0
int isdigit(int ch)	检查 ch 是否为数字	是，返回 1；否则返回 0
int isgraph(int ch)	检查 ch 是否为 ASCII 码值在 ox21 到 ox7e 的可打印字符（即不包含空格字符）	是，返回 1；否则返回 0
int islower(int ch)	检查 ch 是否为小写字母	是，返回 1；否则返回 0
int isprint(int ch)	检查 ch 是否为包含空格符在内的可打印字符	是，返回 1；否则返回 0
int ispunct(int ch)	检查 ch 是否为除了空格、字母、数字之外的可打印字符	是，返回 1；否则返回 0
int isspace(int ch)	检查 ch 是否为空格、制表或换行符	是，返回 1；否则返回 0
int isupper(int ch)	检查 ch 是否为大写字母	是，返回 1；否则返回 0
int isxdigit(int ch)	检查 ch 是否为十六进制数	是，返回 1；否则返回 0
int tolower(int ch)	把 ch 中的字母转换成小写字母	返回对应的小写字母
int toupper(int ch)	把 ch 中的字母转换成大写字母	返回对应的大写字母

B.3 字符串函数

调用字符串函数（表 B.3）时，要求在源文件中包下以下命令行：

```
#include <string.h>
```

表 B.3 字符串函数

函数原型说明	功　　能	返回值
char * strcat (char * s1,char * s2)	把字符串 s2 接到 s1 后面	s1 所指地址
char * strchr (char * s,int ch)	在 s 所指字符串中，找出第一次出现字符 ch 的位置	返回找到的字符的地址，找不到返回 NULL
int strcmp (char * s1,char * s2)	对 s1 和 s2 所指字符串进行比较	s1 < s2，返回负数；s1 = = s2，返回 0；s1> s2，返回正数
char * strcpy (char * s1,char * s2)	把 s2 指向的串复制到 s1 指向的空间	s1 所指地址
unsigned strlen (char * s)	求字符串 s 的长度	返回串中字符（不计最后的'\0'）个数
char * strstr(char * s1,char * s2)	在 s1 所指字符串中，找出字符串 s2 第一次出现的位置	返回找到的字符串的地址，找不到返回 NULL

B.4 输入输出函数

调用输入输出函数（表 B.4）时，要求在源文件中包下以下命令行：

```
#include <stdio.h>
```

表 B.4 输入输出函数

函数原型说明	功　　能	返回值
void clearer(FILE * fp)	清除与文件指针 fp 有关的所有出错信息	无
int fclose(FILE * fp)	关闭 fp 所指的文件，释放文件缓冲区	出错返回非 0，否则返回 0
int feof (FILE * fp)	检查文件是否结束	遇文件结束返回非 0，否则返回 0
int fgetc (FILE * fp)	从 fp 所指的文件中取得下一个字符	出错返回 EOF，否则返回所读字符

程序设计语言基础(C&C++)

续表

函数原型说明	功　能	返回值
char ＊ fgets(char ＊ buf, int n, FILE ＊ fp)	从 fp 所指的文件中读取一个长度为 n–1 的字符串，将其存入 buf 所指存储区	返回 buf 所指地址，若遇文件结束或出错返回 NULL
FILE ＊ fopen(char ＊ filename, char ＊ mode)	以 mode 指定的方式打开名为 filename 的文件	成功，返回文件指针（文件信息区的起始地址），否则返回 NULL
int fprintf（FILE ＊ fp, char ＊ format, args, …）	把 args, … 的值以 format 指定的格式输出到 fp 指定的文件中	实际输出的字符数
int fputc（char ch, FILE ＊ fp）	把 ch 中字符输出到 fp 指定的文件中	成功返回该字符，否则返回 EOF
int fputs（char ＊ str, FILE ＊ fp）	把 str 所指字符串输出到 fp 所指文件中	成功返回非负整数，否则返回 – 1（EOF）
int fread（char ＊ pt, unsigned size, unsigned n, FILE ＊ fp）	从 fp 所指文件中读取长度 size 为 n 个数据项存到 pt 所指文件中	读取的数据项个数
int fscanf（FILE ＊ fp, char ＊ format, args, …）	从 fp 所指的文件中按 format 指定的格式把输入数据存入 args, … 所指的内存中	已输入的数据个数，遇文件结束或出错返回 0
int fseek（FILE ＊ fp, long offer, int base）	移动 fp 所指文件的位置指针	成功返回当前位置，否则返回非 0
long ftell（FILE ＊ fp）	求出 fp 所指文件当前的读写位置	读写位置，出错返回 –1L
int fwrite（char ＊ pt, unsigned size, unsigned n, FILE ＊ fp）	把 pt 所指向的 n ＊ size 个字节输入到 fp 所指文件中	输出的数据项个数
int getc（FILE ＊ fp）	从 fp 所指文件中读取一个字符	返回所读字符，若出错或文件结束返回 EOF
int getchar(void)	从标准输入设备读取下一个字符	返回所读字符，若出错或文件结束返回–1
char ＊ gets（char ＊ s）	从标准设备读取一行字符串放入 s 所指存储区，用'\0'替换读入的换行符	返回 s，出错返回 NULL
int printf（char ＊ format, args, …）	把 args, … 的值以 format 指定的格式输出到标准输出设备	输出字符的个数
int putc（int ch, FILE ＊ fp）	同 fputc	同 fputc

续表

函数原型说明	功　能	返回值
int putchar(char ch)	把 ch 输出到标准输出设备	返回输出的字符，若出错则返回 EOF
int puts(char * str)	把 str 所指字符串输出到标准设备，将'\0'转成回车换行符	返回换行符，若出错，返回 EOF
int rename (char * oldname,char * newname)	把 oldname 所指文件名改为 newname 所指文件名	成功返回 0，出错返回-1
void rewind(FILE * fp)	将文件位置指针置于文件开头	无
int scanf(char * format, args,…)	从标准输入设备按 format 指定的格式把输入数据存入到 args，…所指的内存中	已输入的数据的个数

B.5　动态分配函数和随机函数

调用动态分配函数和随机函数（表 B.5）时，要求在源文件中包下以下命令行：

```
#include <stdlib.h>
```

表 B.5　动态分配函数和随机函数

函数原型说明	功　能	返回值
void * calloc (unsigned n,unsigned size)	分配 n 个数据项的内存空间，每个数据项的大小为 size 个字节	分配内存单元的起始地址；如不成功，返回 0
void * free(void * p)	释放 p 所指的内存区	无
void * malloc (unsigned size)	分配 size 个字节的存储空间	分配内存空间的地址；如不成功，返回 0
void * realloc (void * p, unsigned size)	把 p 所指内存区的大小改为 size 个字节	新分配内存空间的地址；如不成功，返回 0
int rand(void)	产生 0~32 767 的随机整数	返回一个随机整数
void exit(int state)	程序终止执行，返回调用过程，state 为 0 正常终止，非 0 非正常终止	无

附录 C C/C++标准库函数

C++标准库中的函数完成一些基本的服务，如输入和输出等，同时也为一些经常使用的操作提供了高效的实现代码。这些函数中含有大量的函数和类定义，可以帮助程序员更好地使用标准C++库。C++库包括 18 个标准 C 库中的头文件，但其中有些变化。这些头文件如表 C.1 所示。

表 C.1 头 文 件

头文件	作 用
<assert. h>	用于在程序运行时执行断言
<ctype. h>	用于对字符分类
<errno. h>	用于测试用库函数提交的错误代码
<float. h>	用于测试浮点类型属性
<ios646. h>	用于在 ISO646 变体字符集中编程
<limits. h>	用于测试整数类型属性
<locale. h>	用于适应不同的文化习俗
<math. h>	用于计算常见的数学函数
<setjmp. h>	用于执行非局部的 goto 语句
<signal. h>	用于控制各种异常情况
<stdrag. h>	用于访问参数数量变化的函数
<stddef. h>	用于定义类型和宏
<stdio. h>	用于执行输入和输出
<stdlib. h>	用于执行各种操作
<string. h>	用于处理字符串
<time. h>	用于在不同的时间和日期格式之间转换
<wcchar. h>	用于处理宽流（wide stream）和字符类
<wctype. h>	用于对宽字符（wide character）分类

主要 C++标准库的头文件如表 C.2 所示。其中 13 项为标准模板库（STL），其说明文字的前面标有（STL）。

表 C.2 C++标准库的头文件

头 文 件	作 用
\<algorithm\>	（STL）用于定义实现常用、实用算法的大量模板
\<bitset\>	用于定义位集合的模板类
\<cassert\>	用于在程序执行时执行断言
\<cctype\>	用于对字符进行分类
\<cerrno\>	用于测试有库函数提交的错误代码
\<cfloat\>	用于测试浮点类型属性
\<cios646\>	用于在 ISO646 变体字符集中编程
\<climits\>	用于测试整数类型属性
\<clocale\>	用于使程序适应不同的文化风俗
\<cmath\>	用于计算常用的数学函数
\<complex\>	用于定义支持复杂算法的模板类
\<csetjmp\>	用于执行非局部的 goto 语句
\<csignal\>	用于控制各种异常情况
\<cstdrag\>	用于访问参数数量文化的函数
\<cstdarg\>	用于访问参数数量变化的函数
\<cstddef\>	用于定义实用的类型和宏
\<cstdio\>	用于执行输入和输出
\<cstdlib\>	用于执行同一操作的不同版本
\<string\>	用于处理几种不同的字符串类型
\<ctime\>	用于在几种不同的时间和日期格式间进行转换
\<cwchar\>	用于处理宽流（wide stream）和字符串
\<cwctype\>	用于对宽字符（wide character 是）分类
\<deque\>	（STL）用于定义实现双向队列容器的模板类
\<exception\>	用于定义控制异常处理的几个函数
\<fstream\>	用于定义处理外部文件的几个 iostream 模板类
\<functional\>	（STL）用于定义几个模板，该模板将帮助在\<algorithm\>和\<numeric\>中定义的模板构造谓词
\<iomapip\>	用于声明一个带有参数的 iostreams 控制器
\<ios\>	用于定义用作大量 iostreams 类的基类的模板类

头 文 件	作 用
<iosfwd>	用于定义 iostreams 模板类（在需要定义之前）
<iostream>	用于声明处理标准流的 iostreams 对象
<istream>	用于定义执行析取操作的模板类
<iterator>	（STL）用于定义帮助定义和管理迭代器的模板
<limits>	用于测试数字类属性
<list>	（STL）用于定义实现 list 容器的模板类
<locale>	用于定义在 iostreams 类中控制与特定位置相关的行为的类和模板
<map>	（STL）用于定义实现关联容器的模板类
<memoery>	（STL）用于定义对不同容器分配和释放内存的模板
<numeric>	（STL）用于定义实现实用数字函数的模板
<ostream>	用于定义管理字符串容器的 iostreamas 模板类
<queque>	（STL）用于实现队列容器的模板类
<set>	（STL）用于定义实现只有唯一元素的关联容器的模板类
<sstream>	用于定义管理字符串容器的 iostreams 模板类
<stack>	（STL）用于定义实现堆栈容器的模板类
<stdexcept>	用于定义提交异常的类
<streambuf>	用于定义为 iostreams 操作分配缓冲区的模板类
<string>	用于定义是实现字符串容器的模板类
<strstream>	用于定义处理非内存（in-memory）字符系列的 iostreams 类
<utility>	（STL）用于定义通用工具的模板
<valarray>	用于定义支持值（value-oriented）数组的类和模板类
<vector>	（STL）用于定义实现向量容器的模板类

参考文献

［1］ 谭浩强 . C++面向对象程序设计 ［M］. 2 版 . 北京：清华大学出版社，2014.

［2］ 巨同升 . C 语言程序设计新思路 ［M］. 北京：科学出版社，2020.